EXPLICATION

DE LA

CARTE GÉOLOGIQUE

DE LA FRANCE

EXPLICATION

DE LA

CARTE GÉOLOGIQUE

DE LA FRANCE

RÉDIGÉE

PAR MM. DUFRÉNOY ET ÉLIE DE BEAUMONT

INSPECTEURS GÉNÉRAUX DES MINES

ET PUBLIÉE

PAR ORDRE DE M. LE MINISTRE DES TRAVAUX PUBLICS

TOME TROISIÈME

PREMIÈRE PARTIE, PAR A. DUFRÉNOY

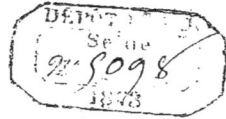

PARIS

IMPRIMERIE NATIONALE

——

M DCCC LXXIII

AVERTISSEMENT.

L'introduction qui ouvre l'*Explication de la Carte géologique de la France* avait tracé, par avance, le plan de l'ouvrage. Les deux premiers volumes ont paru, l'un en 1841, l'autre en 1848. Ils comprennent les terrains anciens, les terrains de transition, les bassins houillers, le trias et le terrain jurassique. La craie, les terrains tertiaires, les volcans éteints et les dépôts modernes restaient encore à décrire. Après une longue interruption, l'Administration des Mines vient aujourd'hui reprendre, en partie du moins, une publication dont la suite est vivement désirée, et qu'il n'a pas été en son pouvoir de terminer dans les délais prévus. Une mort prématurée, dont le monde savant et le Corps des Mines en particulier ont été douloureusement émus, a, le 20 mars 1857, frappé M. Dufrénoy dans toute

la vigueur de l'âge; elle a rompu la noble association qui avait produit la Carte géologique de la France, et qu'une juste illustration
avait depuis longtemps consacrée.

On put craindre un instant que la mort imprévue de M. Dufrénoy n'eût emporté le fruit de ses longues et vastes explorations.
Mais, au milieu des travaux de toute sorte, administratifs et scienti-
fiques, qui absorbaient son infatigable activité, il n'avait point perdu
de vue l'entreprise de ses jeunes années. Les chapitres confiés à sa
collaboration avaient été tous rédigés; on les a retrouvés parmi ses
manuscrits. Conservés par la pieuse sollicitude de sa veuve, ils ont
été mis à la disposition de M. le Ministre des Travaux publics, qui,
par décision du 19 août 1872, en a ordonné la publication.

A l'époque où M. Dufrénoy rédigeait son travail, la paléontologie
était loin du degré de perfection qu'elle a, depuis, atteint. On ne
voyait point ces lignes de chemin de fer qui sillonnent aujourd'hui,
si heureusement pour la science, l'écorce terrestre. Les monogra-
phies dues à d'habiles explorations locales n'avaient point, en abor-
dant les détails des formations modernes, mis en lumière des faits
qui avaient pu échapper dans des études embrassant la moitié du
territoire français. M. Dufrénoy aurait-il profité de ces divers éléments d'information pour revoir et modifier son œuvre, ou l'aurait-il
laissée dans toute son originalité première? C'est un secret qui est
mort avec lui.

Les chapitres livrés aujourd'hui au public pourront soulever des controverses. Les terrains qu'ils décrivent sont de formation récente. Ils ont été déposés à des époques où le relief de notre planète était déjà puissamment accusé, où la surface terrestre, cloisonnée par un réseau à fortes mailles, ne livrait aux retours des eaux que des espaces restreints, séparés les uns des autres par d'infranchissables obstacles, et admettant, par conséquent, quoique contemporains, des éléments très-dissemblables. Un vaste champ reste, et restera longtemps, ouvert aux discussions géologiques sur les relations mutuelles de la craie du Nord et de la craie du Midi, sur la correspondance des terrains tertiaires de l'Île-de-France, de la Guyenne ou de la Provence. Le lecteur qui parcourra le présent volume devra donc se reporter par la pensée à vingt-cinq ans en arrière, et, s'il veut être juste, il éprouvera, en lisant ces descriptions d'une vérité toujours si frappante, le respect qu'inspirent encore les pages immortelles des Saussure et des Ramond.

Ma part dans la publication se borne à quelques retouches de rédaction. J'ai fait disparaître, de mon mieux, les imperfections échappées à une composition de premier jet, ou les erreurs commises par un expéditionnaire dont la copie n'avait point été relue par l auteur, et n'a pu être collationnée sur les manuscrits originaux, aujourd'hui perdus. Il eût été désirable que ces retouches fussent confiées à une plume plus autorisée que la mienne. Mais, désigné par Mme Dufrénoy pour la révision et l'impression de l'œuvre de son mari, j'ai été heureux de rendre ce dernier hommage de re-connaissance et d'affection à l'éminent géologue qui, après m'avoir eu pour disciple, avait bien voulu m'avoir pour ami.

Eug. LEFÉBURE DE FOURCY,

Inspecteur général des Mines.

EXPLICATION

DE LA

CARTE GÉOLOGIQUE DE LA FRANCE.

CHAPITRE XII.

DES FORMATIONS CRÉTACÉES DANS LE BASSIN SUD-OUEST.

La zone de calcaire jurassique qui s'appuie sur les montagnes anciennes de la Vendée et du Limousin est recouverte, sur presque toute sa longueur, par une seconde zone calcaire, qui appartient au terrain de craie. Cette dernière se prolonge depuis les côtes de l'Océan jusqu'aux rives du Lot; sur ce long espace, elle compose, en grande partie, la surface des départements de la Charente, de la Charente-Inférieure et de la Dordogne. La chaîne ancienne de la Montagne-Noire, qui a mis une barrière aux dépôts jurassiques du S. O., constitue à l'E. un promontoire que la mer crétacée a dû contourner. Il en résulte que cette chaîne semble séparer les dépôts de craie en deux zones complétement distinctes. Néanmoins on retrouve de la craie à l'extrémité méridionale du promontoire (à la Caunette); elle s'est, en outre, répandue vers le S. à une distance immense, si l'on en juge par la nature des formations crétacées des Pyrénées, de l'Espagne et des côtes de la Méditerranée. Ces différents massifs crayeux, actuellement isolés les uns des autres, formaient, sans aucun doute, une nappe continue avant l'apparition de la chaîne pyrénéenne, qui a eu lieu postérieurement à leur dépôt. Du reste, dès cette époque, le relief du sol devait constituer un bassin intérieur fermé, comme il l'est à présent, au N. par les montagnes de la Vendée et du centre, à l'E. par les granites de l'Aveyron et de la Montagne-Noire, au S. par les Pyrénées. En effet, la craie supérieure n'existe nulle part dans cet espace, tandis qu'elle l'enveloppe extérieurement. Il est remarquable que la faille qui sépare les Pyrénées en deux chaînes distinctes, à la hauteur de

Distribution du terrain de craie dans le S. O.

la vallée de la Garonne, corresponde précisément à la limite E. de ce bassin intérieur.

Forme des collines et des vallées. Les collines crétacées se rattachent d'une manière continue à celles du calcaire jurassique; la limite absolue des deux terrains est souvent même difficile à saisir. Cependant la configuration des reliefs est assez différente. Le calcaire du Jura forme des plateaux allongés, coupés par des vallées étroites et profondes que bordent de brusques escarpements. La surface du terrain de craie est, au contraire, très-ondulée; elle présente une réunion de collines en général arrondies, et, par suite, les vallées qui les dessinent sont évasées. En outre, ces vallées, beaucoup plus nombreuses dans les formations crétacées que dans le calcaire du Jura, sont de deux espèces : les unes profondes, quoique évasées, sont le résultat de fentes postérieurement élargies par les agents atmosphériques; les autres, creusées presque exclusivement par les eaux, sillonnent seulement la surface du terrain qu'elles effleurent légèrement.

La culture apporte aussi une distinction facile : les terres jurassiques sont presque exclusivement fromentales, tandis que la surface de la craie est couverte de vignes et de forêts.

Différence entre la craie du S. O. et celle du N. La position géologique des formations crétacées dans le bassin du S. O. est la même que dans le N. de l'Europe; elles reposent sur l'étage le plus moderne des calcaires jurassiques, et elles sont recouvertes par les terrains tertiaires les plus anciens. Néanmoins les deux dépôts présentent, quoique du même âge, des caractères fort différents dans la nature des roches. On chercherait en vain la craie blanche et friable de Meudon dans tout le bassin du Midi, tandis qu'on trouve dans ce bassin des calcaires compactes et même cristallins, qui peuvent être employés comme marbres, et dont les similaires manquent dans le Nord.

La plupart des fossiles de la craie du Midi existent dans celle du Nord; mais on y trouve en outre un certain nombre, non-seulement d'espèces, mais même de genres tout à fait inconnus dans les formations crétacées du bassin de Paris; telles sont : les *alvéolines*, les *sphérulites* et les *hippurites,* si abondantes dans la craie de la Saintonge, des Pyrénées et même des côtes de la Méditerranée. Des différences aussi importantes ne tiennent pas à de simples causes locales; elles sont liées intimement avec les phénomènes généraux sous l'influence desquels s'est fait le dépôt des terrains crétacés. On ne peut les expliquer, comme nous l'avons déjà annoncé en indiquant les limites du bassin secondaire du Midi, qu'en admettant un défaut de communication entre les mers crétacées du N. et du S. Les terrains que ces mers déposaient à la même époque pouvaient ainsi renfermer, réunies à des espèces fossiles qui leur étaient communes, d'autres espèces particulières à chacun d'eux.

La différence que nous venons de signaler entre les roches des formations crétacées des bassins du N. et du S. ne permet pas de se servir de leur comparaison pour établir les relations de leurs différentes assises. La considération des fossiles permet donc seule d'arriver à cette importante détermination. On peut dire qu'elle est concluante; car, sur plus de 300 espèces, 200 au moins appartiennent exclusivement à la partie inférieure de la craie du N., et les coquilles les plus caractéristiques de cet étage, telles que l'*inoceramus Cuvieri*, le *pecten quinquecostatus*, l'*ostrea biauriculata*, la *terebratula octoplicata*, etc., se retrouvent dans les couches les plus modernes de la craie de la Saintonge et du Périgord. Nous sommes donc convaincu que, dans le S. O. de la France, c'est-à-dire dans le bassin intérieur dont nous avons tracé les bornes, on ne trouve point de couches supérieures à la craie tuffeau de la Touraine ou de la montagne Sainte-Catherine à Rouen. L'un de nous a publié dans les *Annales des Mines*[1] un mémoire où il a établi la relation que nous venons d'indiquer. Depuis cette époque, le vicomte d'Archiac a fait une étude détaillée de la craie du Périgord[2]; il a reconnu que les couches qui la composent se succèdent dans un ordre constant, et que les fossiles y sont aussi distribués avec régularité. Ce géologue a été ainsi conduit à diviser la craie du Midi en quatre étages. M. Marrot, ingénieur des mines à Périgueux, chargé de l'exécution des cartes géologiques détaillées des départements de la Charente et de la Dordogne, a admis trois divisions à peu près analogues. M. d'Orbigny père a également partagé en trois groupes les terrains de craie de la Charente-Inférieure. Cette dernière classification est d'accord avec nos propres observations, et nous l'adopterons dans la description qui va suivre, en rappelant toutefois que, pour nous, ces divisions correspondent exclusivement à l'argile wealdienne, au grès vert et à la craie tuffeau.

Division en trois étages de la craie du S. O.

[1] *Des caractères particuliers que présente le terrain de craie dans le S. de la France, et principalement sur les pentes des Pyrénées, par M. Dufrénoy. (Annales des Mines, 2ᵉ série, t. VI, et 3ᵉ série, t. I.)*

[2] *Sur la formation crétacée du S. O. de la France, par M. le vicomte d'Archiac. (Mémoires de la Société géologique de France, t. II, p. 157.)*

Les différentes assises du terrain de craie se succèdent régulièrement du N. au S., de manière qu'en se dirigeant de la Rochelle, située sur le calcaire jurassique, vers la vallée de la Garonne, on les traverse successivement toutes. Néanmoins elles n'ont point partout une égale épaisseur, et, d'après les observations de M. d'Archiac, « elles ne se présentent point géographique-« ment suivant des lignes droites, mais offrent, au contraire, de nombreuses « sinuosités dans le Périgord et la Saintonge. Les couches des derniers « étages recouvrent les premières sur des étendues plus ou moins considé-« rables. Quelquefois les plus récentes ont été déchirées et emportées, et les « plus anciennes, ainsi dénudées, restent seules; mais la position relative de « chaque étage, de même que l'ensemble de leurs caractères, ne se trouvent « jamais intervertis ni démentis par les observations postérieures. »

Caractères généraux des trois étages.   Le premier étage se compose de grès, d'argile schisteuse noire et de calcaire granulaire, résultat de l'agrégation de petits corps marins. Les grès, en général solides, sont souvent aussi incohérents, comme celui de Sarlat; leur ciment est un calcaire compacte ou cristallin; ils contiennent constamment de petits grains verts et des paillettes de mica. Parmi les fossiles que fournit ce premier étage, nous citerons la *gryphæa columba* (*exogyra columba*, Goldf.), coquille caractéristique qui s'y trouve avec une grande constance, et qui identifie ces sables et ces grès avec l'iron-sand et le green-sand des Anglais. Quoiqu'il ne renferme que des fossiles marins, sauf une couche calcaire près d'Angoulème, où l'on trouve des paludines et des mélanies, l'étage que nous considérons correspond aussi à l'argile wealdienne. Les assises arénacées varient beaucoup d'épaisseur; assez minces près de Rochefort, elles ont une puissance considérable entre Sarlat et Gourdon, dans le département de la Dordogne.

Le second étage est composé de calcaires généralement blancs, compactes, à grains fins, très-durs et quelquefois subcristallins; ils sont caractérisés, à leur partie inférieure, par les ichthyosarcolites, les sphérulites et les caprines; ils contiennent encore l'*exogyra columba*.

Enfin le troisième et dernier étage comprend une bande étroite de calcaires jaunâtres, faiblement agrégés, un peu cristallins, et contenant une immense quantité de corps organisés, souvent microscopiques. On n'y voit plus d'ammonites, plus d'huîtres plissées; les térébratules y sont rares; mais l'*ostrea biauriculata*, si fréquente dans la craie tuffeau de la Touraine, s'y présente avec une prodigieuse abondance. L'absence des ammonites et la profusion des huîtres annoncent un rivage ou une mer peu profonde. C'est à cette dernière époque des formations crétacées du S. O., que le genre sphérulite a acquis son plus grand développement; il y est représenté, suivant M. d'Archiac, par huit espèces qui atteignent des proportions énormes.

La nature des quelques fossiles que nous avons cités, ainsi que la présence continue des points verts, confirme l'assertion précédemment émise, savoir : que les trois étages de la craie de la Saintonge appartiennent à l'assise inférieure des terrains crétacés du bassin de Paris. On en trouve, en outre, une preuve certaine en suivant le calcaire à hippurites jusque dans les Alpes; là il est recouvert en superposition transgressive par des calcaires compactes correspondant à la craie supérieure du N. Cette circonstance importante se représente également dans quelques points des Pyrénées espagnoles.

Pour donner un aperçu général de la composition du terrain de craie de la Saintonge, nous décrirons succinctement chacune des bandes correspondant aux trois étages que nous venons d'énumérer.

Les diverses formations secondaires viennent successivement affleurer le long des côtes de l'Océan, depuis les Sables-d'Olonne jusqu'à Royan. C'est à la pointe du Rocher, entre Châtelaillon et Rochefort, que commence le terrain crétacé ; il recouvre l'oolithe supérieure, et le contact est assez immédiat pour qu'il soit facile d'obtenir des échantillons contenant d'un côté l'*exogyra virgula* de l'oolithe, et de l'autre des empreintes de fucus du grès vert; les premières couches qu'on y observe sont, par conséquent, des grès calcaires schisteux, grisâtres et micacés, contenant des empreintes de fucus (*f. canaliculatus*), qui se détachent en gris un peu plus foncé sur la pâte du grès. Ces fucus sont exactement les mêmes que ceux qui existent en si grande abondance dans la pierre de Bidache près Bayonne, située également à la base des escarpements crétacés des Pyrénées. Par une circonstance singulière, les roches sont identiques dans les moindres détails; la nature des silex d'un gris foncé qui se fondent dans les grès est exactement la même, et l'on ne saurait distinguer les échantillons des deux localités. Cette remarquable analogie nous fait penser que les couches du terrain de craie de la Saintonge et des Pyrénées ont été continues, et que le redressement de cette chaîne a donné naissance à un vaste pli dans lequel s'est déposé le terrain tertiaire des Landes.

[note marginale : Premier étage. Grès et argiles schisteuses.]

[note marginale : Grès à fucus du Rocher, près Rochefort.]

Après l'escarpement du Rocher, qui peut avoir de 400 à 500 toises de long, la côte s'abaisse subitement, et se relève à la pointe de Fouras, qui s'avance de près d'une lieue en mer. Des argiles schisteuses noires forment la baie qui sépare les deux escarpements; on les retrouve au pied de celui de Fouras. Quant au grès à fucus, il ne se voit même plus à marée basse, et l'inclinaison des couches, qui est de 3 degrés, indique qu'il passe au-dessous des argiles. Celles-ci contiennent des rognons de fer sulfuré, quelques cristaux de gypse produits par la décomposition des pyrites et parfois des tiges de bois fossile. C'est au milieu de ces couches schisteuses noires que M. Fleuriau de Bellevue a découvert des bancs de lignites, à l'île d'Aix, en face de Fouras. Les fucoïdes et les zostérites décrits par M. Ad. Brongniart appartiennent à ce dépôt, qu'il a rapporté à l'argile wealdienne.

Les argiles, dont l'épaisseur est d'environ 4 mètres, sont recouvertes par des sables quartzeux, d'abord incohérents, puis cimentés par du calcaire, et passant ainsi, dans leur partie supérieure, à un grès plus ou moins solide. Celui-ci contient une assez grande quantité de points verdâtres qui lui donnent l'apparence du grès vert. On y trouve disséminées des *exogyra secunda*, toujours à l'état siliceux, et quelques ichthyosarcolites; il contient encore des fragments de bois fossile. Ce grès passe par sa partie supérieure à un calcaire composé de petits grains arrondis, qui a quelque analogie avec le calcaire oolithique; mais il en diffère essentiellement par la nature de ces petits grains informes et spathiques, qui paraissent dus à de petits corps marins.

Les deux couches que nous venons de décrire terminent le premier étage établi par M. d'Archiac. Il est très-mince à cette extrémité du bassin : son ensemble peut avoir de 12 à 15 mètres au plus; mais, si on le suit dans toute son étendue, il devient fort épais à Brizembourg, près Cognac. Le grès à fucus et les argiles schisteuses noires manquent dans cette localité. Un grès ferrugineux, dont la puissance est d'au moins 20 mètres, succède immédiatement au calcaire oolithique. Il est généralement peu cohérent; cependant il est solidifié par des veinules ferrugineuses qui courent en différents sens. A Pouvel, il est recouvert par un grès très-solide d'un vert jaunâtre, criblé de points verts. Le calcaire granulaire spathique de la pointe de Fouras se trouve également près de Pouvel. Vers cette hauteur de la formation crétacée, on exploite du gypse à Saint-Froult, près de Rochefort, à la Croix-de-

Argiles
schisteuses
de Fouras.

Calcaire
granulaire
des environs
de Cognac.

Pic, près de Cherves, etc. Nous croyons que ces gypses, quoique enclavés dans le terrain de craie, lui sont cependant étrangers, et nous donnerons, à la fin du chapitre, quelques détails sur leur gisement.

Du côté de l'E., cette bande inférieure forme le pied des escarpements de la montagne d'Angoulême; les argiles schisteuses noires se trouvent dans le lit de la Charente, tandis que les sables ferrugineux apparaissent de tous côtés dans le faubourg de l'Houmeau. La facilité avec laquelle on pénètre dans cette partie inférieure du terrain de craie a permis d'y creuser un grand nombre d'habitations souterraines.

Argiles schisteuses et grès au pied de la montagne d'Angoulême.

Le grès ferrugineux forme autour d'Angoulême une zone sablonneuse. On l'observe à la côte Sainte-Catherine, et l'argile inférieure y est exploitée pour la fabrication des briques. Au pont de Churet, au N. de la ville, le grès renferme quelques coquilles, que l'on reconnaît, tout imparfaites qu'elles sont, pour des paludines et des mélanies. Ces fossiles d'eau douce ne sont pas disséminés dans le grès même; ils appartiennent à des rognons empâtés dans sa masse. Les rognons, de grosseur très-variable, sont souvent spathiques; leur couleur est brunâtre, quelquefois ferrugineuse comme celle du sable; le grès lui-même contient beaucoup d'*exogyra columba,* ainsi que des ichthyo-sarcolites. Cette partie inférieure de la formation de craie offre donc un mélange de coquilles d'eau douce et de coquilles marines, mélange très-naturel d'ailleurs; car, si les argiles wealdiennes sont d'eau douce en Angleterre, en France, au contraire, elles sont constamment marines.

Coquilles d'eau douce au pont de Churet, dans les argiles inférieures.

Un grès micacé contenant beaucoup de points verts recouvre immédiatement le grès ferrugineux et alterne avec lui à sa partie supérieure. Ce second grès à ciment calcaire, quelquefois un peu spathique et fort dur, contient des pointes d'oursins, des entroques à l'état lamelleux, des *exogyra columba,* etc... Il renferme en outre de petits corps ovoïdes qui se rapportent aux alvéolines ainsi que quelques nummulites. Ces derniers fossiles fournissent un rapprochement intéressant avec certains calcaires des Pyrénées qui dépendent également des assises les plus anciennes des formations crétacées.

Le groupe arénacé se montre avec les mêmes caractères dans tous les bas-fonds, d'Angoulême au Vieux-Mareuil, sur le cours inférieur de la Charente, entre Périgueux et Thiviers, à Sarlat, à Martignac, à Saint-Cyr. Il est extrêmement développé à Gourdon. Le grès, dont le ciment est calcaire,

Environs de Gourdon.

alterne avec des couches spathiques qui contiennent une immense quantité d'hippurites.

Les fossiles sont, en général, fort abondants dans le groupe arénacé inférieur; ils sont disséminés dans les argiles, dans les sables, dans les couches de grès ou de calcaire granulaire. Nous les réunirons, à la fin du chapitre, dans un tableau particulier, distribué par étages, comme cette description.

Second étage. Le second étage est principalement composé de calcaires compactes un peu argileux, faisant pâte avec l'eau, souvent micacés, alternant avec de minces assises d'argile schisteuse et de puissants bancs de calcaires micacés, quelquefois verdâtres. Cet étage est moins régulier que le précédent; cependant on le suit sur presque toute la longueur de la bande crétacée, depuis les environs de Rochefort jusqu'aux portes de Cahors; il existe à Saint-Froult, sur les bords de la Charente. Les belles carrières de Saint-Savinien, qui fournissent presque toutes les pierres de taille employées dans le département de la Charente, sont ouvertes dans un calcaire granulaire appartenant à ce même étage. Le calcaire micacé de Saintes, si analogue par ses caractères extérieurs à la craie tuffeau de la Touraine, est également du second étage; il atteint une puissance d'au moins 100 mètres, et présente une grande homogénéité; quelques couches contiennent une assez grande quantité de silex, qui paraissent dus à la pétrification de corps organisés appartenant, pour la plupart, aux polypiers ou aux alcyons. Les silex sont disséminés d'une manière indistincte au milieu des couches crayeuses; ils ne forment pas ces bandes régulières et continues qui se dessinent sur les côtes de la Seine, depuis Rouen jusqu'au Havre.

Environs de Saintes et d'Angoulême. Entre Saintes et Angoulême le second étage est continu, mais se présente avec des puissances très-diverses. Il existe à Cognac et forme la partie supérieure des escarpements d'Angoulême. On exploite, sous les remparts mêmes de cette ville, un calcaire dur, presque saccharin, criblé de petites hippurites, et appartenant au second étage, malgré la grande différence qui existe entre ses caractères extérieurs et ceux du calcaire micacé de Saintes; la position de ce calcaire au-dessus des sables ferrugineux de l'Houmeau ne laisse aucun doute sur la place qu'il occupe dans la série crétacée du midi de la France.

A l'E. d'Angoulême, le terrain de craie est presque immédiatement recouvert par le calcaire d'eau douce; il reparaît sur les bords du Lot, à Fumel, avec des caractères analogues à ceux du calcaire de Saint-Savinien.

Les fossiles du second étage, assez différents de ceux de l'étage inférieur, sont principalement, à Périgueux et à Saintes, les *terebratula octoplicata*, *alata*; l'*exogyra auricularis*; les *hippurites organisans*, *cornu-pastoris* et *radiosa*; puis les *sphærulites Ponsiana*, *crateriformis*, *cuneiformis*, *cylindracea*, et des caprines.

Le troisième étage comprend une bande étroite de calcaire argilo-marneux, dont on ne trouve souvent que des lambeaux; mais depuis l'embouchure de la Gironde, à Royan, jusqu'à la vallée de la Couze, dans le département de la Dordogne, ces lambeaux présentent une remarquable continuité et doivent en conséquence former une division particulière. Les caractères des roches et des fossiles sont très-distincts de ceux des deux étages inférieurs; on n'y trouve ni grès ferrugineux, comme aux environs de Rochefort, ni grains verts, comme à Saintes, à Cognac et à Périgueux. Les calcaires du troisième étage sont en général plus friables, plus terreux et plus blancs. Néanmoins on y rencontre des bancs cristallins très-épais dans la vallée de la Couze et à Beaumont. On n'y voit point d'ammonites ni d'huîtres plissées; les térébratules y sont même fort rares. L'absence de ces fossiles annonce un rivage ou une mer peu profonde. On y trouve, au contraire, des fossiles littoraux; l'*ostrea vesicularis* s'y est multipliée avec une extraordinaire abondance; à Royan, à Talmont et dans la vallée de la Couze, il est difficile de casser un échantillon de quelques pouces de côté sans qu'il offre au moins un exemplaire de cette huître. La profusion des orbitolites y est également presque aussi grande que celle des grains dans l'oolithe. La constance de ce fossile fournit un des meilleurs caractères pour reconnaître l'étage supérieur des formations crétacées de cette partie de la France. C'est dans cette dernière assise que le genre sphérulite a acquis le plus grand développement. Suivant M. d'Archiac[1], il y est représenté par huit espèces, dont quelques-unes atteignent dés dimensions énormes. Nous nous contenterons de citer ces fossiles, parce que le tableau que nous joignons à la suite du terrain de craie fait connaître ceux qui appartiennent à chacun de nos trois étages. Nous ferons néanmoins remarquer que, parmi ces fossiles, figurent au premier rang le *pecten quinquecostatus* et l'*inoceramus Cuvieri*, coquille caractéristique de la craie inférieure du N. de la France; les couches supérieures des formations crétacées du

Troisième étage.

Vallée de la Couze.

---

[1] *Sur la formation crétacée du S. O. de la France*, par M. le vicomte d'Archiac. (*Mémoires de la Société géologique de France*, t. II, p. 166.)

III.   2

Midi correspondent donc, ainsi que nous l'avons déjà annoncé, à l'argile wealdienne, au grès vert et à la craie tuffeau.

Gypse
dans la craie. Sur plusieurs points des départements de la Charente et de la Charente-Inférieure, on exploite de la pierre à plâtre qui surgit au milieu du terrain de craie, notamment à Saint-Froult près Rochefort, à Cherves près Cognac et à Nantillé près Saint-Jean-d'Angély. Dans les deux dernières localités, la pierre à plâtre n'est pas recouverte, et l'on pourrait croire qu'elle appartient au terrain tertiaire. Le gîte de Cherves pourrait surtout faire naître cette manière de voir. Le gypse y remplit une vaste dépression entourée de tous côtés par des escarpements de calcaire crétacé, et semble ainsi s'être déposé dans un petit bassin creusé au milieu de la craie. Mais aux carrières de Saint-Froult, le gypse est recouvert par des couches horizontales du terrain de craie, et il faut traverser cette formation sur 8 ou 10 mètres d'épaisseur avant d'arriver à la pierre à plâtre.

Le gypse est donc intercalé dans le terrain de craie. Toutefois, nous ne pensons pas qu'il soit contemporain de cette formation; il est probable qu'il y a été introduit postérieurement, comme les gypses des Pyrénées. Peut-être est-il également ici en relation avec des ophites; la présence du porphyre, signalée par M. Drouot dans les environs de Coutras, au milieu des terrains tertiaires, rend cette supposition assez vraisemblable.

Ces divers amas gypseux ont des caractères identiques : le gypse est disséminé en rognons et en petites veines dans une argile; il est soyeux, lamellaire et saccharoïde; sa belle couleur blanche et sa transparence lui donnent quelque analogie avec le gypse des Alpes.

FORMATIONS CRÉTACÉES SUR LA PENTE ORIENTALE DES CÉVENNES.

Formations
crétacées
sur
la pente E.
des Cévennes. La bande crétacée dont nous venons d'indiquer la continuité, depuis l'embouchure de la Gironde jusqu'aux rives du Lot, disparaît pendant quelques lieues sous le calcaire d'eau douce du Languedoc; de petits îlots de craie qui pointent de distance en distance montrent que le dépôt de cette formation n'a pas été interrompu sur la pente de la Montagne-Noire, tandis que le calcaire jurassique y manque complétement, circonstance qui nous a fait supposer que le groupe granitique formait un cap fort avancé dans la mer jurassique. La craie à hippurites enveloppe donc, sur tout leur pourtour méridional, les montagnes anciennes du centre de la France, et se joint aux Alpes en passant derrière la chaine du Jura, laquelle a servi de ligne de partage entre les deux bassins secondaires dont nous avons précédemment signalé l'existence; la craie déposée sur le versant N. O., entièrement diffé-rente de celle du Midi, est blanche, friable comme celle de Paris, et ne con-tient ni les hippurites ni les sphérulites de la Saintonge, fossiles si caracté-ristiques de la craie des Alpes et de celle des bords du Rhône. Cette dernière, en tout semblable à la craie de Rochefort et d'Angoulème, donne aussi lieu aux mêmes divisions. Mais le développement des trois étages n'y est point pareil. L'étage inférieur présente ici une grande épaisseur de marnes d'un gris clair, contenant de nombreux *septaria*. L'étage moyen y est à peine re-présenté, tandis que les calcaires blancs si riches en hippurites et en sphé-rulites recouvrent, au contraire, une surface considérable.

La craie des bords du Rhône présente également trois divisions.

L'abondance des marnes bleues à la partie inférieure des formations crétacées des bords du Rhône donne un moyen facile de distinguer ces for-mations du calcaire jurassique sur lequel elles reposent. Les deux terrains forment deux chaînes parallèles, séparées presque toujours, il est vrai, par des vallées longitudinales, telles que celles de l'Auzon et de l'Ardèche; mais l'uniformité de stratification des calcaires qui les composent a longtemps fait confondre les deux formations. Cependant leur aspect est différent, et depuis qu'une étude sérieuse de la contrée nous a révélé la différence d'âges des deux terrains, on peut tracer la limite du calcaire jurassique et des formations crétacées par le simple examen des caractères extérieurs des roches.

Différence entre les chaînes jurassique et crétacée des bords du Rhône.

La chaîne occidentale, formée de calcaire du Jura, s'appuie immédiatement sur les montagnes anciennes de la Lozère, de l'Ardèche et du Gard. Elle offre à sa base des calcaires plus ou moins argileux, mais toujours durs et noirâtres; leur désagrégation est lente, et la terre végétale qui les recouvre en de rares endroits, fortement colorée en rouge, ne renferme que peu de fragments altérés.

Ce caractère est des mieux prononcés dans l'étage supérieur, dont les couches sont, en outre, fortement creusées en sillons par les eaux pluviales. Ces couches offrent peu de prise à la décomposition intérieure; leur surface seule est légèrement blanchie par l'action des agents atmosphériques; la cas-sure est toujours vive et franche

Les pentes forment ou des escarpements ou des plateaux, mais peu de talus dégradés, si ce n'est le long de l'Ardèche ou de l'Auzon.

La chaîne orientale présente, au contraire, des talus réguliers, entrecoupés par des ravins plus ou moins rapides. Aucune couche dure n'interrompt la régularité des surfaces, et tout paraît d'une consistance uniforme. Les couches se dessinent le long de la vallée en lignes à peu près horizontales et plongent sensiblement de 25 degrés vers le S. E.

La couleur générale est d'un gris terne assez clair, qui contraste fortement avec les teintes foncées de la chaîne de la rive droite.

Les détritus des pentes se réduisent immédiatement en une terre végétale où l'on trouve des débris de roches à tous les degrés d'altération. La décomposition de ce calcaire marneux est beaucoup plus rapide que celle du calcaire jurassique; aussi la terre végétale est plus abondante, même sur les pentes, dans les collines crétacées que dans la chaîne jurassique.

La différence d'aspect des deux chaînes, déjà si prononcée par la nature des roches qui les composent, devient bien plus saillante encore quand la végétation s'y développe avec quelque vigueur. Les talus des collines de craie sont couverts de gazon et même de forêts; le calcaire du Jura, généralement stérile, ne présente que ces plantes aromatiques, si fréquentes en Languedoc, menthes, daphnés, romarins, etc. Cependant dans quelques petits bassins, où la terre végétale a pu s'accumuler, on voit de beaux mûriers et l'on y cultive la vigne avec avantage.

Identité entre la craie de la Saintonge et celle des bords du Rhône.

La formation crétacée des bords du Rhône est, on l'a vu, presque identique à celle de la Saintonge; elle renferme toutefois un calcaire oolithique que nous n'avons pas observé dans l'O. de la France. Les escarpements de Pont-Saint-Esprit et de Bourg-Saint-Andéol montrent nettement cette roche,

Calcaire oolithique dans la craie des bords du Rhône.

qui semble, au premier abord, dépendre du calcaire jurassique, mais qui, en réalité, repose sur le grès vert formant les hauteurs de Montaigu et contenant de nombreux fossiles propres à cette assise inférieure, tels que *exogyra sinuata, ex. aquila, ex. columba, pecten quinquecostatus, cardium Hillanum, belemnites et orbitolites concava.* Ce grès, d'abord presque incohérent, de couleur ferrugineuse par suite de la décomposition du silicate de fer, se montre de plus en plus solide à mesure qu'il approche des couches calcaires. Ses parties supérieures sont à l'état de grès calcaires; elles sont riches en pointes d'oursins, qui lui communiquent un tissu sublamellaire, en polypiers, en orbitolites, en miliolites. Un calcaire compacte en couches minces surmonte immédiatement le grès et est recouvert lui-même par un calcaire oolithique à petits grains. Ce dernier calcaire renferme les mêmes fossiles que le grès; les pointes d'oursins et les orbitolites s'y montrent surtout en abondance, et l'existence de ces fossiles, d'accord avec la superposition, montre que ces calcaires oolithiques appartiennent à la formation du grès vert.

Les grès de Montaigu contiennent, vers leur partie supérieure, des couches d'argile bitumineuse noire, sur lesquelles on a fait quelques recherches de charbon au village de Carsan. Les explorations ont été infructueuses; mais elles ont prouvé qu'il existait, à cette hauteur, des dépôts de lignite; on en connaissait déjà plusieurs dans les Pyrénées, notamment à Varilhes, près Foix, au Mas-d'Azil, près Saint-Girons. Dans cette dernière localité, le lignite est très-pyriteux et sert à la fabrication de la couperose.

Des exploitations de jaïet sont également ouvertes dans ces couches inférieures des formations crétacées.

Les terrains crétacés du Midi renferment un grand nombre de fossiles : les uns sont particuliers à ce bassin; les autres lui sont communs avec les formations crétacées du N. de l'Europe. Les premiers fossiles nous apprennent, comme nous l'avons déjà fait voir, que les mers où se déposaient à la même époque les formations crétacées du Nord et du Midi ne communiquaient point entre elles. Les fossiles communs aux deux bassins appartiennent, pour la plupart, à l'assise inférieure des formations crétacées. Il en résulte que cette assise est principalement celle qui domine dans le midi de la France, et l'on peut dire même dans le midi de l'Europe, attendu qu'il existe une identité presque complète entre les terrains crétacés des Pyrénées, des Alpes, des Apennins et de tout le littoral de la Méditerranée.

Considérations sur les fossiles de la craie du Midi.

Nous terminerons ce chapitre par un tableau des principaux fossiles contenus dans la craie du Midi, afin de mettre en lumière les diverses relations géologiques que nous venons d'indiquer. Nous empruntons ce tableau, pour la majeure partie, au mémoire plusieurs fois cité de M. d'Archiac; nous y avons ajouté le résultat de nos propres observations. Les fossiles ont été répartis en trois divisions, analogues à celles que nous avons suivies pour la description des terrains; leur séparation n'est toutefois pas aussi tranchée que l'indique leur nomenclature : beaucoup de fossiles se représentent à la fois dans deux étages contigus. Pour compléter le tableau, nous y avons ajouté une quatrième division, comprenant les fossiles de la partie supérieure de la craie des Pyrénées; un certain nombre de ces fossiles paraissent avoir leurs analogues dans l'époque tertiaire. Nous avons comparé cette partie supérieure des terrains de craie au calcaire de Maëstricht. Peut-être est-elle encore plus moderne; mais nous croyons qu'il est impossible de la séparer des formations qui nous occupent et de la réunir aux terrains tertiaires.

TABLEAU DES CORPS ORGANISÉS FOSSILES EXISTANT DANS LA CRAIE DU MIDI DE LA FRANCE.

ÉTAGE INFÉRIEUR.

Genres.	Espèces.	Auteurs.	Localités.	Étages.
Fucoides	Brardi.	Ad. Brongniart	Pialpinson.	
	Orbignyanus	Id.	Ile d'Aix.	
	strictus.	Id.	Id.	Inconnus dans
	difformis	Id.	Bidache.	la craie du N.
	intricatus.	Id.	Id.	
	canaliculatus.	Id.	Id.	
Zosterites.	cauliniæfolia	Id.	Ile d'Aix.	
	lineata	Id.	Id.	
	elongata.	Id.	Id.	
Retepora.	clathrata	Goldfuss	Sarlat.	Craie tuffeau.
Orbitolites.	plana.	d'Archiac.	Fouras.	
	mamillata.	Id.	Id.	
	concava.		Pont-Saint-Esprit.	Grès vert.
Cidaris.	saxatilis.	Mantell.	Bayonne.	
	septifera.	Id.	Id.	
Echinus.	non déterminée.		Gourdon.	
Clypeaster.	affinis.	Goldf.	Biarritz.	
Nucleolites.	carinatus.	Id.	Id.	
Ananchytes	hemisphærica.	Alex. Brong	Id.	
Spatangus	suborbicularis.	Defrance	Id.	
	cor-anguinum.	Lamarck	Fouras.	Craie blanche.
	ornatus	Id.	Biarritz.	Craie tuffeau.
Bâtons d'Échinides, fort gros, avec sillons longitudinaux.			Pointe du Rocher.	
Serpula.	spirulæa.	Goldf.	Biarritz.	
	heliciformis	Id.	Id.	
Terebratula.	biplicata.	Sowerby.	Gourdon	Grès vert.

Genres.	Espèces.	Auteurs.	Localités.	Étages.
Ichthyosarcolites . . .	triangularis	Desmarets	Ile d'Aix	Genre inconnu.
Caprina	adversa	d'Orbigny	Ile d'Aix.	
	affinis	Id	Id.	
Ostrea	colubrina	Goldf	Id	Grès vert.
	inédite	. . . .	Biarritz.	
	serrata	. . . .	Gourdon.	
Exogyra	columba. Var. A. . .	d'Arch	Fouras	Craie tuffeau.
	Id. Var. B	Id	Rochefort	
	secunda	. . . .	Angoulême	
	sinuata	. . . .	Pont-Saint-Esprit . .	
	aquila	d'Arch	Montaigu.	
Pecten	striatocostatus	Goldf	Fouras.	
	quinquecostatus	Sow	Saint-Paulet	Grès vert.
	muricatus	Goldf	Biarritz	
Spondylus	spinosus	Desh	Pont-Saint-Esprit . .	
	deux espèces non déterminées		Sarlat.	
Lima	aspera	Mant	Gourdon.	
Vulsella	falcata	Goldf	Bidart.	
Pinna	radiata	. . . .	Sarlat.	
Inoceramus	Cuvieri	Sow	Gourdon	Craie.
Chama	suborbiculata	d'Orb	Ile d'Aix.	
Ætheria	transversa	Lam	Id.	
Trigonia	excentrica	Sow	Pointe du Rocher . .	Grès vert.
	dædalea	Id	Pont-Saint-Esprit . .	
	scabra	Lam	Fouras	Craie tuffeau.
Nucula	pectinata	Mant	Bayonne	Gault.
Cardita	tuberculata	Sow	Gourdon	Grès vert.
Cardium	Hilianum	Id	Id.	
	proboscideum	Id	Id.	
Lutraria	striata	. . . .	Pont-Saint-Esprit.	
Sphæra	moule non déterminé.	. . . .	Id.	
Cypricardia	orbiculata	d'Arch	Ile d'Aix.	
Isocardia	dicerata	d'Orb	Id.	
	orthocera	Id	Id.	
	brevis	Id	Id.	
	striatula	Sow	Fouras.	
Paludina	non déterminée . . .	. . . .	Angoulême	Argile.
Pleurotomaria	moules	. . . .	Pont-Saint-Esprit . .	Weald.
Cirrus	depressus	Mant	Gourdon	Craie.

Genres.	Espèces.	Auteurs.	Localités.	Étages.
Phasianella	non déterminée ...	....	Gourdon.	
Nerinea .... {	angulata.........	....	Id.	
	triplicata	....	Id.	
Turritella........	dubia...........	....	Id.	
Nummulites.......	Biarritzana.......	d'Arch	Biarritz......... }	
Nautilus..........	triangularis	Montfort.........	Gourdon......... }	Inconnus.
Alveolina.........	cretacea.	d'Arch..........	Rochefort.......)	
Ammonites.......	varians..........	Sow............	Gourdon........	Grès vert.
Belemnites........	....	....	Languedoc.	

ÉTAGE MOYEN.

Ce second étage est le plus riche en fossiles; ils sont à la fois très-abondants et très-variés. Les ammonites, les térébratules et, en général, les corps organisés qui vivent dans les mers profondes, y sont plus nombreux que dans les deux autres étages, circonstance qui montre que les couches se sont déposées sous une grande hauteur d'eau.

Genres.	Espèces.	Auteurs.	Localités.	Étages.
Siphonia......... {	pyriformis.	Goldf.	Jonzac.	Craie tuffeau.
	ficus...........	Id..............	Périgueux.......	Grès vert.
	incrassata.......	Id	Montendre.......	Craie tuffeau.
Eschara.......... {	filograna.	Id..............	Bidart.	
	sexangularis......	Id..............	Montendre.	
	plana...........	Id..............	Gourdon.	
Cellepora........	non déterminée. ..	....	Montendre.	
Retepora........	anastomosa.	....	Saintes.	
Ceriopora......... {	madreporacea.....	Goldf.	Bidart.	
	pustulosa........	Id.	Saintes.	
	gracilis	Id.	Cognac.	
Flustra.	Plusieurs espèces non déterminées.....		Gourdon.	
Fungia...........	polymorpha.....	Goldf.	Périgueux.	
Astrea........... {	elegans.	Id.	Marande.	
	flexuosa.........	Id.	Saint-Cyr (Lot).	
Orbitolites.......	conica..........	d'Arch..........	Fouras.	
Pentacrinites.....	scalaris.........	Goldf.	Cognac.	
Marsupites.......	Milleri.	Mant..........	Biarritz.........	Craie blanche.
Asterias. .... {	punctata.	Ch. des Moulins...	Saintes.	
	chilopora.......	Id.	Dax.	

Genres.	Espèces.	Auteurs.	Localités.	Étages.
Cidaris	variolaris	Alex. Brong	Saintes.	
	globosa		Montlieu.	
Echinus	non déterminée		Saint-Froult.	
Galerites	vulgaris	Lam	Tercis	Craie moyenne.
	albogalerus	Id	Id	
Scutella	subtetragona		Ste-Marie-de-Gosse.	
Ananchytes	semiglobosa	Lam	Tercis.	
	ovata	Id	Id	
	striata	Id	Id	Craie blanche.
	pustulosa	Id	Id	
Spatangus	suborbicularis	Defr	Biarritz	Craie tuffeau.
	ornatus		Tercis	
	cor-testudinarium	Goldf	Pons	Craie blanche.
Serpula	rotula	Id	Bayonne	Grès vert.
	quadricarinata	Id	Tercis	
Terebratula	alata	Lam	Saintes	Craie tuffeau.
	obliqua	d'Arch	Id	
	plicatilis	Sow	Montendre	
	lata	Id	Gourdon.	
	octoplicata	Id	Saint-Froult	
	biplicata	Id	Saintes	Grès vert.
	depressa	Lam	Gourdon	
	pectita	Sow	Périgueux	
Hippurites	Santonensis	d'Arch	Royan	
	radiosa	Ch. des M	Cendrieux	
	cornu-pastoris	Id	Les Piles	
	organisans	Id	Montignac	Genres inconnus dans la craie du N.
	fistula	Id	Jonzac	
	plusieurs inédites	Id		
Sphærulites	jodamia	Id	Mirambeau	
	foliacea	Lam	Ile d'Aix	
	cylindracea	Ch. des M	Périgueux	
Caprina	inédite	Id	Pons.	
Diceras	arietina	Lam	Les Piles.	
Ostrea	vesicularis	Id	Périgueux	Craie moyenne.
	biauriculata	Id	Saint-Froult	Craie tuffeau.
	serrata	Defr	Périgueux	Grès vert.
	carinata	Lam	Id	
	prionata	Goldf	Cognac.	

III.

3

Genres.	Espèces.	Auteurs.	Localités	Étages.
Ostrea (suite).......	pennaria...... ..	Lam............	Cognac.	
	diluviana........	Id.............	Id.............	Craie.
	costata.........	Sow......... ...	Saintes.........	Grès vert.
	harpa..........	Goldf.	Id.............	Craie.
	elongata.			
Exogyra..........	aquila...........	d'Arch.........	Jonzac..........	Grès vert.
	auricularis.......	Id.............	Montendre.......	
	flabellula........	Goldf.	Id.	
	contorta.........	d'Arch......... .	Saint-Sever.	
	nodosa.........	d'Orb..........	Saintes.	
Spondylus........	truncatus........	Desh............	Montendre.......	Craie tuffeau.
	rugosus.........	d'Orb..........	Id.	
	spinosus..	Desh.	Montlieu.	
	lineatus.........	Goldf.	Bidart..........	Craie.
	echinoides.......	d'Arch.........	Jonzac..........	
Pecten...........	quinquecostatus...	Sow....	Saintes..........	Grès vert.
	striatocostatus	Goldf.	Jonzac..........	
	obliquus........	Sow.......	Montendre.......	
	asper..........	Lam............	Pas-du-Larry.....	
	Boissyi..........	d'Arch.........	Biarritz.	
Lima............	Hoperi,.........	....	Gourdon.	Craie.
	turgida.........	Lam............	Saintes..........	
	Mantelli.........	....	Périgueux.......	
	obliqua.........	Lam............	Saint-Froult.	
Avicula..........	non déterminée.			
Modiola..........	Dufrenoyi.......	d'Arch.........	Montendre.	
	bicarinata.......	d'Orb.		
	elongata........	Id.		
	non déterminée...	....	Périgueux.	
Mytilus..........	non déterminée...	....	Gourdon.	
Unio	Id..............	....	Id.	
Inoceramus.......	Cripsi	Mant..........	Montendre.......	Craie.
	undulatus	Id.............	Id.............	
	concentricus	d'Orb..........	Jonzac.	
Trigonia.........	alæformis........	Sow............	Gourdon........	Grès vert.
Cucullæa.........	carinata.........	Id.............	Montignac.......	
	sagittata........	d'Arch.........	Id.	
	tumida.........	Id............	Id.	
Hemicardium	tuberculatum.....	Alex. Brong......	Saintes.	

Genres.	Espèces.	Auteurs.	Localités.	Étages.
Cardium	proboscideum	Sow.	Saintes.	Grès vert.
	tuberculatum.....	d'Orb.		
Astarte	non déterminée...		Angoulême.	
	depressa..........	Sow.		
Mya.	mandibula.	Id.	Saintes.	
Patella.	non déterminée...		Périgueux.	
Ampullaria.	Id.		Mussidan.	
Turritella.	antiqua.	d'Orb.	Saintes.	
Terebra.	inflata.	Id.	Id.	
Trochus.	Gibbsi.		Angoulême.	
	maximus.	d'Orb.	Mont-du-Bouquet.	
	angulatus.		Id.	
Pleurotomaria	non déterminée.			
Cirrus.	excentricus.	d'Orb.	Pons.	Grès vert.
	carinatus.	Id.	Saint-Froult.	
	costatus.			
Turbo.	dubius.			
Nerinea.	bisulcata.	d'Arch.	Montignac.	
Nautilus.	pseudopompilus...	Schlotheim	Périgueux.	
	2 esp. non déterminées.		Bayonne.	
	Santonensis.	d'Orb.	Saint-Froult.	
	elegans	Id.	Id.	
	undulatus.	Id.		
Baculites.	non déterminées...		Pas-du-Larry.	Craie inférieure.
Ammonites.	Mantelli.			
	variabilis.		Saint-Froult.	Grès vert.
	Lewesiensis.	Sow.	Id.	
Scaphites.	æqualis.	d'Orb.		
Cancer.	quadrilobatus....	Desm.		
	non déterminée.			

Dents de squales.

Plaques palatales de poissons

CHAPITRE XII.

ÉTAGE SUPÉRIEUR.

Genres.	Espèces.	Auteurs.	Localités.	Étages.
Tragos............	pisiforme........	Goldf...........	Royan..........	Craie tuffeau.
Cellepora........	bipunctata.......	Id..............	Id.	
	non déterminée...	....	Id.	
Ceriopora........	milleporacea.....	Goldf...........	Id.	
	verticillata.......	Id..............	Id.	
Orbitolites.......	media...........	d'Arch..........	Id.	
Pentacrinites......	scalaris.........	Goldf..........	Id.	
Asterias..........	stratifera........	Ch. des M........	Id.	
	punctulata.......	Id..............	Talmont.	
	inédite..........	....	Royan.	
Cidaris..........	scutigera........	Goldf...........	Id..............	Craie tuffeau.
	variolaris........	Alex. Brong.		
	miliaris.........	d'Arch..........	Talmont.	
Galerites........	semiglobosus.			
Clypeaster........	Leskei..........	....	Royan.	
Spatangus........	prunella.........	Goldf...........	Talmont.	
	ornatus.			
Terebratula......	Menardi.........	de Buch........	Royan..........	Craie tuffeau.
	Santonensis......	d'Arch..........	Beaumont.	
	sulcata..........	....	Id.	
	octoplicata.......	Sow............	Bergerac.	
Crania..........	spinulosa........	Nilsson.........	Royan..........	Craie.
Orbicula.........	lamellosa........	....	Id.	
Hippurites........	radiosa..........	Ch. des M........	Beaumont.......	
	fistula..........	Id..............	Id.............	
Sphærulites......	crateriformis.....	Id..............	Pons...........	
	Jouanneti........	Id..............	Lanquais........	
	turbinata........	Lam............	Pons...........	Ces genres n'existent
	Hœninghausi.....	Ch. des M........	Talmont........	pas dans la craie
	ingens...........	Id..............	Id.............	du N. de l'Europe.
	Bournoni.........	Id..............	Vache-Perdue....	
	dilatata..........	Id....	Id.............	
	calceolides.......	Id..............	Id.............	
	Ponsiana........	d'Arch..........	Pons...........	
Ostrea..........	vesicularis.......	Lam............	Royan..........	Grès vert.
	proboscidea......	....	Montlieu.	

Genres.	Espèces.	Auteurs.	Localités.	Étages.
Exogyra.........	auricularis......	d'Arch..........	Royan..........	Grès vert.
	affinis.			
Pecten..........	striatocostatus.....	Goldf......... ...	Royan..........	Craie inférieure.
	cretosus.........	Id.............	Id.............	
Lima............	semisulcata......	Id.............	Id.............	Craie tuffeau.
	maxima...'......	d'Arch.........	Talmont.	
Trigonia.........	non déterminée...	....	Beaumont.	
Pectunculus.......	lens...........	....	Royan..........	Craie.
	pulvinatus.			
Venus..........	lineolata........	Sow...........	Lanquais........	Grès vert.
Astarte..........	non déterminée...	....	Royan.	
	transversa.			
Catillus.........	Lamarcki.......	Al. Brong........	Talmont........	Craie inférieure.
Isocardia........	dubia..........	....	....	
Turbo.........	turrillitellatus....	d'Arch.........	Royan..........	
Turritella........	non déterminée...	....	Ribérac.........	
Nautilus..	simplex.........	Sow...........	Royan..........	Craie tuffeau.
Nummulites.......	milliecaput.......	Boubée.........	....	Inconnus dans la craie du N.
	lenticularis......	....	....	
Lenticulites......	....	....	....	
Alvéolines (Mélonies)	....	....	....	

Pour rendre complète cette liste des fossiles de la craie du midi de la France, nous ajouterons les noms de plusieurs fossiles trouvés dans les formations crétacées des Corbières et du groupe du Mont-Perdu. Ces derniers appartiennent à des espèces tertiaires et forment, par conséquent, une anomalie au milieu des terrains de craie; mais ils sont en mélange si intime avec les fossiles caractéristiques de la craie (*pecten quinquecostatus, exogyra sinuata et aquila, inoceramus Cuvieri*, etc.), qu'il est impossible de les isoler de cette formation. Ces fossiles d'apparence tertiaire sont :

Genres.	Espèces.	Auteurs.	Localités.
Cardium.............	aviculare............	....	Belesta.
Crassatella...........	tumida.............	Lam...............	Tournissan.
Lucina.			
Ostrea..............	plusieurs huîtres à gros talons, analogues à des espèces tertiaires.		
Natica.............	....	....	Tournissan, S¹-Martory.

Genres.	Espèces.	Auteurs.	Localités.
Neritina.............	perversa ...r........	Lam..............	Tournissan, Mont-Perdu.
Fissurella.....	....	....	Belesta.
Bulla....	moule imparfait.......	....	Tournissan.
Cypræa.............	............:....	....	
Nummulites.......... { lævigata............		(Abondant dans toute la chaîne des Pyrénées.)	
	lenticularis.........	....	Bayonne.
	crassa	Boubée............:.	Dax.
Turbinolia.....	elliptica............	Alex. Brong........-.	Tournissan, Mont-Perdu.

Alvéolines (Mélonies, Discolites sphériques de Fortis).

CHAPITRE XIII.

TERRAINS TERTIAIRES INFÉRIEURS DANS LE BASSIN
DU SUD-OUEST DE LA FRANCE.

Les montagnes anciennes qui constituent le massif central de la France ont donné lieu à deux bassins distincts, que nous avons désignés sous les noms de *bassin du Nord* ou *de Paris* et de *bassin du Midi*. Le bassin de Paris, qui s'étend au N. de cette ville, comprend les terrains secondaires de la France, de l'Allemagne, et en général du nord de l'Europe; le bassin du Midi occupe le sud de la France, toutes les pentes basses de l'Espagne et une grande partie de l'Italie. Isolés dès le dépôt des terrains secondaires, les deux bassins l'étaient encore à l'époque où se sont formés les terrains tertiaires inférieurs. C'est du moins ce qu'on doit conclure de l'absence complète de ces terrains dans les parties qui constituent la digue de séparation entre les bassins du Nord et du Midi. Plus tard, les eaux des deux mers se sont confondues, et, lors du dépôt des terrains tertiaires moyens, elles se sont étendues à la fois sur la surface entière de la France, en enveloppant de toutes parts les montagnes anciennes qui surgissaient alors au-dessus du niveau des mers de cette époque, sous la forme de vastes îles.

Les terrains tertiaires inférieurs n'existent que dans une très-faible partie du bassin du Midi : on ne les observe que dans la vallée de la Garonne, depuis la Réole jusqu'à Blaye, et sur quelques points des Landes de Bordeaux et des environs de Bayonne, notamment près de Dax. La présence de ces terrains inférieurs en divers points des Landes nous fait présumer qu'ils constituent le sous-sol de cette vaste plaine, puisqu'ils viennent buter contre les collines crayeuses de la Saintonge et des Basses-Pyrénées qui en forment les extrémités au N. et au S. {Position du terrain tertiaire inférieur dans le bassin du Midi.}

Dans la vallée de la Garonne, les terrains tertiaires inférieurs composent les collines élevées de la rive droite; ils sont, au contraire, à peine au niveau de la mer dans la plaine des Landes.

Les différences de hauteur de ces terrains et le peu d'élévation, au-dessus des eaux, de la rive gauche[1], constamment plate jusqu'aux environs d'Âgen, donnent à penser que le lit de la Garonne est creusé dans une vaste faille. Cette conclusion, résultat de l'examen des caractères physiques de la contrée, est encore appuyée par les différences qui existent dans la nature du sol. Ainsi les côtes de Blaye, de Langon et de la Réole sont de calcaire grossier, tandis que le sol plat du Médoc et des Landes est partout recouvert de sables de l'âge des terrains subapennins.

Sur la rive droite de la Garonne, le dépôt tertiaire inférieur forme un sol assez accidenté ; les collines y sont multipliées, mais sans caractère ; de plus, il est rarement à nu : on ne le voit guère que dans les escarpements des nombreux vallons qui le traversent. Nous ne saurions, en conséquence, donner aucun détail ni sur son relief ni sur la nature du terrain qu'il constitue ; on remarquera toutefois que ce terrain, étant à la fois calcaire et argileux, doit produire, par sa décomposition, des terres arables de première qualité.

Le terrain tertiaire inférieur est réduit au calcaire grossier.

La partie inférieure du terrain tertiaire, qui présente une assez grande variété d'assises dans le bassin de Paris et dans les environs de Londres, est réduite, dans le Midi, à la formation du calcaire grossier. Les caractères de cette formation y sont d'ailleurs assez constants ; elle est presque toujours représentée par des couches de calcaire plus ou moins solide, alternant avec des marnes calcaires et quelquefois avec des argiles. L'argile est surtout abondante à la base du calcaire grossier ; elle peut y atteindre une épaisseur de 10 à 13 mètres. Les couches solides renferment un grand nombre de fossiles à l'état de moules ; les miliolites y sont parfois tellement abondantes, que le calcaire présente une fausse apparence d'oolithe. Dans quelques couches, les

[1] Les hauteurs suivantes de différents points de la rive droite et de la rive gauche de la Garonne (Puissant, *Triangulation de la France*) mettent en évidence les différences de niveau que nous venons de signaler :

Rive droite..
S⁺-André-de-Cubzac .	74ᵐ,99
La Pouaide	101ᵐ,59
Le Gibault	124ᵐ,00
Soubrac	110ᵐ,92

Rive gauche..
Bordeaux	8ᵐ,76
Lejean	43ᵐ,67
Captieux	41ᵐ,94

Lejean et Captieux sont placés sur des coteaux.

Les Landes sont, à la vérité, traversées par une petite chaîne de collines dont la hauteur moyenne est de 70 mètres ; mais ces collines sont à plus de dix lieues de la Garonne, et le sol s'élève d'une manière si insensible, que la direction des petits courants sillonnant le terrain révèle seule l'existence de la pente. D'ailleurs la chaîne est formée de terrain tertiaire supérieur, circonstance à l'appui de l'hypothèse que la Garonne coule dans une fente.

cérites (*cerithium lapidum*) sont aussi nombreuses que dans le calcaire à cérites des environs de Paris. Dans une ou deux localités seulement, le calcaire
est remplacé par un sable calcaire, où la présence des nummulites et des
cérites permet principalement de reconnaître la représentation du calcaire
grossier.

Composition du calcaire grossier.

M. Drouot, ingénieur des mines, chargé en 1837 de l'exécution de la
carte géologique de la Gironde (travail que diverses circonstances l'ont em-
pêché de continuer), a annoncé que le calcaire grossier de Bordeaux reposait
sur un calcaire d'eau douce; il a même identifié ce dernier avec le calcaire
de l'Agénois [1]; il en résulte, d'après M. Drouot, que le calcaire d'eau douce,
qui recouvre une surface si étendue dans tous les départements du sud
jusqu'à Marseille, serait plus ancien que le calcaire grossier. Cette conclusion, opposée à celle qu'un de nous a donnée dans un précédent mémoire[2],
changerait, si elle pouvait être adoptée, toute la classification des terrains
tertiaires du Midi. Quoique les faits nombreux sur lesquels était fondée
notre opinion nous parussent incontestables, nous avons prié M. de Collegno, professeur de minéralogie et de géologie à l'Académie de Bordeaux,
de vouloir bien étudier la question importante soulevée par M. Drouot.
M. de Collegno a bien voulu se charger de cette étude et consacrer plusieurs
semaines à l'exploration des terrains de Bordeaux. Ses recherches l'ont conduit à adopter complétement la superposition que nous avions nous-même
indiquée dans le mémoire cité plus haut. « Cette superposition est tellement
« certaine, ajoute M. de Collegno, que je me suis attaché à découvrir dans
« le mémoire de M. Drouot ce qui pouvait l'avoir amené à voir les choses
« tout différemment; il me paraît évident que cette différence provient de
« ce que M. Drouot appelle *calcaire grossier*, à la Réole, ce que M. Dufrénoy
« nomme *mollasse coquillière*, formation cependant très-distincte; une fois
« cette erreur de nom rectifiée, les choses deviennent tellement claires, qu'on
« ne comprend point qu'il puisse y avoir discussion sur la position relative
« des calcaires de l'Agénois et de Bordeaux. » Nous ferons remarquer que la

Position relative du calcaire grossier et du calcaire d'eau douce.

[1] *Essai sur la nature et la disposition des terrains tertiaires dans la partie du département de
la Gironde comprise entre la Garonne et la Dordogne, suivi de quelques indications sur le rapport
de ces terrains avec le calcaire d'eau douce de*
l'Agénois et les formations géologiques inférieures.
(*Annales des Mines*, 3ᵉ série, t. XIII, p. 57.)

[2] *Mémoire sur les terrains tertiaires du bassin
du midi de la France*, par M. Dufrénoy. (*Annales
des Mines*, 3ᵉ série, t. VI, p. 417.)

mollasse coquillière est précisément la partie supérieure de la formation d'eau douce de l'Agénois, de sorte que cette formation est réellement supérieure au calcaire grossier.

Partout où existe le calcaire grossier, il est exploité comme pierre de construction. Les édifices si majestueux de Bordeaux sont bâtis avec le calcaire grossier, qui fournit à la fois des variétés tendres qu'on peut fendre avec la scie à dents, d'autres qu'on ne saurait couper sans le secours du sable. A Langoiran, dans le département de la Gironde, les pierres de construction sont poreuses et tendres; elles peuvent être livrées au prix modique de 7 francs le mètre cube. A Saint-Macaire, Rauzan, Langon, etc., le calcaire grossier, dur, compacte, très-résistant, quelquefois spathique par les nombreux fragments de coquilles agglutinées qu'il renferme, est d'une exploitation plus coûteuse. Son extraction et la taille, alors difficiles, en élèvent le prix jusqu'à 40 francs le mètre cube.

La formation de calcaire grossier fournit encore des argiles effervescentes, grises, quelquefois blanches, mais toujours faciles à distinguer de celles qui appartiennent à la formation d'eau douce. Ces argiles se trouvent à différentes hauteurs dans le calcaire grossier. Elles alimentent la fabrication des briques et des tuiles à Camiran et à Saint-Sulpice-de-Guilleragues, dans la vallée du Dropt et dans un grand nombre d'autres localités; elles sont même quelquefois employées à la fabrication d'une poterie commune; mais elles résistent mal à l'action du feu, et les briques qu'elles fournissent fondent, si elles sont trop fortement chauffées.

La simplicité des terrains tertiaires inférieurs dans le Midi rend leur description très-courte; deux ou trois exemples suffiront pour faire connaître leur nature et leur manière d'être.

Le calcaire grossier, qui constitue seul ces terrains, commence à paraître un peu au N. de Blaye, et se prolonge sans interruption jusqu'à la Réole. Un marais qui sépare la craie de Talmont du calcaire grossier de Blaye fait présumer que les couches inférieures de cette formation sont argileuses; cette présomption se change en certitude, quand on étudie les environs du Bec-d'Ambès. L'assise argileuse acquiert, en effet, un grand développement, surtout dans les vallées de la Dordogne et près de Saint-André-de-Cubzac; elle s'élève au-dessus des eaux ordinaires de 10 mètres environ; dans les basses mers, elle ne découvre pas complètement. A Cassin (1,500 mètres en-

Le calcaire grossier donne de bonnes pierres à construction.

Couches d'argile dans le calcaire grossier.

Description du terrain tertiaire inférieur.

Argile à la base du calcaire grossier.

viron à l'E. de Cubzac), la puissance de l'assise argileuse est encore plus considérable : sa surface supérieure est à près de 40 mètres au-dessus de l'étiage. Cette circonstance singulière, qui n'est pas en rapport avec la stratification des couches, peut faire supposer que la masse argileuse a été dénudée avant le dépôt du calcaire grossier. Dans ce cas, il se serait passé un certain temps entre la formation de l'assise argileuse et celle du calcaire grossier proprement dit. Peut-être alors devrait-on regarder l'argile inférieure comme correspondant à l'argile plastique de Paris. Nous n'y avons trouvé aucun fossile, de sorte que nous n'avons, quant à présent, aucun moyen de décider cette question, que nous nous contentons de soulever.

Les couches qui reposent immédiatement sur l'assise argileuse sont assez développées dans l'escarpement que couronne la citadelle de Blaye.

Fig. 1.

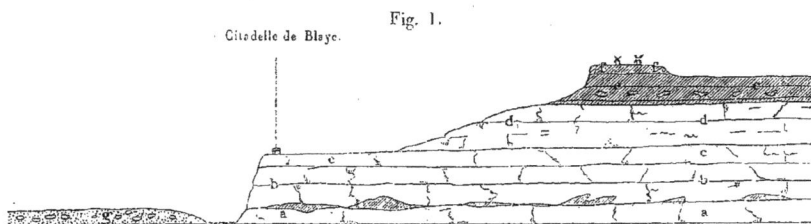

Superposition du calcaire d'eau douce sur le calcaire grossier,
à la butte des moulins de la Garde, près Rollon.

a. Calcaire sablonneux avec petits galets.
b. Calcaire très-solide, en couches épaisses, contenant beaucoup de miliolites et des dents de squales.
c. Couche contenant beaucoup d'oursins.

d. Calcaire grossier avec huîtres, miliolites et petits galets.
e. Étage tertiaire moyen.
f. Calcaire d'eau douce.
g. Étage tertiaire supérieur.

1° Les couches les plus inférieures, visibles seulement à marée basse, sont composées d'un calcaire tendre, sablonneux, contenant en abondance de petits galets quartzeux. Ce calcaire, formé en partie de miliolites, renferme quelques polypiers plats, de forme circulaire (*orbitolites plana*), qu'on reconnaît à une légère trace blanche, présentant des anneaux concentriques; ils sont identiques avec les empreintes de même genre si fréquentes dans le calcaire grossier de Vaugirard. Des fragments d'oursins sont, avec les miliolites et les orbitolites, les seuls fossiles que nous ayons trouvés dans cette couche inférieure.

Succession des couches entre Blaye et Mirambeau.

4

2° Immédiatement au-dessus, repose un calcaire dur et très-solide ; il contient une grande quantité de calcaire spathique, servant de ciment aux parties granuleuses dont la roche se compose. Ces parties ne sont autre chose que des miliolites, si nombreuses qu'elles se touchent de tous côtés, et que le calcaire a l'apparence de l'oolithe ; sans le ciment cristallin qui donne de la solidité à la roche, celle-ci se désagrégerait facilement et produirait un sable de miliolites. Le contact des deux couches est marqué dans l'escarpement par une série de cavités résultant de la désagrégation du calcaire tendre. Au plafond de ces petites grottes, on voit saillir de nombreux fragments d'ossements de squales très-durs et très-compactes. Dans l'escarpement de Blaye, le calcaire dur est peu riche en fossiles.

3° Un calcaire tendre et sablonneux, semblable à celui du sud de l'escarpement, mais qui ne renferme point de galets quartzeux, succède au calcaire dur ; il n'a qu'un mètre d'épaisseur.

4° Le calcaire dur reparaît et forme le haut de l'escarpement sur lequel est construit le château ; ce calcaire est riche en échinites.

5° On observe des couches supérieures à celles de l'escarpement de Blaye au N. de cette ville, et, si l'on se dirige vers Mirambeau, on traverse toute l'épaisseur du calcaire grossier, qui se termine à la hauteur dite de la Garde, à Rollon.

La couche de calcaire dur, avec oursins, qui forme la partie supérieure de l'escarpement de Blaye, est mise à nu par les fossés de la route, à la sortie même de la ville. Elle est recouverte immédiatement par un calcaire très-caverneux, contenant des parties tendres et d'autres parties dures. Les miliolites sont répandues avec une égale profusion dans l'une et dans l'autre ; mais ces fossiles sont surtout abondants dans les parties solides, qui doivent leur consistance à un ciment spathique.

6° Au-dessus, on rencontre un calcaire marneux enveloppant des plaques d'argile plus ou moins larges, de couleur verdâtre. On y trouve une grande quantité de galets, et leur présence peut faire supposer qu'il appartient déjà à la mollasse. Mais dans cette partie du bassin méridional, toute la mollasse est d'eau douce ; de plus, les fossiles du calcaire marneux, dont il est ici question, sont les mêmes que ceux des calcaires inférieurs, et plusieurs d'entre eux, le *cassidulus nummulinus*, l'*asterias lœvis*, la *crania abnormis*, etc. ne se rencontrent jamais dans la mollasse coquillière.

7° La formation de calcaire grossier se termine par une couche mince ($0^m,25$ à $0^m,30$) de marne schisteuse verte, contenant une grande quantité d'huîtres. Cette couche se retrouve presque constamment à la partie supérieure du calcaire grossier; partout elle annonce le contact prochain de la formation d'eau douce. Cette marne a la plus grande analogie avec les marnes vertes de Montmartre, et une circonstance remarquable, c'est qu'elle contient quelques rognons de gypse et de strontiane sulfatée. Du reste, la présence du gypse est un accident très-rare dans les formations tertiaires du midi de la France; la véritable position de la pierre à plâtre dans cette région est au milieu du second étage des terrains tertiaires.

Les escarpements de la Garonne, depuis Bordeaux jusqu'au Bec-d'Ambès, et ceux de la Dordogne, depuis les environs de Saint-Émilion, présentent des couches entièrement analogues à la coupe que nous venons d'indiquer entre Blaye et Mirambeau; mais, en remontant la Garonne, la formation de calcaire grossier offre quelques différences. Les couches calcaires sont séparées par des couches d'argile, dont plusieurs sont exploitées. Le calcaire, en outre, dur et solide, fournit des matériaux de construction de première qualité. La taille en est, il est vrai, difficile et coûteuse; mais il résiste bien à la gelée et peut supporter une grande pression, ce qui en rend l'emploi très-avantageux pour les fondations et les soubassements des édifices de quelque importance. C'est ce calcaire qui a servi à la construction des piles du pont de Bordeaux; il provient principalement des environs de Saint-Macaire.

Succession des couches près de St-Macaire.

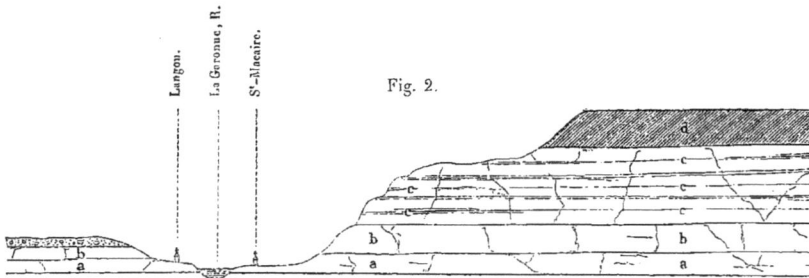

Fig. 2.

Disposition des couches du calcaire grossier, à Saint-Macaire.

a. Calcaire très-solide avec moules de coquilles spirées et miliolites.

b. Calcaire tendre exploité à Langon, sur la rive gauche de la Garonne.

c. Succession de couches de calcaire grossier séparées par des marnes; le calcaire contient beaucoup de fossiles.

d. Étage tertiaire moyen.

1° Les carrières qu'on y exploite presque au niveau de la Garonne donnent les couches les plus inférieures que l'on puisse étudier dans cette localité.

Le calcaire est très-solide et composé d'une multitude de miliolites et de moules de coquilles agrégés par un ciment spathique. Son aspect général rappelle le calcaire grossier inférieur de Paris. Quelques *cerithium giganteum*, qu'on y rencontre çà et là, complètent l'analogie.

Argiles en couches alternant avec le calcaire grossier.

2° Au-dessus du calcaire dur de Saint-Macaire, on voit, soit à Langon, situé sur la rive gauche de la Garonne, en face de Saint-Macaire même, soit dans les escarpements qui bordent la rive droite de la Garonne, un calcaire tendre qui se débite facilement au moyen de la scie à dents.

3° Il est recouvert par une argile blanche très-pure, qui forme une couche d'environ un mètre de puissance. Cette argile sert à la fabrication de la faïence; cet emploi lui a fait improprement donner le nom d'*argile plastique;* la couche qui porte ce nom dans le bassin de Paris est inférieure au calcaire grossier.

4° Des marnes jaunâtres maculées de rouge succèdent à l'argile blanche; elles sont sèches au toucher, ne font point pâte avec l'eau et se délitent à l'air en très-peu de temps.

5° Au-dessus, on exploite pour la fabrication des briques une argile très-pure, mais assez fortement colorée en rouge.

6° Des argiles jaunâtres, tachées de parties rouges, complètent cette série argileuse, qui forme à peu près le tiers de l'escarpement, et peut avoir une puissance de 12 à 15 mètres. Ces dernières argiles, faisant légèrement effervescence, ne sont pas employées pour la fabrication des briques.

Les diverses couches argileuses dont nous venons de faire l'énumération ne peuvent être observées que dans les exploitations où elles ont été mises à nu. Par leur nature, elles donnent rarement lieu à des escarpements naturels, et, dans ce cas même, elles sont cachées par les sables ou les déblais des couches supérieures.

7° Une série de petites couches de marnes et de calcaire tendre succède immédiatement aux argiles. Les couches calcaires sont presque toutes exploitées par galeries horizontales, dont la hauteur est celle du banc de pierre. On peut reconnaître, même de loin, l'alternance des couches solides et des marnes par la disposition en étages des exploitations qui se dessinent sur la déclivité du terrain.

8° La sommité des escarpements est recouverte par un calcaire solide , caverneux, mélangé irrégulièrement de parties tendres et contenant une grande quantité de miliolites et de moules de fossiles.

Les deux coupes que nous venons de décrire font connaître assez exactement la composition du calcaire grossier du département de la Gironde; nous ajouterons seulement qu'à Terre-Nègre, près de Bordeaux, il existe des sables contenant les mêmes fossiles que le calcaire grossier et que M. Jouannet a par suite classés dans cette formation.

Le calcaire grossier de Bordeaux contient un grand nombre de fossiles. La plupart lui sont communs avec le calcaire grossier de Paris, ce qui donne une certitude complète au rapprochement établi entre les deux terrains. Nous croyons, en conséquence, qu'il est utile de faire connaître les principaux de ces fossiles; la liste que nous transcrivons nous a été communiquée par M. Ch. des Moulins, de Bordeaux, occupé depuis plusieurs années à faire la monographie de la faune fossile du Bordelais. M. des Moulins a divisé les fossiles du calcaire grossier en deux groupes, qui sont :

Comparaison entre les fossiles des calcaires grossiers de Paris et de Bordeaux.

1° Fossiles du calcaire grossier recueillis dans les escarpements de la rive droite de la Gironde, entre Blaye et Plassac ;

2° Fossiles du calcaire grossier de Saint-Macaire, Virelade et Langon.

Nous n'avons pas cru devoir conserver cette division, malgré son importance dans une étude détaillée comme le travail de M. des Moulins; les couches de Blaye et de Saint-Macaire sont presque contemporaines, et dans une description générale telle qu'il nous est permis de la faire ici, on ne saurait s'arrêter à d'aussi légères nuances. Néanmoins, pour conserver tout son intérêt au travail de M. des Moulins, nous avons mis à la suite de chaque fossile une lettre indicative de son gisement [1]. Nous avons complété cette liste en y ajoutant les fossiles des Landes, déterminés par M. Grateloup. Elle offre ainsi l'état actuel de nos connaissances sur la conchyliologie des terrains tertiaires inférieurs du Midi.

---

[1] La lettre V indique que les fossiles ont été trouvés dans le groupe calcaire de Virelade ;

La lettre B, qu'ils ont été recueillis près de Blaye ;

La lettre T, qu'ils proviennent de Terre-Nègre.

Ceux qui sont marqués L ont été recueillis par M. Grateloup dans les carrières de Garanx. près de Dax (Landes).

Les fossiles suivis de plusieurs lettres existent à la fois dans les différentes localités dont ces lettres sont les initiales.

FOSSILES PRINCIPAUX DU CALCAIRE GROSSIER

DANS LE BASSIN DU MIDI DE LA FRANCE.

Genres.	Espèces.	Auteurs.	Localités.	Étages du bassin de Paris où ces fossiles ont déjà été trouvés.
Asterias	lævis	Ch. des Moulins	V.	
Scutella	bioculata	Id	V.	
	decemfissa	Id	T.	
	subrotunda	Id	V. T.	
	Faujasi	Defrance	V.	Inférieur.
	polygona	Ch. des M	B.	
	marginalis	Id	B.	
Fibularia	scutata	Id	V. B.	
	ovata	Id	V.	
Echinoneus	affinis	Ch. des M.		
Cassidulus	nummulinus	Id	V. B. T.	
	porpita	Id	V. T.	
Echinus	pusillus	Munster	V.	Inférieur.
	elegans	Ch. des M.		
	Gacheti	Id.		
Echinolampas	oviformis	Id	V.	Inférieur.
Galerites	ovalis	Valenciennes	V. B.	
	affinis	Ch. des M	B.	
	affinis	Goldfuss.		
Spatangus	acuminatus	Id	V. B.	Inférieur.
	Grignonensis	Desmarest	B.	
	ornatus	Defr.	T.	
Serpula			V.	
Balanus	2 espèces non déterminées		V.	
Gastrochœna	non déterminée		V.	
Clavagella	coronata	Deshayes	V. B.	Inférieur.
Fistularia	non déterminée		B.	
Solecurtus	Basteroti	Ch. des M	V.	
	strigilatus	Basterot	V.	
Panopæa	Faujasi	Id	V.	
Pholadomia	margaritacea	Sowerby	V. B. T. L.	

Genres.	Espèces.	Auteurs.	Localités.	Étages du bassin de Paris où ces fossiles ont déjà été trouvés.
Crassatella......	tumida.........	Lamarck........	V. B............	
Mactra..........	deltoides..:.....	Id.............	V..............	Inférieur.
Corbula.........	revoluta........	Bast............	V.............	
Tellina..........	patellaris........	Lam............	V.	
	biangularis.......	Desh...........	V. B. L..........	Inférieur.
	plusieurs esp. non déterminées........		V.	
Corbis..........	pectunculus.....	Lam...........	V. B............	Inférieur.
	gigantea..........	Desh...........	V.............	
Lucin	columbella.......	Lam............	V..............	Moyen.
	mutabilis........	Id.............	L..............	Inférieur.
	divaricata........	Id.............	V.	
	Fortisi..........	Desh...........	B.	
	plusieurs esp. non déterminées........		B. V.	
Solen............	strigilatus	Lam............	L.	
Cytherea.........	plusieurs esp. non déterminées.......		B. V.	
	nitidula........	Desh...........	L..............	Inférieur.
Cyprina..........	Islandica........	Id.............	L..............	
Donax	....	....	L.	
Venus...........	corbis..........	Lam...........	V..............	Inférieur.
	radiata..........	Brocchi........	V.	
	plusieurs esp. non déterminées.......		V.	
Cardium.........	discrepans.......	Bast...........	V..............	Moyen.
	telluris (?).......	Lam...........	V.	
	3 esp. non déterminées		V. B. L.	
Cardita	hippopœa.......	Bast...........	V. L	
Isocardia........	espèce inéquivalve.	d'Orbigny père....	V.	
	corbula.........	....	L. T...........	Inférieur et moyen.
Arca...........	scapulina........	Lam...........	V. B...........	Inférieur.
	quadrilatera.....	Id.............	V.	
	biangula........	Id.............	B.............	Inférieur.
Nucula..........	placentina.......	Id.............	B.............	Inf., moy. et supér.
	margaritacea.....	Id.............	T.............	Inférieur et moyen.
	dispar.			
Pectunculus.......	pulvinatus.......	Lam...........	B. V. T.L.......	Inférieur.
	cor............	Id.............	V..............	
	dispar. (?).......	Defr...:......	....	
Terebratula.......	2 espèces nouvelles très-petites...		T.	
Chama..........	gryphoides.......	Bast..........	V.	
	inédite..........	....	L.	

Genres.	Espèces.	Auteurs.	Localités.	Étages du bassin de Paris où ces fossiles ont déjà été trouvés.
Modiola.	lithophaga	Lam.	V. B.	Inférieur.
	cordata		L.	
	2 esp. inédites.		V.	
Mytilus.	non déterminée		V. L.	
Lima.	glacialis.	Lam.	V.	
Pecten.	imbricatus	Desh.	B.	
	multistriatus	Id.	B.	Inférieur.
	Billaudeli.	Ch. des M.	V.	
	4 esp. inédites.		V.	
Ostrea.	crassissima.	Lam.	B.	} Inférieur.
	flabellula.	Id.	V.	
	cymbula.	Id.	V.	
	undata.		V.	Inférieur et moyen.
	sinuata.	Lam.	L.	
	crenulata (?)	Id.	B.	
Spondylus.	gæderopus.	Id.	L.	Inférieur.
Venericardia (?).			L.	
Anomia.	tenuistriata.	Desh.	B.	Inférieur.
	orbicularis.		B.	
	profunda		B.	
Crania.	abnormis.	Al. Brongniart.	V. T.	Inférieur.
Patella (ou pileopsis).			V. B.	
Vulsella.	deperdita.	Lam.	B.	Inférieur.
Calyptræa.	trochiformis.	Desh.	B. V.	
	lamellosa (?)	Id.	B.	Inférieur.
Pileopsis.	cornu-copiæ.	Lam.	B.	
Emarginula.	inédite.		V.	
	clathrata.	Desh.	T.	
Fissurella.	clypeata.	Grateloup.	V.	
	non déterminée.		V.	
Hipponix.	granulatus.	Bast.	V.	
Bulla.	2 esp. inédites.		V. B.	
Natica.	millepunctata.	Lam.	V.	Inférieur et moyen.
	patula.	Desh.	L.	
	non déterminée.		V. B.	
	compressa.		L.	
Ampullaria.	maxima.	Grat.	V. B.	} Inférieur.
	crassatina.	Lam.	L.	
Tornatella.	inédite.			

Genres.	Espèces.	Auteurs.	Localités.	Étages du bassin de Paris où ces fossiles ont déjà été trouvés.
Delphinula	scobina	Bast	V. B. T.	
	marginata	Lam	V	Inférieur.
	sulcata ou striata	Id	V.	
Solarium	inédite		V.	
	millegranosum	Brong	L.	
Trochus	Benettiæ	Sow	V.	
	Bucklandi	Bast	T.	
	sulcatus	Lam	V.	
	variabilis (?)	Defr	V.	
	infundibulum	Brong	L	Moyen.
	agglutinans	Lam	B. L	Inférieur.
	2 esp. inédites		B.	
Monodonta (?)			V.	
Turbo	Parkinsoni	Bast	V. T	Inférieur.
	monodonta	Jouannet	T.	
	setosus (?)		L.	
	grande esp. non déterminée		V. B.	
Phasianella	turbinoides	Lam	V. L.	
Turritella	cathedralis	Brong	V	Inférieur et moyen.
	strangulata	Grat	T. L.	
	turris	Bast	V	Inférieur et moyen.
	terebra	Lam	L	
Cerithium	lapidum	Id	B. V	Inférieur.
	giganteum	Id	B. V	
	papaveraceum	Bast	V.	
	granulosum	Id	V.	
	plusieurs esp. non déterminées		V.	
Turbinella (?)	grande espèce non déterminée		V.	
Fusus	2 esp. inédites		V. B.	
Cassis	non déterminée		V.	
	plicatula	Broc	L	Moyen.
	astinis	Lam	L	Inférieur.
	lævigata	Defr	L	
	saburon	Lam	L.	
Buccinum	indéterminée		V.	
Rostellaria	fissurella	Lam	B	Inférieur.
	non déterminée		B.	
Voluta	musicalis	Lam	B	Inférieur.
	auris	Broc	L.	

Genres.	Espèces.	Auteurs.	Localités.	Étages du bassin de Paris où ces fossiles ont déjà été trouvés.
Voluta (*suite*)......	affinis...........	Brong...........	B...............	Inférieur.
Marginella........	ovulata (?)........	Lam............	V.	Inférieur.
	eburnea (?).......	*Id*.............	V...............	
Terebellum.......	convolutum......	*Id*.............	B. V.	
Oliva............	clavula.........	....	V.	
	2 esp. inédites....	....	V.	
Conus..........	deperditus.......	Lam............	V. L............	Inférieur.
	pélagicus........	Broc............	L.	
Renulites........	opercularis (?).....	Lam............	T..............	Inférieur.
Cypræa.........	physis..........	Broc............	L..............	Inférieur et moyen.
	annulus.........	Lam............	L.	
Mitra...........	striatula........	Broc............	L..............	Moyen.
Triton..........	anus............	Lam............	L.	
Pyrula...........	....	....	L.	
Strombus........	giganteus........	Grat............	L.	
	auricularis.......	*Id*.............	L.	
	torbelianus.......	*Id*.............	L.	
Sigaretus........	lævigatus (?)......	....	L..............	Inférieur et moyen.
Buccinum.......	plusieurs espèces..	....	L.	
Pyramidella......	2 espèces........	....	L.	
Nummulites......	analogues à celles de Paris...........		V. B............	
Miliolites........	analogues à celles de Paris, entre autres le : cor-anguinum....	Lam............	V. B...........	Inférieur.
Orbitolites.......	plana..........	*Id*.............	V. B............	
Nautilus..........	pompilius (probablement différente de l'esp. vivante).	*Id*.............	V.	
	sipho..........	Grat............	L.	

POLYPIERS.

Madrépores.......
Millepores........
Cellépores........ } plusieurs espèces abondantes dans le calcaire grossier des Landes.
Nullipores........
Lithodendron......

Nous avons déjà dit que le calcaire grossier se prolonge sous le sol des Landes : on le voit saillir dans quelques points de cette vaste plaine, où sa surface a été sans doute moins dénudée. Il se montre surtout dans les environs de Dax et de Saint-Sever, localités où il repose sur le grès vert dont les couches sont fortement inclinées (voir fig. 3). La vallée de l'Adour, qui forme l'extrémité méridionale des Landes, servirait donc de limite au bassin intérieur dans lequel le calcaire grossier a été déposé. Le calcaire grossier des Landes ne forme point d'escarpements; il n'apparaît que dans le lit des ruisseaux et seulement sur une faible hauteur. Néanmoins, on ne peut concevoir aucun doute sur son identité avec le calcaire qui forme les falaises de Blaye, ou avec celui qu'on exploite dans les carrières de Saint-Macaire; les nombreux fossiles qu'il contient, et dont la liste précédente fait connaître les noms, montrent également avec la dernière évidence qu'il est le prolongement du calcaire grossier des environs de Bordeaux.

Fig. 3.

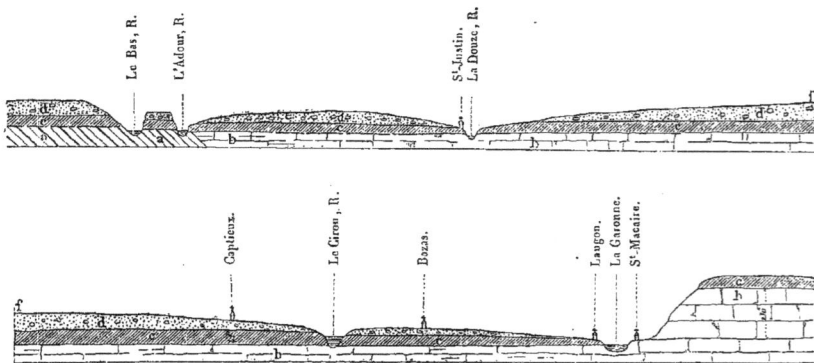

Coupe, de la vallée de la Garonne à celle de l'Adour, à la hauteur de Langon.

a. Craie inférieure en couches inclinées.

b. Terrain tertiaire inférieur : calcaire grossier, supposé continu sous les Landes.

c. Étage tertiaire moyen.

d. Étage tertiaire supérieur.

f. Sommet de la petite chaîne qui sépare la Garonne de la Leyre.

L'identité que nous venons de signaler nous permet de ne point insister sur la description du calcaire des Landes. Les localités où il est le mieux caractérisé sont le *Tuc du Saumon*, près de Pontonx, les carrières de Garanx et de Lesperon, près de Dax, enfin le bourg de Saint-Justin, à environ trois lieues N. E. de Mont-de-Marsan. Cette dernière localité est la plus favorable pour l'étude du calcaire grossier des Landes. Il affleure sur plus d'une lieue de longueur dans le ruisseau qui passe à Saint-Justin, et de petits barrages naturels, qui forment cascade de distance en distance, montrent la succession des couches argileuses et des couches calcaires, propre à cette partie inférieure des terrains tertiaires du Midi.

CHAPITRE XIV.

TERRAINS TERTIAIRES MOYENS DANS LE SUD-OUEST ET LE SUD DE LA FRANCE.

Si l'on n'étudie les terrains tertiaires que dans le bassin de Paris, on est conduit, au premier abord, à les considérer comme formés d'une succession de couches continues et déposées par une cause unique qui aurait agi sans trouble pendant une très-longue période. Les différentes assises dont ils se composent passent les unes aux autres par des transitions insensibles; il faut une étude approfondie de la position et des fossiles de ces couches pour tracer les divisions si importantes qu'elles comportent. Mais si l'on quitte le bassin parisien et qu'on prolonge ses excursions jusque dans le S. O. de la France, on remarque bientôt que les terrains *tertiaires inférieurs*, comprenant le calcaire grossier et la série gypseuse, manquent presque partout dans cette région. Les couches correspondant au grès de Fontainebleau et au calcaire d'eau douce forment, au contraire, un manteau général qui s'étend d'un bout à l'autre de la France, en tournant toutefois autour des îles granitiques qui s'élevaient au-dessus des mers de l'époque tertiaire.

Les rôles si différents que le calcaire grossier et le système de couches du calcaire d'eau douce jouent dans la constitution de la France se rattachent à des phénomènes géologiques qui doivent les faire considérer comme appartenant à des époques distinctes de la formation du globe.

On a désigné sous le nom de *terrains tertiaires moyens* ce second étage des terrains tertiaires, séparé du calcaire grossier par les caractères paléontologiques comme par la superposition des couches. Nous verrons bientôt, en effet, que, dans le grand espace qu'ils recouvrent, les terrains tertiaires moyens s'étendent indistinctement sur le calcaire grossier, sur la craie, sur le calcaire du Jura, sur le terrain houiller et même sur les roches primitives. Or cette superposition indifférente et transgressive d'un terrain sur des formations de tous âges indique nécessairement qu'il est indépendant de chacune d'elles, et l'on n'observe nulle part à un plus haut degré ce caractère, que M. L. de Buch et M. de Humboldt ont, les premiers, admis comme un des plus essentiels et des plus certains pour marquer la séparation de deux

Les terrains tertiaires moyens s'étendent en stratification transgressive sur les terrains secondaires.

formations. La France, on le voit, en fournit de nombreux exemples. L'Angleterre et l'Allemagne montrent aussi des calcaires d'eau douce analogues à celui de Paris et recouvrant, comme lui, des terrains d'ordres très-variés.

La continuité du second étage des terrains tertiaires sur toute la surface de la France est facile à établir par l'observation du calcaire d'eau douce, qui forme l'un de ses membres les plus caractérisés. On voit, en effet, ce calcaire, qui, dans les environs de Paris, recouvre les collines de Meudon et de Montmorency, se rattacher aux meulières de Chevreuse et de Longjumeau, aux calcaires siliceux des riches plateaux de la Touraine, et se prolonger dans les départements de l'Indre, du Cher et de l'Allier, où commencent à paraître les roches granitoïdes qui forment les parois méridionales du bassin de Paris. Cette digue, infranchissable pour les terrains secondaires, n'a point arrêté le dépôt des calcaires d'eau douce. Au S., ils ont remonté les vallées de la Loire et de l'Allier, d'une part jusqu'au Puy-en-Velay, de l'autre jusqu'à Brassac, où l'Allier, transformé en torrent, franchit à chaque pas, en limpides cascades, des barrages naturels s'avançant jusqu'au cœur même des montagnes anciennes. Ils forment à Aurillac une petite plaine fertile, entourée de tous côtés par les roches volcaniques du Cantal; la belle culture qui la revêt produit, dans ce pays âpre et sauvage, un contraste remarquable, rappelant les oasis des déserts. Plus au sud, à la limite des départements du Lot et du Cantal, le Mont-Murat, le Mont-Redon sont recouverts par le calcaire d'eau douce; la hauteur de ces dépôts calcaires et surtout la forte inclinaison de leurs escarpements n'ont point jusqu'à présent permis à l'agriculture de s'établir sur ce sol fécond; mais l'industrie a mis à profit ces précieux dépôts jetés là comme par hasard, et les propriétaires des belles forges de Decazeville y ont ouvert de nombreuses carrières, qui fournissent la castine à leurs hauts fourneaux.

Au S. O., le calcaire d'eau douce s'étend jusqu'aux portes de Poitiers; il a aussi franchi de ce côté la limite du bassin de Paris, et l'on en retrouve quelques plaques minces sur la chaîne jurassique qui sépare Poitiers d'Angoulème; nous y avons recueilli, près de Russac, des échantillons avec moules de planorbes et de graines de chara fossiles, établissant une identité complète entre ce calcaire et la meulière de Montmorency.

Enfin, quand on a traversé le barrage jurassique qui sépare le bassin de Paris de celui du Midi, on retrouve encore avec abondance le calcaire d'eau douce. Il constitue dans l'Agénois une chaîne puissante, qui se prolonge jusqu'aux environs de Carcassonne, et rattache les calcaires de la Provence à ceux de Paris, par une série non interrompue de dépôts, placés quelquefois, il est vrai, à de grandes distances les uns des autres.

L'étude des différents lambeaux de calcaire lacustre établit donc, d'une manière certaine, la liaison des terrains tertiaires moyens du bassin du nord de la France avec ceux du Midi. Mais, si l'on examine, en outre, la position des sables et des argiles à minerai de fer, qui appartiennent également à ce second étage des terrains tertiaires, on reconnaît alors que cette formation s'est étendue sur presque toute la France, à l'exception des pays trop élevés pour être recouverts par les mers qui déposaient ces terrains. La Carte géologique rend très-bien compte de cette disposition; la teinte affectée aux terrains tertiaires moyens forme une nappe générale qui s'étend depuis Paris jusqu'à Bordeaux, et n'a été interrompue que par la dénudation. L'absence de ces terrains, soit sur les pentes des coteaux, soit dans le fond même des vallées, montre en effet que la nappe, d'abord continue, a été découpée en lambeaux par les mêmes causes qui ont ouvert les nombreuses vallées dont est sillonnée la surface de la France.

Ce morcellement du second étage des terrains tertiaires n'est pas la seule preuve que ces terrains nous fournissent des révolutions éprouvées par le globe depuis leur dépôt. Les différences considérables de niveau que l'on observe entre leurs lambeaux, depuis l'Orléanais jusqu'au Cantal, nous apprennent également que ces terrains n'ont pas été déposés aux altitudes où nous les voyons aujourd'hui; sinon, les mers où ils se formaient auraient dû atteindre des hauteurs considérables, et une grande partie des contrées granitiques du centre de la France eût été recouverte de ces mêmes dépôts. La position des terrains tertiaires de l'Auvergne et du Cantal à leur hauteur actuelle doit faire admettre qu'un mouvement ascensionnel a élevé le niveau général du sol à une époque fort moderne. On a tenté d'expliquer la disposition de ces terrains en imaginant qu'ils avaient été formés dans des lacs situés en étages les uns au-dessus des autres; mais cette ingénieuse explication ne peut s'allier avec la nature de ces dépôts, en partie marins. Il faudrait, en outre, qu'ils constituassent, dans leur ensemble, une suite de plans placés à des hauteurs très-différentes. Or, si l'on examine leur position relative, on remarque bientôt que les dépôts lacustres des vallées de la Loire,

Soulèvement des terrains tertiaires du centre de la France.

de l'Allier et du Cantal, d'une part, et, de l'autre, le dépôt de transport ancien et le dépôt tertiaire marin des vallées de la Saône et du Rhône, forment
aujourd'hui, malgré la diversité de leur origine, deux rampes ascendantes
parallèles (de Bourges à Aurillac et de Dijon à Voiron), dont les longueurs
sont égales entre elles, aussi bien que les hauteurs absolues de leurs points
de départ et de leurs points d'arrivée, et dont les pentes moyennes sont par
conséquent les mêmes. Il en résulte que ces différents lambeaux tertiaires
sont placés sur un vaste plan incliné prolongeant celui qui s'élève des bords
du lac de Constance et des plaines du Danube vers la chaîne principale des
Alpes.

Ce soulèvement
est en rapport
avec la chaîne
principale
des Alpes.

La rampe formée par les dépôts de la Bresse et de l'Auvergne se relève
vers une ligne de faîte dirigée de Voiron vers Baternay, Saint-Vallier, le
Puy et Aurillac, ligne qui coïncide à peu près avec la prolongation de l'axe
de la zone subalpine des mélaphyres et des dolomies. En outre, tous les
points où les dépôts récents atteignent des élévations extraordinaires sont
compris dans la prolongation de la large bande occupée par la chaîne principale des Alpes et par ses appendices latéraux. « Il en résulte, ainsi qu'un
« de nous l'a démontré[1], que, si les inductions tirées de la direction ne sont
« pas entièrement sans valeur, il y a lieu de regarder le mouvement ascen-
« sionnel inégal, dont nous venons de signaler les indices dans le sol de l'in-
« térieur de la France, comme ayant fait partie du phénomène de dislocation
« qui a donné à la chaîne principale des Alpes (de l'Autriche au Valais) la forme
« qu'elle nous présente aujourd'hui. » Ce serait donc le soulèvement de cette
partie de la chaîne des Alpes qui aurait élevé les dépôts de la Limagne et
du Cantal à des hauteurs si différentes de leur niveau primitif.

Caractères
très-variés
des terrains
tertiaires
moyens.

Les terrains tertiaires moyens affectent une grande diversité de caractères,
presque toujours en rapport avec l'épaisseur des dépôts qu'ils constituent.

Lorsqu'ils ne forment pour ainsi dire qu'une simple pellicule recouvrant
les sommités des collines crétacées ou jurassiques du centre de la France,
ils consistent ordinairement en un amas de sables quartzeux, incohérents et
sans coquilles, contenant des argiles ocreuses, des minerais de fer en grains,
ainsi que des galets et des fragments anguleux de silex. Ces dépôts de rivages

---

[1] *Recherches sur quelques-unes des révolutions de la surface du globe*, etc., par M. L. Élie de
Beaumont, p. 260.

ont les mêmes caractères que les terrains d'alluvion produits de nos jours. Cette analogie de caractères a, pendant longtemps, fait confondre cette partie des terrains tertiaires moyens avec les terrains d'alluvion. Mais la considération que les sables argilo-ferrugineux n'existent que sur les sommets des coteaux, tandis qu'ils manquent entièrement sur leurs pentes ou dans le fond même des vallées, a fait depuis longtemps abandonner cette opinion; de plus, quand ces dépôts ont quelque puissance, on y observe assez fréquemment des calcaires siliceux tout à fait pareils aux calcaires d'eau douce de Paris, circonstance qui les identifie complétement avec le second étage des terrains tertiaires.

Lorsque ces terrains acquièrent une grande épaisseur, comme dans le midi de la France et dans la Limagne, ils présentent une succession de lits très-réguliers. Dans la Limagne, où leur puissance atteint jusqu'à 500 mètres, ils comprennent une série de couches de $0^m,10$ à 2 mètres, ce qui élèverait le nombre de ces couches jusqu'à 1,000, si on leur attribue une moyenne épaisseur de $0^m,50$. Les couches ne sont point séparées par des lignes brisées; elles se fondent insensiblement l'une dans l'autre : d'où l'on doit conclure que le liquide où elles se déposaient n'a abandonné la formation que lorsqu'elle a été complète. Les nombreuses déchirures qu'on observe aujourd'hui dans ces dépôts ne présentent, en effet, aucun morcellement donnant à supposer que les parties inférieures aient été ravinées avant d'être recouvertes par les couches supérieures.

Une grande partie des terrains tertiaires moyens est lacustre; le calcaire d'eau douce avec limnées, planorbes, hélices et graines de chara, domine presque partout; cependant on y reconnaît deux assises très-distinctes : l'assise inférieure est d'eau douce; l'assise supérieure est une agglomération d'une multitude de coquilles marines cimentées par un suc calcaire. Les dépôts marins forment, en général, des couches moins régulières que le calcaire d'eau douce; ils constituent plutôt des masses tuberculeuses irrégulières, des plaques ou des dalles minces et sans suite, que des bancs continus et régulièrement stratifiés. Le mélange de coquilles brisées, de galets et de graviers qu'ils présentent constamment nous fait regarder cette partie supérieure des terrains tertiaires moyens comme produite dans une mer peu profonde et agitée. On y reconnaît, en effet, toutes les circonstances qui distinguent les dépôts journellement formés sur nos côtes; ce sont les mêmes sables marins

Division des terrains tertiaires moyens du midi de la France en deux assises.

Assise inférieure d'eau douce.

Assise supérieure marine.

6.

consolidés en tuf, les mêmes dunes endurcies, qu'on remarque sur quelques parties du rivage de la Méditerranée.

Caractères de l'assise marine. Ces agrégats marins ont reçu différents noms, qui se rapportent à des roches de même nature, mais variant d'aspect et s'étant probablement déposées dans des conditions diverses. On nomme *falans* les amas incohérents de coquilles brisées, mêlés de sable, qui forment en Touraine des couches peu épaisses, sans continuité, et exploitées pour l'amendement des terres. Dans le Midi, ces mêmes couches ont reçu la dénomination de *mollasse coquillière*, et M. Marcel de Serres les a caractérisées, à Montpellier, par l'expression de *calcaire moellon*. Cette dernière désignation montre que, dans cette partie de la France, l'assise marine des terrains tertiaires moyens se compose de couches ayant une certaine épaisseur et quelque régularité. Dans le département de la Gironde, cette régularité est telle que la mollasse coquillière présente beaucoup d'analogie avec le calcaire grossier. Cette circonstance a quelquefois même fait confondre les deux roches et jeté de l'incertitude dans la classification des terrains tertiaires du Midi. Mais le calcaire d'eau douce étant constamment intercalé entre le calcaire grossier et la mollasse coquillière, les positions des deux formations marines sont bien distinctes. Les fossiles qu'elles renferment fournissent d'ailleurs un moyen facile de les séparer l'une de l'autre. Les *cassidulus nummulinus*, le *cerithium giganteum*, etc. sont caractéristiques du calcaire grossier; l'*ostrea Virginica* se trouve exclusivement dans la mollasse coquillière.

Assise d'eau douce, composée de grès et de calcaires. L'assise d'eau douce comprend deux roches très-distinctes, des grès et des calcaires. Les grès occupent toujours la partie inférieure. Cette position des grès, qui se représente pour chaque ordre de terrains, fournit une nouvelle preuve de la séparation que nous avons tracée entre les terrains tertiaires inférieurs et les terrains tertiaires moyens. Les grès placés à la base des terrains moyens sont tantôt entièrement siliceux, tantôt à ciment argilo-calcaire. Les bancs siliceux représentent assez exactement le grès de Fontainebleau. Les grès argilo-calcaires, désignés sous le nom de *mollasse*, atteignent souvent une grande puissance. Les dépôts sablonneux que nous avons signalés sur les plateaux crayeux et jurassiques du centre de la France correspondent à ces grès et forment, comme eux, la partie inférieure du second étage des terrains tertiaires.

Gypse. Le calcaire d'eau douce contient du gypse et des lignites. On exploite l'une et l'autre de ces substances dans le midi de la France; à Aix, la pierre à plâtre forme de nombreuses couches alternant avec des marnes d'eau douce. Ce gisement, important par les ressources qu'il fournit aux constructions et à l'agriculture, est fort intéressant pour le géologue, qui peut y recueillir à la fois des poissons fossiles, des plantes, des insectes et même des débris de grands animaux. Les lignites de la Provence et du Languedoc, exploités par plus de cent vingt mines différentes, alimentent de nombreuses usines dans ces belles provinces.

Les minerais de fer dits d'alluvion, qui comprennent les minerais hydratés *Minerais de fer.* en roche et la plupart des minerais en grains, sont exploités dans les dépôts argilo-sablonneux qui recouvrent la surface des plateaux crayeux et jurassiques. Le second étage des terrains tertiaires présente donc un sujet remarquable d'étude pour le géologue et pour le mineur. Nous verrons bientôt qu'il offre d'importantes ressources à l'agriculture, et que, sous ce rapport, il mérite encore de fixer l'attention des agronomes intelligents.

La variété qui existe dans la composition des terrains tertiaires moyens se *Rapport* reproduit dans la nature et dans le relief du sol qui en est formé. Lorsque le *la composition* calcaire domine, la terre, constamment fertile, se couvre d'abondantes ré- *des terrains* coltes ou de riches moissons. La Touraine, l'Agénois et la Limagne en sont *moyens* les exemples les plus saillants. Mais l'influence du calcaire d'eau douce se *du sol.* fait partout sentir, et les petits dépôts isolés qu'il forme dans les contrées granitiques du centre, ou dans les montagnes volcaniques du Cantal et de l'Auvergne, se reconnaissent de loin à la présence du blé et quelquefois à celle de la vigne, quand le climat n'y forme point obstacle.

Les faluns et les calcaires marins placés à la partie supérieure de cette assise des terrains tertiaires sont également favorables à l'agriculture; mais l'irrégularité de ces dépôts se révèle bientôt par celle même de la végétation; la richesse agricole qui se relie à leur présence n'existe que par places, et les champs fertiles s'entremêlent d'une manière singulière avec ceux des sols moins favorisés; toutefois ces amas coquilliers, par leur incohérence et par la facilité de décomposition qui les caractérise, fournissent un engrais précieux et sont partout exploités pour l'amendement des terres.

Les sables argilo-ferrugineux qui recouvrent les plateaux calcaires constituent, au contraire, un sol maigre et impropre à la culture du blé; le seigle et le sarrasin n'y donnent même que de faibles récoltes; mais les arbres y atteignent une assez grande hauteur, et les nombreuses forêts qui ombragent les départements du centre de la France croissent pour la plupart sur ce genre de sol. La stérilité de cette assise des terrains tertiaires moyens n'est du reste, pour les pays où elle domine, qu'une apparente pauvreté. Les sables argilo-ferrugineux renferment généralement des minerais de fer; l'industrie de l'homme procure à ces contrées une richesse dont la nature semblait, au premier abord, les avoir sevrées, et les forges dispersées dans les bois, à proximité des minerais, répandent l'aisance dans la population de ces sauvages montagnes.

Relation entre le relief du sol et la nature des terrains tertiaires moyens.   Le relief du sol a un certain rapport avec la nature du terrain, mais il est nécessaire de distinguer, à cet égard, le bassin du Nord de celui du Midi. Dans le premier, les terrains tertiaires moyens recouvrent constamment les sommités des collines et constituent les grands plateaux qui rendent si monotones les départements limitrophes de la Loire, depuis Moulins jusqu'à Tours. Ils abondent, d'ailleurs, en couches argileuses imperméables aux eaux pluviales, et l'imperméabilité du terrain donne naissance à une multitude prodigieuse de petits étangs irrégulièrement épars. Il serait facile de tracer les contours de ces terrains tertiaires, par l'examen seul d'une carte où ces accidents du sol seraient marqués avec exactitude.

Position relative des différentes assises des terrains tertiaires moyens dans le bassin du Midi.   Dans le bassin du Midi, les différentes assises des terrains tertiaires moyens sont assez distinctes, et l'on pourrait, jusqu'à un certain point, en indiquer les limites générales sur une carte géologique détaillée. La mollasse qui en forme la base constitue une chaîne de collines peu élevées, à la séparation des terrains secondaires; les environs de Toulouse et de Montauban appartiennent à cette sous-division. Les calcaires d'eau douce, beaucoup plus accidentés que la mollasse, forment la partie montueuse des pays dont le sol est constitué par les terrains tertiaires moyens. L'Agénois, les environs de Castres et d'Albi nous offrent, par leurs ondulations fortement accentuées, de frappants exemples de la disposition du calcaire d'eau douce.

La mollasse coquillière, assez mince et peu développée, du moins dans la partie du bassin du Midi où les terrains tertiaires n'ont pas été élevés à de grandes hauteurs, recouvre immédiatement le calcaire d'eau douce et forme les sommités d'un grand nombre de collines. Elle constitue, en outre, plusieurs dépôts plus ou moins considérables au centre même du bassin, et notamment à Narbonne, à Béziers, aux environs de Montpellier et de Nîmes.

Les faluns qui correspondent à la mollasse coquillière et forment, comme cette roche, la partie supérieure des terrains tertiaires moyens, sont presque uniquement déposés dans les parties basses du bassin du Midi. On les voit principalement régner dans les Landes, où ils sont recouverts par une couche mince de sables que nous rangeons dans le troisième étage tertiaire.

Enfin les argiles sablonneuses et les minerais de fer, dont nous aurions pu parler tout d'abord, parce qu'ils représentent, là où ils existent, la totalité du second étage tertiaire, recouvrent en dépôts minces les coteaux de craie et de calcaire jurassique du Périgord, de la Saintonge et du Quercy.

La variété des terrains tertiaires moyens apporte quelque difficulté dans leur description et exige des détails un peu plus circonstanciés que ceux dont les terrains tertiaires inférieurs ont été l'objet, et il serait naturel de suivre dans cette description l'ordre de superposition, c'est-à-dire de parler d'abord des grès, puis des calcaires d'eau douce, et de terminer par la mollasse coquillière et les faluns. Mais cet ordre apporterait de grandes difficultés dans la rédaction, parce qu'il serait nécessaire, pour le suivre, d'étudier à la fois des contrées très-éloignées l'une de l'autre; il faudrait, par exemple, décrire concurremment le calcaire d'eau douce qui couronne les collines des environs de Paris et celui qui constitue les chaînes accidentées de la Provence. Un autre inconvénient grave de ce mode de description serait l'impossibilité de faire ressortir la position relative des différents membres de la formation tertiaire moyenne. Nous croyons donc préférable de donner des descriptions partielles, en divisant la France par contrées naturelles. En conséquence, nous étudierons successivement les terrains tertiaires moyens :

Ordre de la description.

1° Dans le bassin de Paris, qui comprendra la Bretagne, la Vendée et l'Alsace;

2° Dans la Limagne et dans la partie de la vallée de la Loire qui s'y rattache, en y associant les petits dépôts lacustres d'Aurillac et des environs de Maurs;

3° Sur les sommités des plateaux crayeux et jurassiques du centre de la France;

4° Dans la portion du bassin du Midi comprise entre la vallée du Rhône et celle de la Gironde;

5° Enfin dans les départements du S. E. de la France, tels que la Provence et les contre-forts des Alpes, où des révolutions violentes, postérieures ·

au dépôt des terrains tertiaires moyens, ont en partie altéré leurs caractères, et les ont portés à des hauteurs généralement incompatibles avec ce genre de formations.

1° TERRAINS TERTIAIRES MOYENS DU BASSIN DE PARIS,

COMPRENANT LES LAMBEAUX DE CES TERRAINS DISSÉMINÉS DANS L'OUEST

ET L'EST DE LA FRANCE.

(La description de ces terrains a été confiée à M. Élie de Beaumont.)

2° TERRAINS TERTIAIRES MOYENS DE LA LIMAGNE ET DES ENVIRONS D'AURILLAC.

LAMBEAUX DISPERSÉS SUR LE PLATEAU GRANITIQUE DU CENTRE.

Nous avons indiqué, dans les considérations générales placées en tête du chapitre, comment les terrains tertiaires de l'Auvergne, situés à une hauteur absolue dépassant le niveau général atteint par ces mêmes terrains dans le bassin de Paris, avaient été portés à cette altitude, postérieurement à leur dépôt. La régularité de pente des terrains tertiaires de l'Auvergne, comparés à ceux de la Bresse, nous a conduit à penser que cette élévation était en rapport avec l'apparition de la chaîne principale des Alpes, qui a surgi postérieurement aux terrains sédimentaires les plus modernes. Les calcaires tertiaires de l'Auvergne appartiennent donc au même ordre de phénomènes que ceux de Paris, et ils ont été déposés à la même époque géologique. Toutefois cette identité d'âge et de formation n'exclut point des différences assez remarquables et se rattachant aux circonstances particulières qui ont accompagné les dépôts d'eau douce. Il semble, en effet, que ces dépôts se soient formés dans des lacs contigus, couverts par la même nappe, mais ayant des profondeurs diverses et peut-être alimentés par des affluents différents. Les dépôts devaient donc varier, dans chaque lac, suivant la nature des matériaux transportés, et leur puissance pouvait en même temps être sujette à de grandes inégalités. Cette supposition, complétement en harmonie avec la forme de la plupart des bassins de terrain lacustre, explique à la fois leur isolement apparent et leur parallélisme.

Terrains tertiaires de l'Auvergne déposés dans un lac.

Les terrains tertiaires de l'Auvergne sont un des meilleurs exemples de la disposition par lacs que nous venons de signaler; ils sont entièrement compris dans une vaste dépression granitique, qui suit le cours de l'Allier; les

couches de calcaire lacustre s'appuient partout sur la roche primitive. L'épaisseur du terrain d'eau douce s'élève, suivant M. Ramond, à près de 500 mètres, c'est-à-dire à plus du double de l'ensemble des terrains tertiaires de
Paris, y compris le calcaire grossier, et cette puissance considérable montre
quelle était la profondeur du lac, avant le soulèvement général du sol de
l'Auvergne. L'identité complète des terrains dans toute la Limagne, la succession régulière des couches qui les composent, nous apprennent que le dépôt
a eu lieu pendant une période non interrompue et à l'abri de tout événement géologique un peu important.

L'uniformité des terrains tertiaires sur toute la Limagne et la régularité
de leur stratification donnent pour leur étude une grande facilité, bien que
leurs couches aient quelquefois été assez fortement redressées, et que leur
surface, d'abord horizontale, ait, depuis, été découpée en nombreux mamelons par les diverses actions volcaniques auxquelles la France centrale a été
longtemps en proie. Il nous suffira, pour faire connaître ces formations tertiaires, d'indiquer les caractères généraux et de citer quelques exemples particuliers.

Les terrains tertiaires moyens de l'Auvergne se composent de grès siliceux, *Composition de ces terrains.*
de grès argilo-calcaires et de marnes en couches uniformément réglées. On y
trouve accidentellement de la pierre à plâtre, des lignites et des wackes
qui semblent y avoir été introduites par les phénomènes volcaniques. Nous
excluons de ces terrains les sables et les terrains d'apparence alluviale, qui
forment des dépôts si intéressants du côté d'Issoire. Ces dépôts modernes,
célèbres par leur richesse en dépouilles d'animaux antédiluviens, appartiennent à la troisième époque des terrains tertiaires, et ne seront décrits que
dans le chapitre consacré à ces terrains.

Les grès ont été déposés les premiers; partout on les voit s'appuyer sur *Des grès.*
le granite et former la base du terrain. Les premières couches, très-chargées
de feldspath, ont l'apparence de grès plus anciens; leur proximité du granite
a peut-être imprimé à ces grès les caractères cristallins qu'ils présentent dans
certains cas et qui leur ont alors valu le nom d'arkose. Mais, malgré ces caractères, malgré même les cristaux de baryte sulfatée qu'on y rencontre, l'arkose
de la Limagne n'est autre chose que la base du terrain tertiaire moyen.
A mesure qu'on s'élève dans la formation, le grès perd ses caractères d'ancienneté; il devient argilo-calcaire, et acquiert la physionomie complète des

mollasses du Midi, qui forment de même la base du calcaire d'eau douce. Les grès entrent à peu près pour la dixième partie dans la composition des terrains tertiaires de la Limagne; ils alternent avec les argiles qui se trouvent vers la partie moyenne du dépôt et forment le passage habituel au calcaire. L'ordre si naturel des dépôts s'observe donc dans la stratification des terrains tertiaires d'Auvergne, et nous avons encore ici un exemple de cette loi si remarquable et si générale de la position relative des grès, des argiles (espèces de grès à grains très-fins) et des calcaires.

Des argiles. Les argiles ont une grande puissance dans les terrains tertiaires de l'Auvergne; elles forment à peu près la moitié de la masse totale du dépôt. Le reste est composé de calcaires marneux, qui, avec quelques lignites, occupent la partie supérieure de ces terrains. Cet ordre de superposition est constant, mais il n'est pas absolu, et dans quelques localités on trouve des argiles jusqu'à la partie supérieure du bassin.

Nature du calcaire. Le calcaire de la Limagne est ordinairement à tissu lâche, compacte et terreux; son aspect change suivant la proportion d'argile qu'il renferme. Quelquefois il devient dur par un mélange de silice; souvent, dans ce cas, il est zonaire et contient alors des silex blonds qui se ramifient irrégulièrement au milieu des couches. On doit citer à part deux variétés de calcaire : le *calcaire oolithique*, passant au calcaire concrétionné, et le *calcaire à phryganes*. Le premier est composé de grains réguliers, arrondis et adhérant les uns Calcaires concrétionnés. aux autres, à la manière des oolithes du calcaire jurassique. Fréquemment il passe à un calcaire concrétionné, contenant des masses ovoïdes dures et compactes, et dont la structure est zonaire. Une différence dans la couleur de la roche et dans son état cristallin met en relief la disposition rubanée. Ce calcaire, qui se trouve dans la partie supérieure du terrain tertiaire de la Limagne, a souvent été assimilé aux dépôts modernes faits par les eaux chargées de carbonate de chaux et désignés sous le nom de tuf et de travertin. On observe, à la vérité, dans l'Auvergne, quelques-uns de ces dépôts modernes; mais ils sont bien loin d'y jouer le rôle qui leur a été attribué. Le travertin y est rare; il a été déposé dans quelques vallées et ne forme point des collines presque entières, ainsi que M. Poulett Scrope et, après lui, M. Lecoq l'ont admis dans les ouvrages importants que ces deux géologues ont publiés sur la constitution de l'Auvergne. Ces calcaires concrétionnés, qui forment pour ainsi dire des pisolithes à grandes parties, sont très-fréquents dans les calcaires d'eau douce du midi de la France. Ils forment même un des caractères essentiels de ces terrains. On en rencontre à chaque pas dans la Provence et le Languedoc. Ceux de Castres sont depuis plus de cinquante ans répandus dans les collections. Aussi ces calcaires concrétionnés, loin d'être pour nous l'indice d'une formation moderne, caractérisent le second étage des terrains tertiaires. On verra bientôt l'importance de cette remarque à propos de la relation qu'on a voulu établir entre l'arrivée au jour des basaltes et la formation de ces dépôts lacustres.

Les calcaires à phryganes rentrent dans les calcaires concrétionnés que nous venons de décrire; leur disposition montre qu'ils se sont formés dans les mêmes conditions. Ils sont composés de la réunion de tubes, ordinairement droits, quelquefois courbes et rarement parallèles, qui sont des fourreaux incrustés de laves de phryganes (*indusia tubulata*, Bosc). Le diamètre des tubes est assez variable; le plus ordinairement, il atteint la grosseur d'un tuyau de plume à écrire. On en trouve qui sont presque entièrement libres et colorés en jaune par le fer hydroxydé. Leurs parois sont quelquefois tapissées de *paludines* très-petites et très-nombreuses, réunies par un ciment calcaire et remplies, à l'intérieur, de chaux carbonatée cristallisée. Le plus souvent les tubes sont vides, mais on y trouve un peu de terre végétale. La longueur de ces fourreaux de phryganes n'a pas de dimensions fixes; elle est ordinairement de quelques pouces. Il est rare que l'ouverture des tubes soit visible à l'extérieur des masses; celles-ci sont couvertes d'une sorte de croûte à couches concentriques, qui se détachent et s'enlèvent quelquefois avec beaucoup de facilité. Les surfaces mises à découvert sont alors mamelonnées et recouvrent les faisceaux de phryganes qui occupent le centre des plus grosses masses.

Le gypse existe dans les assises supérieures. Il y est toutefois fort rare et surtout disséminé en très-petits filons courant dans tous les sens.

Les terrains tertiaires d'Auvergne contiennent à la fois quelques coquilles, toutes d'eau douce ou terrestres, et d'assez nombreuses dépouilles d'animaux vertébrés. Les principaux fossiles sont, d'après MM. Croizet et Jobert[1] :

Des cyrènes et quelques empreintes de plantes, disséminées principalement dans les couches de grès;

Calcaires à phryganes ou à indusies.

Gypse.

Fossiles de ces terrains.

[1] *Recherches sur les ossements fossiles du département du Puy-de-Dôme*, par M. l'abbé Croizet et M. Jobert aîné, p. 25.

7.

Des hélices et des limnées, ordinairement dans le calcaire, mais quelquefois aussi dans les couches argileuses;

Des planorbes, des *cypris faba* de Desmarest, des *indusia tubulata* de Bosc, correspondant aux phryganes, des paludines, quelques empreintes de plantes, entre autres des graines de chara, si fréquentes dans les meulières de Montmorency et dans le calcaire d'eau douce des environs de Carcassonne;

Des ossements d'anoplothériums, de lophiodons, d'anthracothériums, de tortues, de crocodiles, d'oiseaux, et même des œufs, parfaitement conservés.

La présence de corps organisés aussi fragiles que des œufs d'oiseaux, l'état de conservation des ossements, quelquefois brisés, mais jamais roulés, prouvent que ces corps n'ont subi presque aucun transport. Tous ces fossiles sont le plus souvent épars dans la masse, comme s'ils fussent tombés par hasard dans le bassin, ou que les animaux dont ils proviennent eussent été, à diverses époques, soumis à une décomposition lente qui aurait permis à leurs membres d'être entraînés et séparés par les ondulations du liquide où ils étaient plongés.

Environs de Montaigu.

Pour étudier les terrains tertiaires de l'Auvergne dans toute leur épaisseur, il est nécessaire de parcourir leur ligne de contact avec le granite. A cet égard, les environs de Montaigu sont intéressants à parcourir. Le granite surgit de tous côtés, et l'on voit le contact des deux terrains sur une étendue considérable. Les premières couches sont formées d'un grès dont la stratification parfaitement horizontale suit toutes les irrégularités du terrain primitif. Ce grès, dont l'ensemble n'a pas plus de 6 à 7 mètres de puissance, ne contient point de galets. Il est, en général, à grains fins, mais discernables et variant de la grosseur d'un pois à celle d'un grain de millet; cette dernière dimension est la plus habituelle. La plupart des grains sont de quartz hyalin blanc, laiteux, et de quartz rosé; mais ils sont mélangés d'une assez grande quantité de grains feldspathiques blancs et terreux. La pâte légèrement verdâtre est argilo-calcaire. A mesure qu'on s'élève dans la formation, le ciment calcaire augmente en proportion et la roche passe à un calcaire marneux contenant quelques grains de quartz. La solidité du grès est très-variable; les couches inférieures, presque incohérentes, se réduisent par leur exposition à l'air en un sable argileux. Quelques couches sont schisteuses; elles possèdent alors une assez grande dureté et donnent d'excellentes pierres de taille. M. le comte de Laizer, qui a eu la complaisance de nous guider dans nos excursions aux environs d'Issoire et de Montaigu, a recueilli un assez grand nombre d'ossements fossiles au milieu de ces grès.

Les grès sont recouverts par une assise de marnes verdâtres schisteuses, dont la puissance n'excède pas 12 mètres. A leur partie supérieure, elles alternent avec le calcaire, qui est, au contraire, fort développé. Le calcaire est compacte et présente une cassure conchoïde. Son tissu n'est pas, du reste, homogène : il est composé de parties compactes, qui se fondent dans un calcaire à tissu plus lâche, et forment des espèces de nœuds plus durs que la masse. Cette structure, fort habituelle au calcaire d'eau douce, se rattache à sa formation par voie de concrétion, qui, sans être toujours apparente, n'en a pas moins généralement existé. Le calcaire de Montaigu contient une grande quantité de limnées; nous n'y avons pas vu d'hélices. En général, ces deux fossiles ne sont pas réunis dans les mêmes couches; les calcaires compactes durs contiennent plus fréquemment les limnées, tandis que les hélices sont principalement disséminées dans les calcaires marneux. M. de Laizer a recueilli dans le calcaire de Montaigu des ossements, des œufs d'oiseaux et même des plumes.

La colline désignée sous le nom de *Puy-Corent*, située à trois lieues au nord d'Issoire, est une des plus intéressantes pour l'étude des terrains tertiaires. Cette colline, qui domine l'Allier sur une grande longueur, fournit un observatoire favorable pour saisir la disposition générale des terrains tertiaires de la Limagne. Placé sur cette sommité, on embrasse d'un coup d'œil le pays presque dans son entier, et l'on reconnaît que toutes les collines tertiaires bordant l'Allier ou environnant Clermont sont analogues de forme et de composition; il est évident, à la simple inspection, que toutes ces collines ont appartenu à un seul dépôt lacustre, qui a été postérieurement découpé. Puy-Corent.

Le granite n'apparaît point au Puy-Corent même ; cependant les grès inférieurs y existent, et on les voit former une couche assez continue sur le bord de l'Allier. La présence de cette roche arénacée indique que les roches primitives doivent arriver bien près de la surface du sol. Le grès est plus solide que celui de Montaigu, surtout dans le voisinage de la source gazeuse dite *Eaux du Tambour*. Ses grains sont quartzeux ; ils sont reliés par un ciment calcaire, qui devient bientôt dominant, de sorte que le grès passe, par des dégradations successives, à un calcaire compacte noir bitumineux. La nature de ce calcaire le ferait, au premier abord, regarder comme assez ancien. Néanmoins, il appartient à la formation d'eau douce, et quelques limnées y ont été trouvées par M. le comte de Laizer, qui nous a encore servi de guide dans l'exploration du Puy-Corent.

Le grès des Eaux du Tambour est traversé par un filon de brèche siliceuse très-dure, à ciment de quartz agate grossier. Ce filon contient en outre une grande quantité d'arragonite fibreuse, du bitume solide et d'assez beaux cristaux de baryte sulfatée. La présence de la baryte, fait remarquable, a valu au grès du Tambour le nom d'arkose, nom qui se rapporte assez bien à ses caractères extérieurs, mais qui ne peut servir à le rapprocher de terrains plus anciens que ceux de la Limagne. Le grès des Eaux du Tambour forme continuité avec celui qu'on trouve au pied du Puy-de-Montpeyroux. Ce dernier, très-feldspathique, a tous les caractères de l'arkose.

Le calcaire bitumineux se montre dans le lit même de l'Allier; il est pénétré, comme le grès, par de petits filons qui contiennent du bitume, de la baryte sulfatée et du fer sulfuré. Au-dessus du calcaire noir, qui forme une assise d'environ 8 mètres, règnent des couches de calcaire siliceux très-épaisses. Les silex y sont fort nombreux, et forment des bandes qui montrent de loin la stratification régulière du terrain. Les lits de calcaire siliceux sont surmontés par une série de couches de calcaire compacte et de calcaire schisteux, alternant un grand nombre de fois et constituant la masse principale du Puy-Corent, dont le sommet est couronné de basalte. Les calcaires compactes contiennent un grand nombre de coquilles fluviatiles; les limnées y sont surtout disséminées avec profusion. Vers le milieu de la colline, on exploite du gypse disséminé en veinules et en petits filets au milieu des marnes. Ce gypse, tantôt fibreux, tantôt cristallisé, est toujours en plaques plus ou moins blanches dont l'épaisseur atteint rarement un pouce.

Gypse
de Montpensier.
La butte de Montpensier nous fournira un second exemple de gypse au milieu des calcaires d'eau douce. Cette colline, séparée de toutes les côtes qui l'avoisinent, se voit longtemps avant d'arriver à la ville d'Aigueperse, bâtie à son pied. Le vieux château qui la surmonte la désigne de loin à l'antiquaire et au géologue comme un objet digne de leur intérêt.

Le soubassement de la butte de Montpensier est une marne schisteuse bleue, qui s'étend jusque sous la ville d'Aigueperse. Près d'Artonne, cette même marne repose sur un grès schisteux contenant quelques impressions végétales. La masse de la colline est formée de marnes plus ou moins calcaires, passant à l'argile. Le gypse est disséminé dans ces marnes, sur le tiers environ de la hauteur; il forme de petites veinules, qui s'étendent dans le plan de la stratification et se ramifient en petits filets courant dans tous les sens, de manière que, dépouillé de la marne, le squelette gypseux formerait un véritable réseau analogue au gisement des minerais en stock-werk. Ces veinules, qui n'ont que quelques lignes de puissance, sont composées de gypse en petits cristaux lenticulaires isolés et entourés de tous côtés par l'argile. Une couche de marne de trois pouces de puissance, beaucoup plus chargée de cristaux de gypse que celles qui l'entourent, est exploitée dans son entier.

La partie de la butte qui contient le gypse est séparée en deux zones inégales par quelques couches de calcaire très-compacte, que les carriers sont obligés de traverser pour exploiter le plâtre situé dans le bas de la colline. Les couches de marnes calcaires qui en forment le sommet sont fréquemment endurcies par un ciment siliceux, et nous y avons recueilli quelques concrétions de calcédoine.

Les côtes de Chaptuzat et de la Roche-Verjat, presque contiguës à la butte de Montpensier, présentent plusieurs couches de calcaires concrétionnés et de calcaires à phryganes qu'il est utile de faire connaître. Outre les phryganes qui existent en si grande abondance dans ces calcaires, on y trouve des *cypris faba* de Desmarest, des *paludines,* des *hélices* et des *planorbes,* fossiles tous caractéristiques du calcaire d'eau douce. La superposition immédiate de calcaires à phryganes et à paludines sur les calcaires à limnées, l'identité de ces paludines et des planorbes avec les fossiles de même genre qui se trouvent dans les calcaires inférieurs, ne nous permettent pas d'adopter l'opinion de MM. Lecoq et Bouillet, qui les regardent comme plus modernes et formant une seconde époque tertiaire; tout prouve, au contraire, comme nous l'avons déjà dit, « que les terrains tertiaires de l'Auvergne ont été déposés pendant « une période non interrompue et sans qu'aucun événement géologique un « peu important soit venu les morceler ou altérer leur régularité. »

Suivant MM. Lecoq et Bouillet [1], « les calcaires concrétionnés à phryganes « forment, à la côte de Chaptuzat, quatre membres principaux, dont la strati-

---

[1] *Vues et coupes des principales formations géologiques du département du Puy-de-Dôme,* par H. Lecoq et J. B. Bouillet, p. 153 et 155.

« fication est périodique, quoique un peu irrégulière, et qui comprennent
« ensemble une épaisseur de trente pieds environ. »

L'assise supérieure est formée par de grosses masses de concrétions calcaires, qui, brisées, présentent dans leur intérieur une foule de tuyaux incrustés de larves de phryganes. Ces masses paraissent former toute la Roche-
Verjat et toute la côte de la Roche, où elles sont irrégulièrement entassées
les unes sur les autres; mais, aux carrières de Chaptuzat, où les travaux
d'exploitation fournissent des coupes d'un grand intérêt, on voit ces masses
prendre une position régulière. Elles sont placées debout les unes à côté des
autres, à la partie supérieure du terrain dont elles constituent la surface sur
les points les plus élevés de la côte, et la couche qu'elles y forment acquiert,
terme moyen, une épaisseur d'environ 2 mètres. Ces concrétions se représentent plusieurs fois « dans l'épaisseur de la formation, mais sans tuyaux de
« phryganes; ce sont des masses calcaires évidemment concrétionnées, placées
« debout les unes à côté des autres, qui varient singulièrement en grosseur,
« et qui sont quelquefois réduites à de petits grains de la grosseur du plomb
« de chasse, mais toujours placées avec la même régularité.

« Un calcaire oolithique très-friable et contenant une grande quantité de
« *cypris faba* est la roche dominante de ce singulier dépôt. Toutes les autres
« lui paraissent subordonnées. Ces oolithes forment des couches dont l'épais-
« seur est, du reste, extrêmement variable, puisqu'elle est d'un pouce à six et
« sept pieds.

« On trouve immédiatement sous les phryganes supérieures et au milieu des
« bancs d'oolithes un calcaire sublamellaire assez solide, en couches d'épais-
« seur aussi très-variable. » Ce calcaire est le même que celui de Chaptuzat,
et a, comme ce dernier, donné lieu à l'ouverture de quelques carrières.

« Ces trois membres de la même formation pourraient, en réalité, être con-
« sidérés comme de simples modifications les uns des autres. Les phryganes
« passent insensiblement aux concrétions, dont la grosseur diminue jusqu'à
« former les grains du calcaire oolithique, et ceux-ci, liés par un ciment de
« nature cristalline, constituent, sans aucun doute, les assises du calcaire sub-
« lamellaire que l'on exploite.

« Quant au quatrième membre de la formation, quoique le moins fréquent
« et le moins développé, il est extrêmement distinct des autres. C'est une
« marne argileuse jaunâtre, analogue à celle de la butte de Montpensier,

« mais contenant cependant une moindre quantité de calcaire. Elle forme
« de petites couches subordonnées aux oolithes, ou séparant celles-ci de cal-
« caires plus solides.

« Le nombre des couches est de vingt-quatre à trente pour toute l'épais-
« seur de la formation; mais leur nombre et leur puissance varient dans cha-
« cune des carrières. Une seule paraît stable, c'est une couche d'argile assez
« épaisse, contenant des rognons d'un calcaire très-compacte. Elle se retrouve
« dans toutes les carrières, quand elles atteignent une profondeur suffisante,
« et sert de point fixe, au-dessus et au-dessous duquel on peut mesurer les
« autres couches.

« La plupart des couches paraissent horizontales; cependant, quand on a
« atteint une certaine profondeur, on voit distinctement qu'elles plongent
« vers la Limagne. »

Pour compléter l'histoire des terrains tertiaires de l'Auvergne, il nous
reste à parler de l'intercalation des *wackes*, espèces d'argiles volcaniques, au
milieu des terrains lacustres. On observe ce phénomène principalement à la
montagne de Gergovia, à la côte de Var et à Pont-du-Château. Nous ne décrirons avec détails que la première de ces deux localités.

La montagne de Gergovia, située à deux lieues au S. de Clermont, est
formée d'une nombreuse succession de couches de calcaire d'eau douce, qui
s'élèvent jusqu'aux trois quarts de sa hauteur, et au-dessus desquelles apparaît une roche indépendante du terrain lacustre, mais qui cependant y paraît,
au premier abord, régulièrement disposée. Cette roche, désignée généralement
sous le nom de *wacke*, participe à la fois de la nature des roches volcaniques et
de celle des roches calcaires. Elle est composée de nodules verdâtres plus ou
moins foncés, liés par un ciment argilo-calcaire; ces nodules, imprégnés eux-
mêmes de carbonate de chaux, sont fusibles au chalumeau et présentent tous
les caractères des roches terreuses volcaniques. Elle contient des fragments
et des silex du calcaire d'eau douce, fait remarquable, prouvant qu'elle est
postérieure à ce dernier terrain. La couche de wacke est recouverte par de
nombreux lits de calcaire d'eau douce un peu différents de ceux qui forment
la base de la montagne, mais que rien n'autorise cependant à regarder
comme appartenant à une époque postérieure, ainsi que M. Poulett Scrope
et, après lui, MM. Lecoq et Bouillet l'ont supposé. Ces calcaires supérieurs
contiennent, en effet, ces rognons de silex résinite et opalin, habituels au

*Intercalation
de couches
de wacke
dans le calcaire
de Gergovia.*

calcaire d'eau douce; nous y avons, de plus, recueilli des échantillons avec paludines.

La position de la wacke au milieu du calcaire d'eau douce ne peut s'expliquer que par une intercalation en manière de filon placé entre deux couches. Du reste, l'examen attentif de la montagne de Gergovia vient bientôt confirmer cette explication si naturelle. On voit, en effet[1], que cette wacke est associée à un filon de basalte, qui, après avoir coupé les couches calcaires sur une grande hauteur, s'étend ensuite horizontalement dans le terrain et semble y former une couche. Une circonstance intéressante, en rapport avec l'apparition, relativement moderne, de ces roches volcaniques, est la transformation du calcaire en calcaire cristallin et même dolomitique, au contact de la wacke et du filon de basalte.

Les terrains d'eau douce, qui ont acquis une puissance considérable dans la vallée de l'Allier, sont également assez épais dans la vallée de la Loire, entre Digoin et Roanne. On les retrouve entre Montbrison et Saint-Rambert. A Sury-le-Comtal, le calcaire d'eau douce est exploité pour les besoins des hauts fourneaux de Saint-Étienne. En remontant la vallée de la Loire, on observe encore çà et là quelques argiles rougeâtres, faisant effervescence avec les acides, qui appartiennent à la formation dont nous nous occupons. Celle-ci se retrouve avec un certain développement dans le bassin du Puy-en-Velay. Elle s'étend sur une surface de plus de cinq lieues de long et de trois lieues de large, dans la vallée de la Loire et dans tous ses affluents, en côtoyant les massifs granitiques qui encadrent ces différents cours d'eau. Les terrains tertiaires ne sont pas à nu dans toute cette superficie. Le plus ordinairement ils sont recouverts par les coulées volcaniques; mais ils se montrent de distance en distance, partout où les terrains volcaniques ont été enlevés. Les travaux des hommes les ont en outre mis à jour en beaucoup de points, de sorte qu'il est assez facile de préjuger leur étendue et leur importance. Les terrains tertiaires des environs du Puy sont entièrement d'eau douce, comme ceux de la Limagne; ils en diffèrent un peu par l'absence des grès et par l'assez grande abondance de la pierre à plâtre, dont l'influence bienfaisante pour l'agriculture se fait sentir jusqu'à des distances assez considérables du Puy. Ce petit bassin tertiaire est donc une grande richesse pour

Vallée de la Loire.

_____

[1] _Mémoire sur la relation des terrains tertiaires et des terrains volcaniques de l'Auvergne_, par M. Dufrénoy.

le pays; aussi est-il connu dans ses moindres détails. M. Bertrand-Roux, qui a publié un ouvrage très-intéressant sur les terrains volcaniques de la Haute-Loire, a donné en même temps une description détaillée des terrains tertiaires de cette contrée. Les quelques lignes que nous leur consacrons sont extraites de ce travail.

Les terrains tertiaires du Puy se divisent, d'après leur nature et leur ordre de superposition : 1° en marnes et argiles sans fossiles; 2° en marnes siliceuses; 3° en terrain gypseux et calcaire d'eau douce. Ces différentes roches se trouvent rarement toutes réunies; mais leur superposition n'en est pas moins certaine. Les couches, du reste, passent insensiblement de l'une à l'autre, de sorte qu'ici, comme aux environs de Clermont, elles ont été déposées pendant une seule et même époque géologique. *Terrains tertiaires du Puy-en-Velay.*

Les couches d'argiles et de marnes sans fossiles sont toujours à la base; on les voit reposer sur le granite qui forme le fond du vase où a eu lieu le dépôt tertiaire. Ces couches, moulées sur le terrain primitif, présentent une pente de 8 degrés environ, dont la direction varie avec la disposition des roches granitiques. On les observe sur une étendue assez considérable dans l'Emblavès et dans le bassin du Puy. Les premières couches sont sableuses; les autres donnent des argiles employées dans la fabrication des poteries communes. L'épaisseur de cette assise inférieure des formations tertiaires s'élève quelquefois jusqu'à 100 mètres. Une puissance aussi considérable a fait supposer à M. Bertrand-Roux que ces argiles étaient un dépôt marin et qu'elles correspondaient au calcaire grossier. Nous ne saurions adopter cette opinion. L'épaisseur des terrains lacustres de la Limagne est cinq fois plus considérable, et les fossiles d'eau douce qu'on y trouve à toutes les hauteurs nous prouvent que la faculté sédimentaire des eaux de cette époque a pu facilement donner naissance aux argiles et marnes inférieures du Puy-en-Velay. *Argiles inférieures.*

Les marnes siliceuses sont, à Glavenas, immédiatement superposées aux argiles et marnes sans fossiles. Ces marnes sont fissiles, à grains très-fins, et présentent une assez grande solidité. Leurs feuillets sont fréquemment couverts de dendrites. On y trouve des jaspes terreux, argileux, gris clair, à grains très-fins, à cassure conchoïde. Elles sont quelquefois rubanées et contiennent fréquemment entre leurs feuillets des sphéroïdes siliceux, appelés *dragées* dans le pays, dont le volume varie depuis la grosseur d'un pois *Marnes siliceuses.*

8.

jusqu'à celle d'une noisette. Ces nodules s'altèrent peu à peu sous l'action de l'air : ils deviennent blancs à la surface, et passent soit au jaspe gris-blanc, soit même à la marne siliceuse. Ce sont des rognons siliceux mêlés de calcaire, à la manière des cherts. Quelquefois ils participent de la texture des marnes qui les renferment, et ils se divisent en plaques, comme les silex ménilites des environs de Paris.

On trouve également dans ces marnes, surtout aux environs de Fay-le-Froid, de véritables silex pyromaques, formant des rognons ou des plaques parallèles aux couches. Dans cette localité, quelques moules imparfaits de coquilles d'eau douce révèlent la nature lacustre des marnes.

Du gypse. Le gypse est exploité sur plusieurs points aux environs du Puy. Ses gîtes semblent avoir originairement formé un seul et même dépôt, qui peut avoir 18 mètres de puissance; le plus considérable occupe la région moyenne du Mont-Anis, colline isolée que surmonte le rocher volcanique de Corneille, et dont la ville du Puy couvre les pentes méridionales. La pierre à plâtre repose sur les marnes argileuses inférieures, comme on peut le voir dans les carrières de Vienne et de Cormail. Elle est elle-même recouverte par le calcaire d'eau douce, qui se montre soit dans les bois du Séminaire, soit au-dessus des carrières de Goutéron. La position du gypse est donc clairement déterminée.

L'assise gypseuse se compose de marnes argileuses et de lits de pierre à plâtre. Les plus hautes couches marneuses sont fissiles, tendres, à grains fins, jaunâtres et rubanées. On y trouve de petites tiges carbonisées et aplaties de *gramens* et de roseaux, des empreintes de feuilles qui paraissent se rapporter à des phyllites, quelques limnées et de très-petites bivalves regardées comme des *cypris*.

Au-dessous des marnes schisteuses, règnent des marnes compactes et onctueuses, que M. Bertrand-Roux désigne sous le nom de *marnes massives*. On y trouve des bulimes. Elles renferment quelques strates minces de gypse d'une épaisseur totale de 2 décimètres, formées de petits lits de 1 à 4 millimètres de gypse fibreux, blanc, translucide et de gypse gris-bleuâtre grenu. L'ensemble de ces strates est traversé verticalement, de distance en distance, par quelques veines d'un beau gypse soyeux, à fibres déliées, perpendiculaires aux parois de ces veines.

Les bancs de gypse exploitables succèdent immédiatement aux couches marneuses qui les recouvrent. Ils sont au nombre de trois, épais de 2 à 12 décimètres. Leur composition est à peu près la même que celle des minces strates gypseuses des parties supérieures; mais l'épaisseur des petites assises ou lits partiels de gypse et de marne est plus considérable. Ces dernières renferment aussi quelques bulimes.

Au milieu du troisième banc on a trouvé, entre Aiguilhe et les écoles de Goutéron, à 21 mètres au-dessous du sol, une mâchoire inférieure, très-bien conservée, d'un *palæotherium* différent de celui que l'on connaît à Montmartre.

Le calcaire d'eau douce est le membre le plus étendu des terrains tertiaires du Puy; nous avons dit qu'il repose sur le gypse : le calcaire forme donc manifestement les couches les plus élevées de la formation lacustre. Il est partout caractérisé par la présence de fossiles d'eau douce; on y trouve des limnées, des cyclostomes, des bulimes, des planorbes et un grand nombre de petites coquilles bivalves qui se rapportent au genre *cypris*. Les limnées sont surtout très-abondantes; on y distingue les *l. longiscata, l. ovum, l. cornea*. Les planorbes se rapportent au *pl. rotundatus*. Il varie beaucoup de texture : tantôt il est compacte et à cassure esquilleuse, tantôt il est à la fois schisteux et terreux et passe alors à la marne. Il renferme des rognons et des plaquettes de silex pyromaque.

Le gisement le plus remarquable des calcaires d'eau douce des environs du Puy est celui qu'on exploite depuis un temps immémorial à Ronzon; il fournit une chaux grasse foisonnante, facile à cuire, de bonne qualité, très-précieuse pour les travaux de la ville. Il comprend quatre bancs, séparés les uns des autres par des couches de marnes grises. L'épaisseur de ce dépôt argilo-calcaire est d'environ 16 mètres. Outre les coquilles d'eau douce que nous avons citées plus haut, le calcaire de Ronzon a fourni des fragments de carapaces de tortues et quelques débris imparfaits de mâchoires d'anthracothérium.

Si l'on compare les terrains tertiaires du Puy avec ceux de la Limagne, on y remarque quelques différences sous le rapport de l'homogénéité des roches; mais celles-ci sont exactement pareilles et dans le même ordre de superposition. Les fossiles confirment le rapprochement fourni par les caractères extérieurs. On doit donc en conclure que les deux dépôts se sont formés sous la même nappe d'eau, mais avec les différences résultant soit de

Calcaire d'eau douce.

la disposition des lacs où ils se sont produits, soit de la nature des matériaux apportés dans ces lacs par leurs affluents.

Les terrains d'eau douce, dont nous venons de pousser l'étude presque jusqu'aux sources de la Loire, forment en outre quelques lambeaux épars dispersés çà et là sur les terrains granitiques du centre de la France et dans les montagnes du Cantal. Ces terrains ne sont représentés en plusieurs points que par des argiles rougeâtres calcarifères. Souvent recouverts par des coulées trachytiques, ils sont d'une observation assez difficile. Les environs d'Aurillac forment un petit bassin où le calcaire d'eau douce a pris quelque développement; il est exploité dans de nombreuses carrières, ouvertes pour le service de la ville; l'agriculture y vient aussi chercher un engrais précieux pour les terres froides et stériles du Cantal. Les principales carrières sont celles de Belbet, village situé à une lieue S. O. d'Aurillac. On n'y voit que les couches de calcaire pur; mais, en suivant le petit ruisseau qui descend vers Ytrac, on coupe successivement les couches sur lesquelles repose le calcaire de Belbet, et l'on prend ainsi connaissance de toute la formation tertiaire.

Environs d'Aurillac.

D'après cette coupe, les différentes couches de terrain lacustre d'Aurillac se succèdent dans l'ordre suivant, en commençant par les plus basses :

1° Argiles calcarifères grossières, sablonneuses, maculées de rouge et de vert, reposant immédiatement sur le schiste micacé;

2° Marnes vertes, passant, dans quelques points, à des marnes schisteuses noires;

3° Calcaire rosâtre avec parties plus claires, offrant quelques bulimes et des empreintes aplaties de graminées;

4° Marnes schisteuses de couleur claire, quelquefois entièrement blanches, et semblables, dans ce cas, aux marnes si abondantes dans le calcaire d'eau douce de la Limagne. Ces marnes contiennent accidentellement, surtout à leur partie supérieure, des lits minces de silex, substance habituelle aux terrains d'eau douce.

5° Le sol des carrières repose sur les marnes n° 4. Les premières couches consistent en un calcaire tendre, terreux et tachant les doigts, contenant des bulimes, des planorbes et une grande quantité de limnées.

6° Un lit épais de marne verdâtre sépare les couches n° 5 des suivantes.

7° Un calcaire compacte, dur et assez cristallin succède à la marne. Il forme une assise de 2 mètres de puissance environ, et est l'objet principal des exploitations de Belbet; il contient, comme le n° 5, une grande quantité de limnées et de planorbes.

8° Au-dessus, on trouve, dans quelques carrières, un calcaire compacte terreux, oolithique, semblable à celui que nous avons indiqué dans le terrain d'eau douce de Clermont. Les grains sont tantôt distincts comme ceux des oolithes jurassiques, tantôt et le plus ordinairement soudés ensemble et reconnaissables seulement par la différence de teintes qu'offrent les grains et la pâte. Cette dernière manière d'être caractérise le calcaire d'eau douce du Midi, notamment celui des environs d'Alby et de Castres.

9° On trouve ensuite un calcaire dur, compacte, à cassure conchoïde, avec quelques silex.

10° Une couche de marne verdâtre, de quelques pouces de puissance, recouvre le précédent calcaire et forme presque toujours le sommet des carrières.

11° Une succession de couches de calcaire compacte avec silex noirs et blancs, en rognons et en plaques, repose immédiatement sur les marnes vertes. Ces couches, qui forment la partie supérieure du terrain tertiaire d'Aurillac, se voient dans le chemin de la ville aux carrières. Elles contiennent des coquilles fossiles, fort abondantes, surtout dans les parties siliceuses. Nous citerons les espèces suivantes, d'après la description qu'en a donnée M. Bouillet [1] : *helix cariosa antiqua?; h. tumulorum antiqua?, h. candidissima antiqua?; planorbis corneus, pl. rotundatus, pl. lenticula; pupa marginata antiqua?, potamides Lamarcki, bulimus, paludina Dubuissoni, p. diaphana antiqua?.*

Les terrains tertiaires des environs d'Aurillac sont presque constamment recouverts par les terrains volcaniques du groupe du Cantal. Mais, indépendamment de cette superposition, qui prouve la postériorité des roches ignées, on voit fréquemment les couches si régulières du calcaire d'eau douce dérangées par les actions volcaniques. La grande route d'Aurillac à Murat, ouverte le long de la vallée de Vic, met à découvert un grand nombre de ces dérangements; ils sont surtout fréquents et prononcés dans la partie de la route comprise entre la Roque et Polminhac. Les dérangements sont tels qu'à l'intervalle de quelques mètres, on voit les couches se séparer et plonger

Dérangement du calcaire d'eau douce par les trachytes du Cantal.

[1] *Description historique et scientifique de la Haute-Auvergne,* par M. J. B. Bouillet.

en sens contraires. Outre ce désordre dans la stratification, que les lignes noires de silex rendent si apparent, on voit plusieurs fragments de grandes dimensions (de 15 à 20 mètres au moins) empâtés de tous côtés par le trachyte. Ces fragments sont surtout nombreux près de Giou.

Le dérangement des terrains tertiaires par les trachytes du Cantal est un phénomène de même ordre que l'intercalation du basalte dans les calcaires d'eau douce de la montagne de Gergovia. Ces deux phénomènes montrent la postériorité des épanchements trachytiques et basaltiques relativement aux terrains tertiaires moyens.

Lambeaux
d'argiles
calcarifères
sur le plateau
central
de la France.

Les argiles calcarifères rouges qui existent à la partie inférieure du terrain d'eau douce d'Aurillac se retrouvent sur un assez grand nombre de sommités, et l'on doit supposer qu'elles ont, à une certaine époque, recouvert une surface considérable dans la partie montagneuse du centre de la France. Elles sont parfois accompagnées de bancs calcaires. Le Mont-Murat et le Mont-Redon, situés près de Maurs, à la limite des départements du Cantal et du Lot, nous en offrent deux exemples d'autant plus remarquables que le calcaire d'eau douce y atteint une hauteur considérable. Ces lambeaux calcaires, dont les couches sont très-sensiblement horizontales, sont trop éloignés des terrains volcaniques pour qu'on puisse attribuer leur élévation à l'apparition des roches ignées. Ils nous paraissent la devoir au même phénomène qui a soulevé toute l'Auvergne, et les monticules de Redon et de

Calcaire
d'eau douce
du Mont-Murat
et
du Mont-Redon.

Murat doivent faire partie du même plan incliné que la Limagne. Ces deux monticules, placés immédiatement sur le plateau granitique, sont isolés de toutes parts et dominent les terrains anciens sur une étendue de quatre à cinq lieues. De loin, on les prendrait pour des cônes volcaniques, si leur blancheur éclatante ne trahissait leur nature.

Des argiles rouges et vertes, auxquelles succèdent immédiatement des marnes schisteuses également vertes, forment la base de ces dépôts tertiaires. Elles contiennent des rognons de calcaire compacte très-dur et des veines de silex pyromaque.

Des couches irrégulières d'un calcaire compacte, à cassure esquilleuse, reposent sur les marnes. Les caractères extérieurs de ce calcaire le feraient supposer plus ancien qu'il ne l'est en réalité; mais il contient des limnées et des planorbes avec quelque abondance, et la présence de ces fossiles témoigne de sa vraie place dans l'échelle des terrains tertiaires. Le test des coquilles est presque constamment détruit; leurs moules, à l'état de calcaire compacte, sont souvent tellement adhérents à la roche, qu'on a quelque peine à les distinguer dans les cassures fraîches. Mais dans les fragments longtemps exposés à l'air, et qui forment une sorte de moraine au bas de ces montagnes isolées, on peut recueillir un grand nombre d'échantillons contenant des fossiles très-nets.

La partie supérieure du Mont-Murat et du Mont-Redon est formée par des couches de calcaire terreux, en général d'un beau blanc. Il existe au milieu de ce calcaire blanc une couche grisâtre bitumineuse, contenant une grande quantité de planorbes.

3° TERRAINS TERTIAIRES MOYENS SUR LES PLATEAUX CRAYEUX ET JURASSIQUES DU CENTRE DE LA FRANCE.

La bande de calcaire jurassique qui forme la ceinture extérieure du bassin de Paris présente très-fréquemment sur ses sommités des dépôts de sable, de galets et d'argile contenant du minerai de fer. L'épaisseur de ces dépôts est des plus variables. Ils sont quelquefois fort minces et réduits presque à une simple pellicule; les plus puissants sont réguliers, les autres n'offrent qu'un mélange confus de matériaux de transport.

Cette dernière disposition a fait longtemps regarder les sables qui nous occupent comme produits par des transports très-modernes, et les minerais de fer qui y sont associés ont reçu le nom de *minerais d'alluvion*, dénomination qu'ils conservent encore dans le langage administratif pour distinguer les minerais concessibles de ceux qui ne le sont pas.

La place de ces dépôts argilo-ferrugineux, couronnant constamment les hauteurs les plus élevées, et descendant à peine sur leurs pentes, suffit pour détruire cette opinion, si longtemps accréditée. Comment concevoir, en effet, qu'une action aussi générale que celle qui a laissé, comme témoins de son passage, des dépôts sablonneux sur la plupart des collines de calcaire jurassique et de craie du centre de la France n'eût pas comblé en partie les vallées dont le pays est sillonné? Indépendamment de cette considération, qui suffirait à elle seule pour fixer l'âge de ces terrains sédimentaires, on trouve, quand ils ont une certaine épaisseur, des preuves directes de leur liaison avec les terrains tertiaires. En effet, on voit alors ces sables contenir des

Sables argilo-ferrugineux déposés sur les calcaires crayeux et jurassiques du centre de la France.

bancs de grès réguliers, les argiles devenir calcaires et alterner soit avec du calcaire d'eau douce fossilifère, soit avec du calcaire siliceux ou de la meulière.

Les exemples de cette intercalation de grès ou de calcaires d'eau douce, dans les sables argilo-ferrugineux, sont très-fréquents. A Vic-Exemplet (département de l'Indre), on exploite au milieu de ces sables deux couches d'un grès blanc siliceux, à grains très-fins, ayant chacune environ $0^m,30$ de puissance et fournissant d'excellente pierre de taille. Elles sont continues et se retrouvent dans plusieurs carrières assez distantes les unes des autres. Le grès de Vic contient les mêmes galets quartzeux que le sable qui l'enveloppe; en outre, sa ténacité, très-grande dans le milieu des couches, diminue vers leurs bords, et il passe par des dégradations successives au terrain sablonneux.

Sables passant au grès.

A Saint-Julien-de-Chisé, on retrouve également du grès en couches au milieu des argiles. Quelquefois, comme à Provenchère, ces argiles sont assez pures pour être employées à la fabrication des poteries; mais le sable qu'elles contiennent nuit presque toujours à cet usage.

Les minières situées entre Nevers et Imphy (département de la Nièvre), celles de Saint-Ouen, près de Decize (même département), présentent des couches irrégulières de calcaire siliceux au milieu des argiles. La vallée de l'Aubois, dans le Cher, nous fournit de bons exemples de cette association; le calcaire, qui s'y voit en beaucoup de points, est malheureusement dépourvu de fossiles.

Sables avec calcaire dans la vallée de l'Aubois.

Dans ces localités, le terrain à minerai de fer repose immédiatement sur le calcaire du Jura; il consiste généralement en argiles plus ou moins sableuses, dans lesquelles le minerai de fer se trouve disséminé en grains ou en rognons. Les grains sont le plus souvent sphériques et de la grosseur d'un gros pois. Leur surface est lisse et leur couleur brune. Ils sont composés de fer oxydé hydraté, disposé en couches concentriques concrétionnées. L'argile qui les renferme contient de petits grains de quartz et des fragments plus gros de quartz et de calcaire roulés. Ces rognons sont des masses concrétionnées, dont la surface est ordinairement tuberculeuse et polie. Ils sont formés par la réunion de grains à couches concentriques de fer oxydé hydraté, semblables aux grains isolés, et liés entre eux par un ciment ferrugineux de même nature. Ils contiennent de petits galets de quartz en plus ou moins grande abondance.

La surface des rognons n'est tuberculeuse et polie que dans le cas où l'agglomération des grains de minerai est recouverte par une couche concrétionnée de même nature que le ciment qui réunit les grains.

Outre les rognons réunis par un ciment ferrugineux, il en est qui sont agglomérés par du calcaire. On voit la proportion de cette substance aller en augmentant à mesure qu'on s'élève dans les parties supérieures, et elle forme au-dessus du gîte de minerai de fer une couche calcaire qui recouvre l'argile. La cassure de la roche est compacte; elle présente de nombreuses cavités dont l'intérieur est enduit de chaux carbonatée cristallisée. Ce calcaire, ordinairement d'un beau blanc, parfois cependant coloré en gris par une certaine quantité de bitume, contient, dans quelques circonstances, des silex d'un blanc laiteux qui se fondent dans sa pâte.

Au-dessus du calcaire que nous venons de décrire, on trouve encore des argiles avec minerai de fer. Ce dernier minerai est moins estimé que celui de la couche inférieure. Les argiles ferrugineuses contiennent de $\frac{1}{10}$ à $\frac{1}{3}$ de minerai; au-dessous de $\frac{1}{10}$, elles ne peuvent payer les frais d'exploitation et de lavage nécessaires pour rendre le minerai susceptible d'être livré aux forges.

Le calcaire qui accompagne le minerai de fer ressemble par tous ses caractères extérieurs au calcaire d'eau douce, et bien que nous n'ayons pu y trouver de fossiles, son association avec le terrain tertiaire moyen ne nous paraît point douteuse.

Les minerais de fer exploités dans le bois d'Aire, à une petite distance d'Angoulême, se présentent dans des circonstances analogues à ceux de la vallée de l'Aubois; mais là quelques empreintes de bulimes prouvent d'une manière certaine qu'ils sont de l'âge du calcaire d'eau douce.

Minerai de fer avec calcaire d'eau douce près d'Angoulême.

La surface du bois d'Aire, où sont exploités les minerais de fer, est sablonneuse. Toutefois le sable n'est que superficiel; il est le produit de l'altération et du lavage du sol, composé d'une argile ferrugineuse plus ou moins arénacée. Le minerai de fer du bois d'Aire appartient à la variété désignée sous le nom de *minerai en roche;* il est composé de blocs plus ou moins gros, caverneux et irréguliers de fer oxydé hydraté, passant sur quelques points à l'hématite. Les blocs sont disséminés au milieu de l'argile. On rencontre aussi dans cette dernière des veinules et des rognons de toutes formes se ramifiant dans tous les sens. Le gisement est fort capricieux : le minerai commence et

finit sans que rien le fasse prévoir, et l'on ne peut suivre aucune règle
pour sa recherche ni pour son exploitation.

Les minerais de fer contiennent une certaine quantité de carbonate de
chaux, qui rend leur emploi très-précieux; on trouve, en outre, au milieu
d'argiles ocreuses, des blocs tuberculeux assez considérables d'un calcaire
siliceux empâtant de petits galets de quartz hyalin. Le calcaire y est disséminé irrégulièrement, comme dans les meulières de Meudon. Il est caverneux,
et ses cavités sont remplies de l'argile qui l'enveloppe. Dans la partie ouest
du bois, le calcaire est un peu plus développé; il forme deux bancs très-
irréguliers, ou plutôt des rognons stratifiés allongés dans le sens des couches;
leur horizontalité indique d'une manière positive qu'ils sont en place, et que
les autres blocs sont contemporains du minerai et de l'argile qui leur sert
de matrice. Ce calcaire siliceux est comme persillé par de petites cavités
allongées, quelquefois tapissées de cristaux de quartz, mais dont plusieurs
portent des empreintes de bulimes semblables à celles du calcaire lacustre de
l'Auvergne.

Les exemples de l'association des argiles et des sables à minerais de fer
avec le grès ou le calcaire d'eau douce se reproduisent sur beaucoup d'autres
points du centre de la France; la continuité de ces dépôts ferrugineux placés
sur des collines qui se correspondent ne laissent aucun doute sur leur identité : ils appartiennent tous au second étage tertiaire.

4° DES TERRAINS TERTIAIRES MOYENS DÉPOSÉS DANS LA PARTIE DU BASSIN DU MIDI
COMPRISE ENTRE LA VALLÉE DE LA GIRONDE ET CELLE DU RHÔNE.

Nous avons dit que ces terrains se lient d'une manière continue avec les
sables et argiles à minerais de fer qui recouvrent les plateaux du centre de
la France; ces dépôts sablonneux, d'abord très-minces sur les sommités,
acquièrent de l'épaisseur aux approches de la dépression qui forme le bassin
du Midi. Ils ont déjà une puissance de plus de 20 mètres sur la crête de
grès vert qui court de Rochefort à Angoulême et forme la paroi nord de
ce bassin. Leur épaisseur, qui augmente sans cesse en descendant vers la
Gironde, est de plus de 60 mètres sur les bords de l'Isle, entre Guîtres et
Coutras. Les argiles y prennent alors plus de développement; elles contiennent des blocs de grès calcaire analogue au grès de Fontainebleau, et des

masses siliceuses caverneuses représentant très-exactement la meulière de Paris. Ces caractères extérieurs, qui suffiraient pour identifier les terrains tertiaires de la Saintonge avec ceux qui couronnent les hauteurs du bassin de Paris, empruntent une nouvelle force à la présence d'ossements de grands animaux propres à ces terrains.

Les sables se chargent bientôt de calcaire et se transforment en mollasse, roche si abondante dans le bassin du Midi.

Passage
des argiles
et sables
à la mollasse.

Fig. 4.

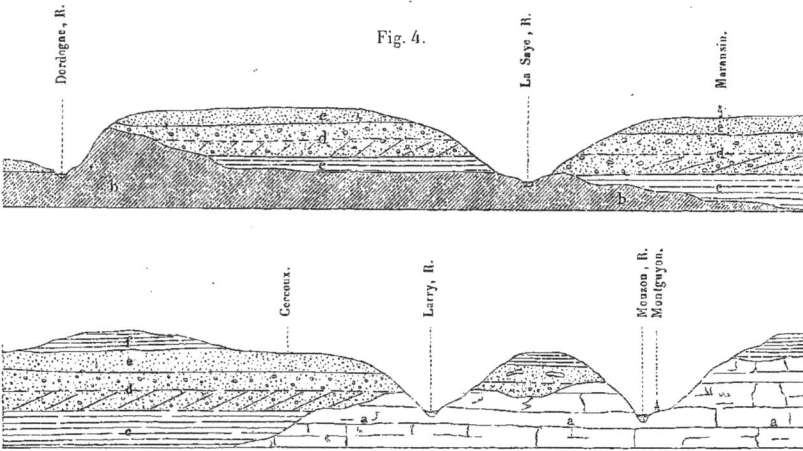

Coupe des terrains tertiaires moyens et inférieurs, entre Montguyon et la vallée de la Dordogne.

a. Formations crétacées.	d. Couches de sable et de galets avec strates obliques.
b. Calcaire grossier.	e. Sables avec rognons de grès et de calcaire siliceux.
c. Argile et lignites.	f. Marnes d'eau douce.

Les environs de Montlieu et de Montguyon nous offrent ce passage insensible des sables à la mollasse; on y exploite des argiles assez pures pour servir à la fabrication de poteries et de vases en grès assez estimés. Ces argiles contiennent près du Gibault des lignites qui ont été, à différentes époques, l'objet d'infructueuses recherches, mais qui rendent de grands services pour la désinfection des matières fécales et produisent avec leur mélange un engrais très-énergique. On exploite aussi dans la même localité des couches de mollasse solide. Lorsque cette mollasse est très-siliceuse, comme à Bergerac, elle possède tous les caractères du grès de Fontainebleau. Le grès de Ber-

gerac est assez riche en empreintes de feuilles de dicotylédones et de coni-
fères, que l'on retrouve dans le calcaire lacustre des environs de Perpignan.

Superposition
de la mollasse
sur le calcaire
grossier.
Dans la vallée de la Gironde, cette même mollasse recouvre le calcaire
grossier, et l'on en conclut, d'une part, qu'elle forme la base du second étage
des terrains tertiaires; de l'autre, qu'elle est indépendante de l'étage inférieur.

Le calcaire d'eau douce, dont la présence s'est annoncée par les infiltrations servant de ciment à la mollasse, acquiert du développement à mesure
qu'on s'éloigne des bords du bassin.. Au contact de la mollasse, il alterne
d'abord avec cette roche, puis il constitue une assise puissante, qui se prolonge jusqu'à la superposition de la formation marine supérieure désignée
sous le nom de *mollasse coquillière.*

Les détails que nous avons donnés sur les calcaires d'eau douce de l'Auvergne nous permettront de décrire brièvement ceux du midi de la France;
nous nous contenterons d'indiquer leur position relative dans le second étage
tertiaire, et les gisements de lignite qui leur sont associés.

Sur les rives de la Garonne et de la Dordogne, on voit, à plusieurs reprises, la mollasse reposer sur le calcaire grossier. Cette roche, dont l'épaisseur est considérable, s'abaisse vers le S. E., et on la retrouve formant le lit
de la Garonne, depuis Castelsarrasin jusqu'au delà de Toulouse. Les vallées
du Tarn et de ses affluents sont aussi ouvertes, sur une grande longueur,
dans la mollasse. Le calcaire d'eau douce couronne fréquemment le sommet
des escarpements de mollasse, et l'on peut ainsi voir presque à chaque ins-
Superposition
du calcaire
d'eau douce
sur la mollasse
près
d'Aiguillon.
tant la superposition des deux roches. Nous prendrons pour exemple le
coteau sur lequel s'élèvent les moulins de la Ramière, et qui force le Lot à
faire un coude au sud d'Aiguillon, parce qu'on y observe à la fois la superposition du calcaire d'eau douce sur la mollasse et le passage d'une roche à
l'autre par leur alternance à la ligne de contact.

1° Le bas de l'escarpement (fig. 5) est, sur une hauteur d'environ
30 mètres, composé de couches d'argile et de grès micacé, tantôt incohérent,
tantôt agglutiné par un ciment calcaire. Les argiles sont jaunâtres, maculées
de parties beaucoup plus claires, qui forment des taches et des veinules ra-
mifiées en tous sens. Cette disposition, difficile à bien décrire, est constante
dans les argiles de la mollasse et peut, dans le Midi, servir à reconnaître
cette formation. Le grès associé aux argiles est composé de grains de quartz
hyalin et de grains de feldspath terreux, cimentés par l'argile et un peu de

calcaire. Quoique le mélange d'argile et de sable soit constant, les couches d'argile et de grès sont cependant assez bien séparées.

Fig. 5.

-Garonne, R.

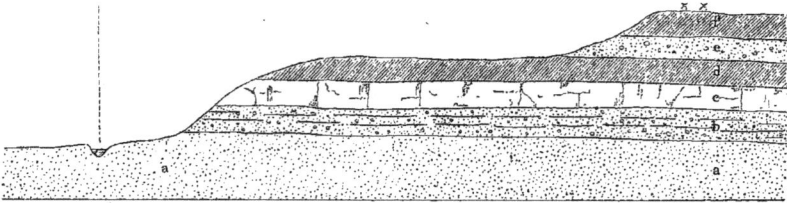

Couches calcaires d'eau douce dans la mollasse, aux moulins de la Ramière.

a. Argiles sablonneuses, jaunâtres, ma-   d. Calcaire d'eau douce.
   culées, passant à la mollasse.   e. Mollasse sablonneuse.
b. Mollasse sablonneuse.   f. Calcaire d'eau douce.
c. Mollasse solide exploitée.

2° Au-dessus des couches de mollasse, en général peu consistantes, il existe une assise de mollasse solide, qui peut avoir 8 mètres environ de puissance et qu'on exploite comme pierre de construction. Cette roche doit sa solidité à l'abondance du ciment calcaire.

3° Un système de couches de calcaire d'eau douce, ayant environ 20 mètres de puissance, recouvre la mollasse. Ce calcaire est d'un beau blanc. Il est généralement tendre, mais néanmoins ne se désagrége point comme la mollasse et forme des escarpements beaucoup plus brusques. De loin on distingue parfaitement, au profil de la montagne, la partie de la montée ouverte sur le calcaire d'eau douce et celle qui traverse les argiles et la mollasse. Le calcaire d'eau douce contient quelques fossiles, *helix candidissima*, *limnæa longiscata*, *l. cornea*.

Vers la partie supérieure, le calcaire est argileux et dégénère en masse schisteuse. Celle-ci admet bientôt un mélange de grains de quartz et de feldspath, et prend les caractères d'une mollasse très-calcaire.

4° La mollasse reparaît pour former une seconde assise de 12 à 15 mètres de puissance, à grains très-variés, non schisteuse et sans paillettes de mica. Elle contient une grande quantité de feldspath terreux. On y trouve en outre assez fréquemment des rognons de la grosseur d'une noix, formés d'une matière blanche magnésienne; le ciment est argileux et peu abondant, ce qui

·rend cette partie de la côte sablonneuse, en même temps que glissante et difficile à gravir.

5° Le sommet du coteau est couvert par une espèce de chapeau de 8 à 10 mètres au plus de puissance, formé d'un calcaire gris foncé, très-dur, presque sans silice, fétide, criblé de cavités; il contient une grande quantité de limnées et principalement des planorbes ayant encore leur test.

Les deux variétés de calcaire que nous venons de décrire constituent à elles seules la formation du calcaire d'eau douce de l'Agénois; toutes les côtes présentent : à leur base, le calcaire blanc terreux et friable; à leur sommet, le calcaire gris caverneux et solide.

Meulières
dans le calcaire
d'eau douce. Dans le département de la Dordogne, le calcaire d'eau douce est très-siliceux. Près de Beaumont, il contient des rognons et des veines de silex disposés parallèlement aux couches. Quelquefois le mélange de silice produit des masses cariées, analogues à la meulière de Paris, et servant aux mêmes usages. Plusieurs carrières sont ouvertes sur cette meulière, à Cunial, au Rocal-de-Cunial, à Saint-Aubin et à Faux. Les meules les plus célèbres du Midi proviennent des environs de Bergerac.

Dans les environs de Beaumont, le calcaire d'eau douce renferme des marnes contenant du gypse; mais le plâtre qu'il fournit est toujours fort impur. Cette substance, assez rare dans la partie ouest du bassin tertiaire du Midi, est au contraire assez fréquente vers son extrémité est. On en trouve avec quelque abondance : à Sijean (moitié chemin de Perpignan à Narbonne); près de Narbonne; à une petite distance de Castelnaudary, et surtout aux environs d'Aix en Provence.

Fig. 6.

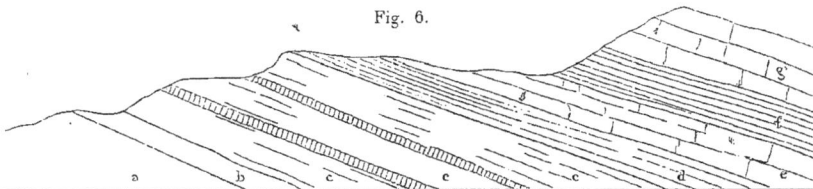

Disposition des couches de gypse dans le calcaire d'eau douce, à Sijean.

a. Calcaire compacte.
b. Calcaire terreux.
c. Succession de couches de calcaire terreux, de marnes schisteuses et de pierres à plâtre très-minces.
d. Marnes schisteuses avec cristaux de gypse et empreintes de poissons.
e. Calcaire compacte terreux.
f. Marnes schisteuses avec limnées et potamides.
g. Calcaire compacte d'eau douce.

Dans ces diverses localités, le gypse est toujours intercalé au milieu du calcaire.

Le terrain d'eau douce de Narbonne contient, en outre, des amas assez considérables de soufre. Cet intéressant gisement a été décrit avec détail dans un mémoire déjà publié[1]. Nous nous contenterons de rappeler que les marnes gypseuses de Narbonne et de Sijean contiennent des empreintes de feuilles et des squelettes de très-petits poissons qui, d'après la détermination de M. Agassiz, sont des espèces fluviatiles.

Gypse et soufre dans le calcaire d'eau douce de Narbonne.

Nous avons indiqué la présence du lignite dans les terrains tertiaires de l'Auvergne et du Cantal; mais, dans ces localités, il est en couches très-minces, et ne paraît point susceptible d'exploitation. Dans le Midi, au contraire, les lignites jouent un rôle fort important : à Nîmes, à Montpellier, à Marseille, ils alimentent de nombreuses fabriques.

Lignite dans le calcaire d'eau douce.

Les principales exploitations de lignite sont celles de la Caunette et de Minerve près de Carcassonne, de Saint-Paul-du-Mont-Carmel près de Montpellier, de Pont-Saint-Esprit dans le Gard et de Gardanne près de Marseille.

Le lignite forme des couches assez continues, mais dont le nombre varie d'une localité à l'autre. Dans plusieurs mines on ne trouve qu'une couche exploitable; mais on en connaît trois à la Caunette, et jusqu'à neuf à Gardanne. Si l'on considère sur une carte la position des exploitations que nous venons de citer, on remarque qu'elles sont toutes situées à l'extrémité E. du bassin du Midi.

Dans cette partie du bassin les couches de terrain tertiaire, constamment horizontales depuis Bordeaux jusqu'au delà de Toulouse, sont fortement redressées et participent aux divers accidents de la Provence; il en résulte qu'elles affleurent toutes successivement, et que leur étude est des plus faciles. Le grand nombre des mines de lignite en Languedoc et en Provence se rattache sans doute à cette facilité des explorations; ces mines sont inconnues dans l'Agénois, composé des mêmes terrains, et présentant, peut-on ajouter, le prolongement des mêmes couches.

Inclinaison des couches du calcaire d'eau douce dans les environs de Narbonne.

Les gisements de lignite étant presque identiques, nous ne décrirons avec détail que celui de la Caunette, situé un peu au N. de Narbonne.

---

[1] *Mémoire sur les terrains tertiaires du midi de la France,* par M. Dufrénoy, ingénieur en chef des mines, p. 79 et suiv.

Le lignite se trouve, à la mine de la Caunette, au milieu des couches de calcaire marneux. On y connaît trois couches de combustible, dont deux seulement sont assez puissantes pour être exploitées avec profit. Dans la couche inférieure, le lignite est compacte, d'un noir brunâtre; sa cassure luisante et un peu résineuse ne rappelle en aucune manière le tissu ligneux. La seconde couche est formée d'un combustible schisteux, noir, terne, qui se fendille en divers sens par l'exposition à l'air; le tissu végétal, peu sensible quand le lignite est récemment tiré de la mine, se manifeste par l'effleurissement. Cette couche est de moins bonne qualité que la précédente; elle contient de l'argile et des pyrites qui hâtent beaucoup la décomposition du combustible, et forcent de l'employer presque à la sortie de la mine.

La puissance réunie des deux couches de lignite varie de $1^m,20$ à $1^m,60$; la couche inférieure est la plus épaisse. Elles sont séparées par un calcaire schisteux et bitumineux, ayant quelque analogie avec les argiles du terrain houiller,
mais qui s'en distingue complétement, d'une part, en ce qu'il fait effervescence avec les acides; d'autre part, en ce qu'il contient, au lieu d'impressions végétales, des coquilles d'eau douce. Ces coquilles sont surtout abondantes au contact du lignite; elles sont, en général, très-comprimées et se révèlent par la couleur blanche de leur test. Les planorbes dominent de beaucoup. On trouve, en outre, des *mytilus,* dont le test violacé conserve encore l'éclat nacré et la couleur qui lui est propre. Les limnées sont rares; cependant on en voit quelques-unes, ainsi que des paludines et des mélanies.

La couche inférieure de lignite repose sur un calcaire argileux rosé, contenant des nodules calcaires plus solides que la masse. On ne trouve point de fossiles dans le calcaire même; sa surface de contact avec le lignite en est, au contraire, chargée.

Le lignite est recouvert par des couches puissantes de calcaire d'eau douce assez compacte, dans lequel on aperçoit des planorbes passés à l'état spathique.

Une seconde série de calcaire argileux gris sale, contenant une quantité considérable de planorbes et de limnées ayant leur test, succède au calcaire compacte. On trouve ensuite un grès gris foncé, formé de grains quartzeux et d'un ciment calcaire grisâtre, qui donne à la roche une cassure esquilleuse. Ce grès, pénétré de nombreux filets spathiques, est surmonté d'une assise puissante de calcaire d'eau douce blanc.

Le second étage des formations tertiaires du Midi comprend deux membres différents : un terrain d'eau douce, que nous venons de décrire, et une formation marine, qui le recouvre, et que nous avons déjà désignée sous le nom de *mollasse coquillière*. Cette dénomination pourrait faire supposer qu'elle présente une certaine similitude avec la mollasse inférieure au calcaire d'eau douce ; mais ces deux formations, distinctes par les circonstances qui ont accompagné leur dépôt, le sont également par leur ordre de superposition, quoiqu'elles appartiennent toutes deux au même étage des terrains tertiaires.

De la mollasse coquillière.

La formation marine se compose de calcaires, de marnes et de sables argileux.

Caractères généraux de la mollasse coquillière.

Le calcaire a des caractères assez variables ; mais il n'est jamais compacte, à la manière du calcaire d'eau douce, et il ne contient point de silex fondus dans la pâte même de la roche. La variété la plus fréquente possède un tissu lâche ; elle est caverneuse et principalement formée de débris de coquilles ayant leur test, de polypiers et de moules d'une assez grande variété. Ces différentes parties, naturellement incohérentes, sont liées par un suc calcaire cristallin, qui leur donne beaucoup de solidité. Suivant l'abondance du ciment, le calcaire est plus ou moins homogène, et son aspect plus ou moins varié ; il contient presque toujours de petits galets quartzeux.

Ces caractères généraux s'appliquent à la plupart des dépôts de calcaire marin de l'étage que nous décrivons. Cependant, en quelques localités, notamment aux environs de Pont-Saint-Esprit et de Montpellier, la roche présente plus d'homogénéité ; elle possède une cassure unie et terreuse : c'est une véritable marne endurcie, contenant à la fois des moules et des empreintes de fossiles, mêlés avec quelques coquilles ayant leur test.

Lorsque le ciment calcaire manque, la roche marine est uniquement composée de débris de coquilles ; elle est alors entièrement analogue aux dépôts qui se forment journellement sur nos côtes. Ces amas de coquilles, exploités pour engrais, sont assez abondants dans les landes de Bayonne, et y ont reçu, comme en Touraine, le nom de *faluns*. Il est rare que les coquilles soient sans mélange de sable et d'argile et même de calcaire. La limite entre la mollasse coquillière et les faluns est alors assez difficile à établir. Effectivement, près de Dax et de Salles, dans le département des Landes, ces deux genres de dépôts, réunis dans les mêmes carrières, sont quelquefois assez peu distincts.

La position relative du calcaire d'eau douce et de la mollasse coquillière résulte de l'observation directe; on peut la déduire, en outre, de la disposition générale des formations. Dans le bassin de l'Hérault, par exemple, le calcaire d'eau douce s'appuie sur le calcaire jurassique qui en forme les parois, tandis que la mollasse coquillière, reposant sur le calcaire d'eau douce, forme des monticules au centre du bassin.

Les collines qui bordent la Garonne, et qui nous ont déjà montré le calcaire d'eau douce surmontant le calcaire grossier, nous font voir également la mollasse coquillière reposant sur le calcaire d'eau douce. On peut donc, dans une course de quelques heures, déterminer la succession des différentes couches tertiaires du Midi.

Superposition de la mollasse coquillière sur le calcaire d'eau douce près de Marmande.

La montagne de Beaupuis (fig. 7), située à peu près à une lieue N. O. de Marmande, offre un exemple bien net de la position de la mollasse sur le calcaire d'eau douce.

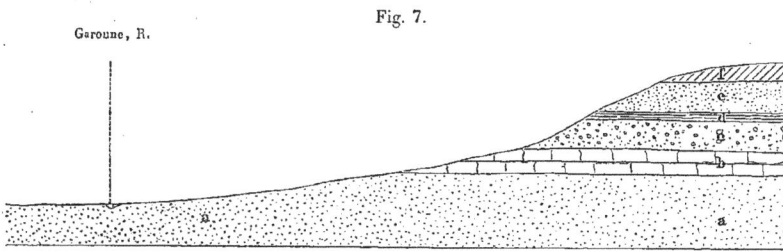

Garonne, R.

Fig. 7.

Montagne de Beaupuis, près de Marmande.

a. Mollasse argileuse et sablonneuse, quelquefois assez solide pour être exploitée.
b. Calcaire d'eau douce blanc, terreux.
c. Sable argileux avec huîtres.
d. Argile schisteuse avec huîtres.
e. Mollasse coquillière.
f. Terrain tertiaire supérieur.

La mollasse sablonneuse qui dépend du calcaire d'eau douce, pareille à celle qui forme la base des escarpements de la Garonne sur une si grande étendue, est recouverte par un calcaire d'eau douce blanc, peu solide, dont la puissance est d'environ 10 mètres.

Cette puissante formation d'eau douce s'élève jusqu'au tiers de la montée de Beaupuis, dont la hauteur totale est de près de 150 mètres. La mollasse coquillière lui succède immédiatement.

1° La couche en contact avec le calcaire d'eau douce est un sable argileux, composé de grains de quartz hyalin et de feldspath blanc, terreux, formant un grès peu cohérent, mais non désagrégé comme celui des Landes. Les grains, d'une grosseur très-inégale, ont quelquefois les dimensions d'un pois, et sont alors de véritables galets. La couche contient une grande quantité de petites huîtres et des moules de coquilles spirées, presque toutes indéterminables.

2° On trouve ensuite une petite couche d'argile d'un gris verdâtre, contenant également beaucoup d'huîtres.

3° Une série de couches puissantes d'un calcaire imparfait, très-caverneux, mélangé de nombreux petits galets de quartz, succède à la couche d'argile. Ce calcaire est assez solide pour être exploité. Il contient en abondance les petites huîtres que nous avons signalées dans les couches n° 1 et n° 2. On y trouve, en outre, une grande quantité de moules de coquilles, la plupart spirées, un surtout, qui se rapporte à une natice, trop imparfait pour être déterminé, mais fort abondant. Nous y avons recueilli les fossiles suivants, qui se retrouvent dans le même étage tertiaire du bassin de Paris :

Tellina bipartita Lam.	Trochus Benettiæ, T. turgidulus;
Lucina columbella, L. divaricata Lam.	Phasianella turbinoides Lam.
Corbula striata Lam., et autres espèces assez petites;	Pleurotoma plicata Lam.
	Fusus subcarinatus Lam.
Natica;	Pyrula (?);
Cerithium plicatum, C. margaritaceum, C. resectum;	Murex (indéterminable);
	Conus coronatus (?) Lam.

Ce calcaire, bien qu'il soit en couches régulières, est néanmoins beaucoup moins homogène que le calcaire grossier. Il est, en outre, très-caverneux. Mais un de ses caractères essentiels, qui dispense de recourir à la superposition, est l'absence presque complète des miliolites fossiles, si abondantes, au contraire, dans le calcaire grossier.

4° Le sommet du coteau est recouvert d'un sable jaunâtre micacé, que nous supposons appartenir au troisième étage tertiaire.

La mollasse coquillière se retrouve, avec les caractères que nous venons d'indiquer, sur la plupart des sommités de l'Agénois et de la Chalosse. Elle existe aussi avec quelque abondance aux environs de Béziers, de Nîmes et de Montpellier. La montagne qui porte la promenade de Béziers appartient à la mollasse coquillière; mais, par exception, on n'y voit plus de couches

Argiles
sablonneuses
marines
de Béziers.

calcaires : la roche est réduite à des argiles et à des sables micacés coquilliers, par un commencement de passage aux faluns.

C'est surtout dans les Landes que s'observe ce passage; la formation marine qui nous occupe y est représentée par des sables siliceux, associés quelquefois, comme à Abesse, avec des couches de sables calcaires qui semblent
produites par l'accumulation de débris de corps organisés. Ces sables, presque
toujours argileux, contiennent des minerais de fer et des coquilles marines
avec leur test. Dans quelques localités, les coquilles sont répandues en telle
abondance, qu'elles peuvent remplacer les marnes pour l'amendement des
terres.

A Saucats près Bordeaux, à Salles dans les Landes, et aux environs de
Dax, les faluns sont tellement liés avec la mollasse coquillière, qu'il est impossible de séparer ces deux variétés du dépôt marin. C'est toujours à des
circonstances locales qu'on doit la prédominance de l'une sur l'autre. La
position constante des faluns au pied des collines et l'innombrable quantité
de coquilles qu'ils renferment prouvent seulement qu'ils appartiennent à des
dépôts littoraux.

Les faluns des Landes sont exploités à Mérignac, à Léognan, à Saucats,
à Martillac, à la Brède, à Saint-Médard-en-Salles, à Gradignan et aux environs de Dax. La disposition de ces dépôts et les fossiles qui les composent
sont complétement identiques. Un seul exemple suffira pour les faire connaître. Nous choisirons de préférence celui de Saucats, où l'on voit les faluns
et la mollasse coquillière.

Le bourg de Saucats est situé à cinq lieues S. de Bordeaux. La couche la
plus inférieure, mise à nu par le petit ruisseau qui coule auprès du bourg, est
une mollasse très-solide, composée d'un ciment calcaire cristallin, empâtant
une multitude de débris de coquilles marines et de galets de quartz hyalin.

Au-dessus s'étend une marne friable, mélangée de beaucoup de sable, en
couche assez puissante, renfermant une grande quantité de coquilles marines
ayant leur test et la plupart bien conservées.

Cette marne se montre également le long des berges du petit ruisseau,
d'où elle passe au falun exploité près de Saucats. Le falun consiste en un
sable formé de grains quartzeux et de menus débris de coquilles réduites en
fines pellicules. Ce sable contient une immense quantité de coquilles fossiles
marines, toutes bien conservées, et dont quelques-unes ont encore leur éclat

nacré. Le falun possède une certaine solidité; il faut pour l'exploiter se servir de la pioche. Les fossiles sont contigus et comme soudés les uns aux autres, sans qu'on puisse distinguer le ciment qui les réunit. Après quelque temps d'exposition à l'air, la roche se désagrége; elle sert alors à l'amendement des terres. Les fossiles éprouvent souvent la même décomposition que la roche; on peut néanmoins en recueillir beaucoup d'entiers. Les cérites et les turritelles sont seules difficiles à obtenir bien complètes.

Le falun de Saucats est une mine féconde pour le conchyliologiste; il a fourni autant d'espèces fossiles que le célèbre dépôt de Grignon. L'étude de ces fossiles montre qu'ils sont exactement les mêmes que ceux de la mollasse coquillière, mais qu'ils diffèrent, pour la plupart, des espèces du calcaire grossier. Pour mettre en évidence cet important résultat, nous croyons devoir placer ici la liste complète des fossiles landais que M. Ch. des Moulins a eu la complaisance de nous communiquer. Nous rappellerons que nous avons déjà donné, d'après ce savant et consciencieux naturaliste, la liste assez complète des fossiles du calcaire grossier.

Genres.	Espèces.	Auteurs.	Localités.
Asterias.............	Adriatica.............	Ch. des Moulins.	
Clypeaster...........	marginatus...........	Lamarck.	
Scutella.............	bioculata.............	Id.	
	Faujasi..............	Defrance.	
Echinolampas........	Richardi.............	Ch. des M.	
Spirorbis............	non déterminée.		
Vermilia............	Id.		
Serpula.............	arenaria.............	Brocchi.	
	intorta (?)...........	Lam.	
	plusieurs espèces non déterminées.		
Acasta..............	inédite.		
Balanus.............	3 esp. non déterminées.		
Jouannetia..........	semicaudata..........	Ch. des M.	
Gastrochœna........	non déterminée.		
Fistulana...........	Id.		
Pholas.............	Branderi.............	Basterot.	
	pusilla..............	Broc.	
Soletellina..........	Labordei.............	Ch. des M.	
Solecurtus...........	Basteroti.............	Id.	
	antiquatus...........	Id.	

Genres.	Espèces.	Auteurs.	Localités.
Solen............	ensis...............	Lam.	
	legumen............	Id.	
	ventrosus...........	Ch. des M.	
	vagina.............	Lam.	
Panopæa............	Faujasi.............	Bast.	
Mya...............	ornata.............	Lam.	
Pholadomya (?)........	non déterminée.		
Lutraria............	elliptica.............	Id.	
	sanna...............	Bast.	
	3-6 esp. non déterminées.		
Mactra.............	deltoides............	Lam.	
	triangula............	Bast.	
	striatella............	Lam.	
	3 esp. non déterminées.		
Crassatella...........	sinuata (?)...........	Id.	
Erycina............	elliptica.............	Id.	
	1-2 esp. non déterminées.		
Corbula............	revoluta.............	Bast.	
	striata.............	Lam.	
	exarata.............	Deshayes.............	Saucats (?).
	1-3 esp. non déterminées.		
Petricola...........	peregrina............	Bast.	
	3 esp. non déterminées.		
Saxicava............	anatina.............	Id.	
	1-2 esp. non déterminées.		
Venerupis..........	irus...............	Lam.	
	Faujasi.............	Bast.	
	non déterminée.		
Ungulina (?).			
Byssomya............	belle espèce non décrite.		
Tellina.............	zonaria.............	Lam.	
	elliptica.............	Broc.	
	subcarinata..........	Id.	
	compressa...........	Id.	
	bipartita............	Bast.	
	elegans.............	Id.	
	plusieurs esp. non déterminées.		
Lucina.............	leonina (?)...........	Ch. des M.	
	columbella..........	Lam.	

Genres.	Espèces.	Auteurs.	Localités.
	divaricata............	Lam.	
	scopulorum...........	Bast.	
	pomum..............	Ch. des M.	
Lucina (suite)..........	dentata..............	Bast.	
	hiatelloides..........	Id.	
	gibbosula............	Lam.	
	neglecta.............	Bast.	
	plusieurs esp. non déterminées.		
	anatinus.............	Bast.	
Donax.............	elongatus............	Lam.	
	triangularis..........	Bast.	
Grateloupia..........	donaciformis..........	Ch. des M.	
Cyrena.............	Brongniarti..........	Bast.	
	Sowerbyi............	Id.	
Cyprina.............	Islandicoides.........	Lam.	
	Id. (?), V. complanata...	Ch. des M.	
	erycinoides..........	Lam.	
	donacialis............	Ch. des M.	
	undata..............	Bast.	
	nitidula.............	Lam.	
Cytherea............	Deshayesiana.........	Bast.	
	multilamella.........	Lam.	
	elegans (?)..........	Id.	
	lincta..............	Id.	
	1-2 esp. non déterminées.		
	corbis (?)...........	Lam.	
	vetula..............	Bast.	
Venus.............	radiata.............	Id.	
	casinoides..........	Lam.	
	dysera.............	Bast.	
	plusieurs esp. non déterminées.		
	Jouanneti..........	Bast.	
Venericardia..........	pinnula.............	Id.	
	unidentata..........	Id.	
	2 petites esp. non déterminées.		
	hians (?)............	Broc..............	Salles.
Cardium............	Burdigalinum........	Lam.	
	discrepans..........	Bast.	
	multicostatum, V. a.....	Id.	

Genres.	Espèces.	Auteurs.	Localités.
Cardium (suite)........	echinatum, V. b........	Bast.	
	serrigerum...........	Id.	
	3 esp. non déterminées.		
Cardita.............	hippopæa............	Id.	
	aspera..............	Lam.	
Isocardia............	cor.	Id.	
Arca.	mytiloides...........	Broc...............	Salles.
	antiquata............	Id.	Id.
	diluvii.............	Lam.	
	cardiiformis..........	Bast.	
	biangula............	Lam.	
	clathrata...........	Defr.	
	scapulina...........	Lam.	
Pectunculus..........	pulvinatus...........	Id.	
	cor.	Id.	
Nucula.............	margaritacea.........	Id.	
	emarginata..........	Id.	
	rostralis............	Id.	
Chama.............	gryphoides..........	Bast.	
Modiola............	cordata............	Lam.	
	2-3 esp. non déterminées.		
Mytilus............	antiquorum, V. b......	Bast.	
	Brardi.............	Brongniart.	
	edulis.............	Lam.	
Pinna.............	pectinata, V. b. (?).....	Id.	
Perna.............	maxillata...........	Id.	
	ephippium..........	Id.	
Avicula............	phalænacea.........	Id.	
Lima.............	bulloides...........	Defr.	
	non déterminée.		
Pecten............	Burdigalensis.........	Lam.	
	scabrellus...........	Id.	
	multiradiatus.........	Id.	
	Beudanti............	Bast.	
	plebeius............	Lam.	
Hinnites...........	un seul individu.		
Plicatula...........	1-2 esp. non déterminées.		
Spondylus..........	gæderopus (??).........	Id.	
Ostrea.............	flabellula............	Id.	

Genres.	Espèces.	Auteurs.	Localités.
Ostrea (suite)	cymbula	Lam.	
	undata	Id.	
	linguatula (?)	Id.	
	Virginica	Id.	
	plusieurs esp. non déterminées.		
Anomia	costata	Broc.	
	1-2 esp. non déterminées.		
Vaginella	depressa	Daudin.	
Dentalium	coarctatum	Lam.	
	entalis	Id.	
	pseudoentalis	Id.	
Patella.			
Spiricella	unguiculus	Rang.	
Parmophorus	non déterminée.		
Emarginula	Id.		
Fissurella	costaria	Bast.	
	clypeata	Grateloup.	
Calyptræa	deformis	Lam.	
	depressa	Id.	
	muricata	Bast.	
	ornata	Id.	
	non déterminée		Salles.
Pileopsis	cornu-copiæ	Lam.	
	sulcosa.		
Hipponyx	granulatus	Bast.	
	non déterminée.		
Crepidula	unguiformis	Id.	
	cochleare	Id.	
	sandaliformis	Marcel de Serres.	
Bulla	lignaria	Lam.	
	cylindrica	Id.	
	utriculus, V. a	Bast.	
	non déterminée.		
Bullina	Lajonkaireana	Id.	
Helix ?			
Bulimus ?	Burdigalensis	Defr.	
	lævigatus	Desh.	
	non déterminée.		
Auricula ?	hordeola	Lam.	

Genres.	Espèces.	Auteurs.	Localités.
Auricula? (suite)	ringens	Lam.	
	acicula	Id.	
	cytharella	Desh	Très-rare.
Pedipes	inédite		Id.
Melania	subulata	Bast.	
	distorta	Desh.	
	hordacea	Lam.	
	plusieurs petites esp. non déterminées.		
Melanopsis	Dufouri	Férussac.	
Paludina	pusilla	Bast.	
	3 petites esp. non déterminées.		
Rissoa	cochlearella	Bast.	
	cimex	Id.	
	varicosa	Id.	
	Grateloupi	Id.	
	clavula	Ch. des M.	
	polita, V. b.	Id.	
	elegans	Id.	
	turbinata	Defr.	
	decussata	Ch. des M.	
	perpusilla	Grat.	
	Dufrenoyi	Ch. des M.	
	lamellosa	Id.	
	macrostoma	Id.	
	planaxoides	Id.	
Nerita	Plutonis	Bast.	
Neritopsis	moniliformis	Grat.	
Neritina	picta	Fér.	
Natica	millepunctata	Lam.	
	glaucina	Bast.	
	1-2 esp. non déterminées.		
Ampullaria	compressa	Bast.	
	2 esp. non déterminées		Salles.
Sigaretus	canaliculatus	Id.	
	1 esp. microscopique		Très-rare.
Tornatella	Dargelasi	Id.	
	sulcata	Id.	
	semistriata	Defr.	
	punctulata	Fér.	

Genres.	Espèces.	Auteurs.	Localités.
Tornatella (*suite*).	1-2 esp. non déterminées.		
Pyramidella.	mitrula	Fér.	
	terebellata.	Bast.	
	non déterminée.		Martillac.
Vermetus.	*Id.*		
Scalaria.	multilamella.	Bast.	
	acuta (?).	Sowerby.	
Delphinula.	sulcata, V. *b*.	Bast.	
	spirorbis.	Lam.	
Solarium.	corocollatum.	*Id.*	
	disjunctum	*Id.*	Très-rare.
	2 petites esp. non déterminées.		
Trochus	Defrancii.	Bast.	
	Bonettiæ.	Sow.	
	patulus.	*Id.*	
	Audebardi.	Bast.	
	turgidulus.	*Id.*	
	Bucklandi.	*Id.*	
	3 esp. non déterminées.		
Monodonta.	elegans.	*Id.*	
	modulus.	*Id.*	
	Araonis.	*Id.*	
	2 esp. non déterminées.		
Phasianella	turbinoides.	Lam.	
	Prevostina	Bast.	
Turritella.	terebralis.	Lam.	
	cathedralis.	Brong.	
	Desmarestina.	Bast.	Rare.
	asperula (?).	*Id.*	
	quadriplicata.	*Id.*	
	turris.	*Id.*	
	Archimedis, V. *b*.	*Id.*	
	proto (?).	*Id.*	
Cerithium.	plicatum.	Bruguière.	
	inconstans.	Bast.	
	papaveraceum.	*Id.*	
	màrgaritaceum.	*Id.*	
	granulosum.	*Id.*	
	calculosum	*Id.*	

Genres.	Espèces.	Auteurs.	Localités.
	corrugatum............	Brong.	
	resectum.............	Defr.	
	cinctum.............	Brug.	
	salmo...............	Bast.	
	pupæforme...........	Id.	
	scabrum, V. b........	Id.	
Cerithium (suite).......	subgranosum.........	Lam.	
	pictum..............	Bast.	
	ampullosum..........	Brong.	
	lamellosum..........	Brug.	
	Charpentieri.........	Bast.	
	angulosum...........	Id.	
	plusieurs esp. non déterminées.		
	Borsoni.............	Bast.	
	tuberculosa..........	Id.	
	ramosa..............	Id.	
	cataphracta..........	Id.	
	costellata...........	Lam.	
	pannus..............	Bast.	
	denticula............	Id.	
	terebra.............	Id.	
Pleurotoma...........	cheilotoma..........	Id.	
	plicata.............	Lam.	
	undata.............	Id.	
	turris.............	Id.	
	multinoda..........	Bast.	
	crenulata...........	Id.	
	purpurea...........	Id.	
	2-4 esp. non déterminées.		
Turbinella..........	Lynchii............	Id.	
	3 esp. non déterminées.		
	acutangula..........	Faujas.	
	trochlearis..........	Id.	
	doliolaris..........	Bast.	
	Gestini............	Id.	
Cancellaria..........	buccinula..........	Lam.	
	contorta..........	Bast.	
	cancellata.........	Lam....	Salles.
	varicosa..........	Ch. des M.	

Genres.	Espèces.	Auteurs.	Localités.
Cancellaria (*suite*)	2 esp. inédites.		
	Burdigalensis.	Lam.	
	Audebardi	Ch. des M.	
	clavatus, V. *b*.	Bast.	
	lavatus.	Id.	
	longævus.	Lam.	Saucats (?).
	buccinoides	Bast.	
Fusus	subcarinatus	Lam.	
	costulatus	Id.	
	marginatus (?).	Id.	
	minutus (?).	Id.	
	minax (?).	Id.	
	4 esp. inédites.		
	plusieurs esp. non déterminées.		
Pyrula.	melongena.	Bast.	
	Lainei.	Id.	
	rusticula, V. *a* et *b*.	Id.	
	condita.	Id.	
	clava.	Id.	
Ranella.	marginata.	Brong.	
	leucostoma.	Bast.	
Murex.	pomum.	Id.	
	lingua-bovis	Id.	
	sublavatus.	Id.	
	suberinaceus.	Id.	
	2-3 esp. inédites.		
Typhis.	tubifer.	Id.	
Tritonium	doliare.	Id.	
	2 esp. non déterminées.		
Rostellaria.	pes-pelicani.	Id.	
	dentata.	Grat.	
Strombus.	Bonellii	Brong.	
	1-2 esp. non déterminées.		
Cassidaria.	cythara.	Bast.	
Cassis.	saburon (?).	Lam.	
	Rondeleti.	Bast.	
Purpura.	costata.	Id.	
	Lassaignei.	Id.	
	inédite.		

Genres.	Espèces.	Auteurs.	Localités.
	Veneris.............	Faujas.	
	baccatum.............	Bast.	
	politum.............	Id.	
Buccinum............	obliquatum..........	Broc..............	Salles.
	semistriatum.........	Id.	
	spiratum............	Bast. (?)	
	plusieurs esp. non déterminées.		
	reticulata............	Bast.	
	asperula.............	Id.	
	angulata.............	Id.	
Nassa..............	columbelloides........	Id.	
	Desnoyersi...........	Id.	
	Andrei.............	Id.	
	plicaria.............	Id.	
	striata.............	Id.	
	duplicata............	Id.	
Terebra.............	pertusa, V. b..........	Id.	
	cinerea.............	Id.	
	plicatula............	Lam.	
	crebricosta...........	Id.	
	incognita............	Bast.	
Mitra..............	Dufresnei............	Id.	
	scrobiculata..........	Id.	
	4 esp. non déterminées.		
	Lamberti............	Sow.	
	rarispina............	Lam.	
Voluta.............	harpula.............	Id.	
	affinis.............	Broc.	
Marginella...........	cypræola............	Bast.	
	clandestina..........	Ch. des M.	
	annulus.............	Broc.	
	mus............. ...	Lam.	
	Duclosiana...........	Bast.	
	lyncoides............	Lam.	
Cypræa............	leporina.............	Id.	
	annularia............	Id.	
	coccinella............	Bast.	
	1-2 esp. non déterminées.		
Oliva.............	plicaria.............	Id.	

Genres.	Espèces.	Auteurs.	Localités.
Oliva (suite)............	clavula............... Lam.		
	Dufresnei............. Bast..		
	mitreola (?)............ Lam.		
	non déterminée.		
Ancillaria.............	canalifera............ Id.		
	buccinoides............ Id.................	Saucats.	
	inflata............... Bast.		
Conus..............	deperditus (?).......... Lam.		
	mercati.............. Bast.		
	coronatus (?)........... Defr.		
	scabriusculus (?)........ Id.		
	alsiosus.............. Brong.		
	plusieurs esp., dont une fort grosse, non déterminées.		
Renulites.............	opercularis (?).......... Lam.		
Operculina............	complanata........... D'Orbigny.		
Lenticulites...........	non déterminée.		
Nummulites...........	lenticularis............ Id.		
	2 esp. non déterminées..	Rares.	
Nautilus..............	Aturi................ Bast.		

Nous avons vu que le terrain tertiaire moyen est représenté, sur les bords du bassin du Midi, par des sables argileux contenant du minerai de fer en grains, et établissant la continuité du second étage tertiaire sur toute la surface de la France. On retrouve encore ce minerai sur quelques sommités du bassin même. Nous en avons un exemple aux environs de Sarlat (Dordogne). Là, le minerai de fer est associé, à la fois, à des grès marins et à des calcaires d'eau douce; d'où il résulte, comme nous l'avons annoncé, que ces dépôts représentent toute l'épaisseur du second étage des terrains tertiaires.

Des sables quelquefois agglutinés d'argile, et toujours fortement colorés par de l'hydroxyde de fer, forment un plateau considérable, qui s'étend des hauteurs de Sarlat à Saint-Cyprien et Campagnac. Ces sables, suivant leur gisement habituel, n'occupent que les sommets, sur une assez faible épaisseur. Quand ils descendent sur les versants, on reconnaît qu'ils ne sont pas en place.

Cette formation atteint sa plus grande élévation à la Brouillère (Brouillaguet de la Carte de l'État-major), sur un petit plateau où le terrain tertiaire a probablement toute son épaisseur originaire. La route qui y conduit offre

Sables et argiles à minerai de fer sur quelques sommités du bassin du Midi.

sur ses côtés des tranchées qui mettent le terrain à nu sur une grande hauteur. On y voit des couches horizontales et bien réglées de grès et d'argiles ocreuses; mais il existe au milieu du sable de gros blocs de grès lustré qui se brisent avec facilité et donnent une cassure lisse et luisante. Ces grès, dont les bords sont peu nets, se fondent, pour ainsi dire, dans les sables, dont ils paraissent être des parties agglutinées par un ciment siliceux. Ils contiennent des fragments de bois plus ou moins carbonisés; mais on y trouve surtout des débris de coquilles marines, la plupart trop brisées pour qu'on puisse en reconnaître même le genre. Nous y avons toutefois recueilli des fragments distincts de pétoncles, qui semblent se rapporter au *pectunculus pulvinatus,* plusieurs fragments de buccins et de turritelles. La nature de ces fossiles ne peut donner aucune lumière sur l'âge des sables qui les renferment, le *p. pulvinatus* se trouvant à la fois dans l'étage inférieur et dans l'étage moyen des terrains tertiaires. Mais on a bientôt la clef de cette sorte d'énigme en prolongeant ses recherches sur les plateaux qui correspondent à celui de la Brouillère.

Sables et argiles à minerai de fer, avec coquilles marines, près de Sarlat.

Le plateau de Domme, sur la rive gauche de la Dordogne, présente les mêmes sables et les mêmes argiles ocreuses; mais ces sables, qui contiennent également des grès, non coquilliers, à la vérité, sont associés à des argiles qui renferment des fragments de quartz calcédoine mélangé de quartz terreux, très-souvent carié et passant à la meulière. Cette roche, si caractéristique du calcaire d'eau douce, est exploitée sur tout le contour du sommet dans un grand nombre de carrières, et y dessine un banc horizontal de 1^m,20 à 1^m,50 d'épaisseur, qui fort probablement règne dans toute l'étendue du plateau et lui a imprimé la forme plane et horizontale, dont on ne saurait voir un exemple plus prononcé.

Sables et argiles à minerai de fer, avec meulière d'eau douce, sur le plateau de Domme.

Le banc de meulières est recouvert par des argiles terreuses faisant fortement effervescence avec les acides, circonstance qui dénote la présence du calcaire, bien que nous n'ayons pu en recueillir un seul échantillon distinct. La culture annonce, en outre, un changement total dans la nature du sol, et, tandis que les sables formant les pentes du plateau de Bord sont, comme d'habitude, couverts de châtaigniers, son sommet, complétement cultivé en froment, est célèbre dans le pays par sa fertilité.

La pierre meulière renferme quelques limnées, assez rares, mais très-nettes; il est, par conséquent, hors de doute que les sables de Domme et de Bord sont du même âge que les calcaires siliceux de Beaumont et de

Bergerac, qui, nous l'avons montré, appartiennent au second étage tertiaire.

Les sables et les argiles de la Brouillère sont identiques par leur nature avec les sables et les argiles qui forment les pentes des sommités de Domme et de Bord; leur niveau est le même; ils contiennent, en outre, comme ces derniers, du minerai de fer en rognons et en grains. Toutes les circonstances de gisement se réunissent pour faire regarder ces dépôts comme des lambeaux d'un même terrain, isolés par un même phénomène, qui, en ravinant le sol, lui a donné son relief actuel. Les grès marins des environs de Sarlat et les meulières d'eau douce sont donc à peu près de même âge, malgré la différence des causes qui ont présidé à leur dépôt. La Touraine nous a déjà offert l'exemple de pareils rapprochements, et ces faits sont du même ordre que la coexistence, dans un même groupe, du calcaire d'eau douce de l'Agénois et de la mollasse coquillière. Nous nous croyons, en conséquence, fondé à considérer les grès qui couronnent les sommités des deux rives de la Dordogne, près de Sarlat, comme représentant l'ensemble du second étage des terrains tertiaires.

Souvent les sables et argiles à minerai de fer ne contiennent ni grès ni meulières qui en dénotent l'âge. Mais la similitude qu'offre leur composition et la continuité des plateaux qu'ils recouvrent mettent hors de doute l'association que nous en avons faite avec le second étage tertiaire. Nous rapporterons à cette même assise tous les minerais de fer répandus dans des cavités du terrain jurassique des départements de la Charente, de la Dordogne, du Lot, de l'Aveyron, du Tarn, de Tarn-et-Garonne, et, franchissant les limites du bassin qui nous occupe, nous assimilerons incidemment à ces gîtes la plupart des minerais de fer en grains que le Jura fournit en si grande abondance.

Minerais de fer en grains, disséminés dans les fentes du calcaire jurassique.

5° TERRAINS TERTIAIRES MOYENS DE LA PROVENCE ET DE LA PENTE DES ALPES.

(*La description de ces terrains a été confiée à M. Élie de Beaumont.*)

CHAPITRE XV.

TERRAINS TERTIAIRES SUPÉRIEURS.

L'expression d'*alluvion*, appliquée pendant longtemps à tous les terrains meubles existant à la surface du sol, comprend encore, suivant quelques géologues, une grande partie des dépôts que nous décrivons dans ce chapitre sous le nom de *terrains tertiaires supérieurs*. Les galets qui recouvrent la Bresse et qui constituent, dans cette ancienne province, des collines de plus de 400 mètres d'élévation, sont fréquemment désignés par le mot général d'alluvion. C'est également à cette classe de terrains que M. l'abbé Croizet et M. Jobert aîné ont rapporté, dans leur intéressant ouvrage sur l'Auvergne [1], les sables et les tufs ponceux qui contiennent ces monceaux d'ossements fossiles trouvés à Boulade et à Perrier, près d'Issoire. Mais, si l'on examine la position des divers amas de galets que nous venons de citer, on reconnaît bientôt que la surface du globe a été en proie à une révolution puissante depuis leur dépôt. Ils ont donc été transportés par une cause complétement distincte, à la fois, du diluvium qui a découpé les nombreux coteaux de la Bresse, et des phénomènes journaliers qui accumulent encore sur nos rivages de récentes alluvions.

La régularité de ces dépôts arénacés, qui forment des couches continues séparées par des argiles, quelquefois aussi par des couches de lignite et même de calcaire, nous a conduit à les ranger dans les terrains tertiaires, sous le nom de *terrains tertiaires supérieurs*. L'examen des corps organisés qu'on y recueille confirme l'exactitude de cette classification ; les ossements des grands animaux qu'ils contiennent sont, en effet, analogues à ceux qu'on trouve dans les terrains subapennins, distincts des alluvions par leurs nombreuses coquilles.

La séparation de l'assise supérieure des terrains tertiaires des autres assises

---

[1] *Recherches sur les ossements fossiles du département du Puy-de-Dôme,* par M. l'abbé Croizet et M. Jobert aîné, p. 76-90.

des mêmes terrains est un des phénomènes géologiques les plus prononcés; l'un de nous, M. Élie de Beaumont, dans ses recherches sur les révolutions du globe, a depuis longtemps fait ressortir ce fait important, pour appuyer la distinction des deux soulèvements qu'il a désignés sous les noms de système des *Alpes occidentales* et système de la *chaîne principale des Alpes*.

Les pentes des Alpes montrent, en un grand nombre de points, le terrain tertiaire supérieur reposant sur le terrain moyen en stratification transgressive. Près de Voreppe, par exemple, le terrain que M. de Beaumont désignait alors sous le nom de *transport ancien*, et qui correspond à l'étage tertiaire supérieur, recouvre en stratification discordante la mollasse coquillière, objet de fréquentes exploitations.

Le calcaire à hélices des environs d'Aix, dont M. Rozet a donné une description [1], est déposé en couches horizontales sur les tranches du terrain exploité au pied de la montagne de Sainte-Victoire, dans les escarpements du Tholonet.

Fig. 8.

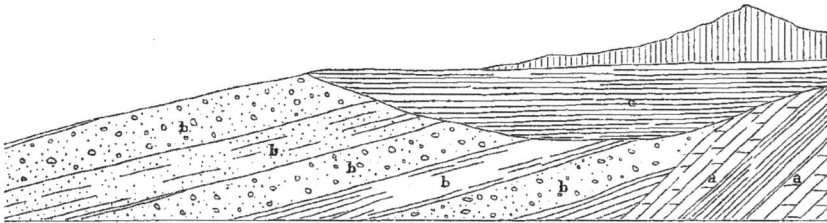

Superposition transgressive des terrains tertiaires supérieurs sur les terrains tertiaires moyens, dans le ravin de l'Infernet, près Aix en Provence.

a. Calcaire jurassique.
b. Brèche du Tholonet, avec galets calcaires.
c. Calcaire à hélices (terrain tertiaire supérieur).

Cette superposition est d'autant plus remarquable, que les couches du terrain jurassique et de la brèche du Tholonet sont coupées toutes à la même hauteur, et que le calcaire à hélices s'est déposé, comme une nappe, sur l'un et sur l'autre terrain, en stratification discordante.

Dans la rivière de Gênes, les assises tertiaires supérieures sont placées

[1] *Mémoires de la Société d'histoire naturelle,* t. III.

horizontalement sur les couches très-inclinées du terrain crétacé; et, comme la direction de ces couches montre qu'elles ont été relevées par le soulèvement des Alpes occidentales, postérieur au dépôt de la mollasse coquillière, on en conclut nécessairement que les terrains tertiaires moyens et supérieurs ont été déposés à des époques séparées l'une de l'autre par une révolution du globe.

Les landes et les collines de l'Agénois nous fournissent des preuves, à la vérité moins saillantes, mais non moins certaines, de la séparation des deux dernières assises des terrains tertiaires.

Fig. 9.

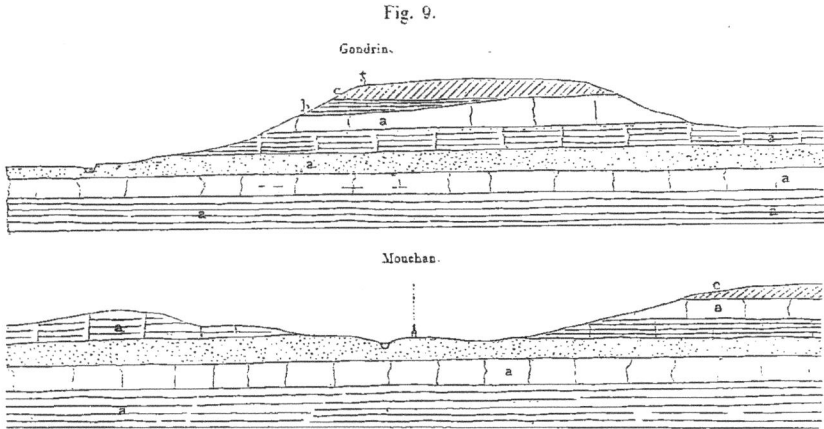

Superposition transgressive des terrains tertiaires supérieurs sur la mollasse coquillière, près Gondrin.

a. Calcaire et mollasse d'eau douce, en couches puissantes et réitérées.

b. Mollasse coquillière.

c. Galets et sables (terrain tertiaire supérieur).

Entre Agen et Gondrin, par exemple, on voit les sables et les galets qui représentent l'étage supérieur reposer (à la Plume) sur le calcaire d'eau douce. S'il y avait eu continuité entre ces différentes formations tertiaires, l'assise supérieure devrait constamment reposer sur la mollasse coquillière qui forme la partie la plus moderne de la seconde assise, tandis qu'elle recouvre indistinctement les différentes couches de cette dernière.

Le tuf à ossements fossiles de Boulade et de Perrier, près Issoire, peut être également invoqué comme une preuve certaine de la différence d'âges des deux derniers étages tertiaires. Il est, en effet, composé, de débris du terrain trachytique, et il contient de nombreux fragments de basalte ; il a donc été formé longtemps après l'épanchement des roches trachytiques et basaltiques. Nous avons vu, au contraire, dans le chapitre précédent, que les terrains tertiaires de Clermont et du Cantal ont été déposés avant toute action volcanique, que les trachytes et même les basaltes se sont introduits dans ces terrains et en ont soulevé les couches. Les volcans du centre de la France ont donc paru dans l'intervalle qui s'est écoulé entre le dépôt des terrains d'eau douce de la Limagne et celui des tufs à ossements des environs d'Issoire. Peut-être cette action volcanique se relie-t-elle au soulèvement des Alpes occidentales, qui a eu également lieu pendant la solution de continuité des dépôts sédimentaires.

La considération des fossiles confirme la séparation que nous indiquent la différence de stratification des deux terrains tertiaires et la présence des fragments volcaniques dans le plus moderne d'entre eux. M. Deshayes a établi, en effet, depuis longtemps, que la période tertiaire dont nous nous occupons est distincte de la deuxième par l'ensemble des corps organisés qu'elle renferme, et, de plus, que la plupart des coquilles des terrains tertiaires supérieurs se retrouvent aujourd'hui dans nos mers. Ces formations tertiaires sont donc très-rapprochées de l'époque actuelle ; mais elles en sont séparées par la dernière révolution du globe, par celle qui correspond au soulèvement de la chaîne principale des Alpes et dont le diluvium paraît le résultat.

Les terrains tertiaires supérieurs portent presque toujours la trace de leur moderne origine. Ils sont principalement composés de couches de transport, telles que dépôts de galets, couches de sables et d'argiles grossières ; et, s'ils renferment aussi des marnes calcaires, ces dernières n'ont qu'une faible importance à côté des couches arénacées qui donnent au terrain son *facies* général. Dans quelques localités, notamment aux environs de Marseille et à Saucats, près de Bordeaux, il existe des dépôts superficiels d'un calcaire terreux, grossier, qui recouvrent les sables marins supérieurs et appartiennent au troisième étage tertiaire.

Les terrains
tertiaires
supérieurs
sont composés
principalement
de roches
de transport.

Le terrain tertiaire supérieur est répandu sur une grande surface de la France. Les dépôts de sables et de galets, mêlés de fragments de silex pyromaque, qui recouvrent les calcaires crayeux et jurassiques de la Normandie.

Répartition
du terrain
tertiaire
supérieur
en France.

appartiennent à cette assise. Dans le centre de la France, les amas de galets quartzeux de Charlieu dans la vallée de la Loire, le tuf ossifère des environs d'Issoire, en dépendent également. Dans le Midi, les sables siliceux qui couvrent le sol des Landes, les petits dépôts si riches en fossiles des environs de Perpignan, les galets qui, dans les vallées du Rhône, de la Saône et de leurs affluents, constituent des collines quelquefois assez élevées, sont également de l'âge des terrains tertiaires supérieurs. La nature de ces dépôts, presque partout identiques, n'exige qu'une très-courte description : nous réserverons les détails un peu circonstanciés pour les couches présentant quelques remarquables anomalies.

L'ordre que nous suivrons dans leur étude sera à peu près le même que celui que nous avons suivi pour les terrains tertiaires moyens.

Nous examinerons ces terrains successivement :

1° Dans le bassin du Nord ;

2° Dans les départements situés au Centre et formant une espèce d'intermédiaire entre le bassin du Nord et le bassin du Sud ;

3° Dans la partie du bassin du Sud comprise entre la vallée de la Garonne et celle du Rhône ;

4° Enfin dans la Provence et les départements situés sur les pentes Ouest des Alpes.

1° DES TERRAINS TERTIAIRES SUPÉRIEURS DISSÉMINÉS À LA SURFACE DU BASSIN DU NORD DE LA FRANCE.

(La description de ces terrains a été confiée à M. Élie de Beaumont.)

2° TERRAINS TERTIAIRES SUPÉRIEURS DU CENTRE DE LA FRANCE.

Vallée de la Loire.

Nous avons déjà signalé, sur les pentes de la vallée de la Loire, des dépôts de galets qui s'élèvent à une hauteur assez considérable au-dessus du niveau général du fleuve. Le bassin intérieur compris entre Saint-Rambert et Roanne offre sur la rive droite une bande presque continue de ces dépôts, et le chemin de fer de Roanne à Andrezieux en montre de nombreux affleurements.

Au-dessous du défilé des Roches, on retrouve encore les mêmes galets près de Charlieu et de Charolles. Souvent l'épaisseur du dépôt ne dépasse point un mètre. Les galets, incohérents ou liés par un peu d'argile jaunâtre, semblent, au premier coup d'œil, être le produit d'une cause locale ; mais quand on examine la nature des roches dont ils proviennent, on reconnaît bientôt qu'ils sont dus à un phénomène général, dont l'action s'est fait sentir sur toute la France. En effet, si ces amas de roches transportées contiennent des galets de granite, de gneiss, évidemment arrachés aux montagnes qui dominent la vallée de la Loire, ils renferment, en quantité bien autrement considérable, des galets d'un quartz compacte, jaune sale, qu'on ne retrouve point dans ces montagnes, et qui sont entièrement pareils à ceux de la vallée du Rhône, de la vallée de la Saône, de la plaine de la Bresse, dont les roches mères n'existent que dans les Alpes. Les Alpes ont donc fourni le principal élément des terrains tertiaires supérieurs.

On rencontre quelques dépôts de galets, analogues à ceux de la vallée de la Loire, dans la vallée de l'Allier, et notamment dans la forêt de Randan. *Vallée de l'Allier.*

Près d'Issoire, les dépôts affectent davantage encore, s'il est possible, les caractères d'un terrain d'alluvion ; car ils contiennent, outre les galets de granite, de gneiss et de *grès des Alpes,* une grande quantité de débris volcaniques, tantôt à l'état de sables et de galets arrondis portant l'empreinte ineffaçable du mouvement en quelque sorte régulier des eaux, tantôt en fragments de toutes formes, à angles vifs ou parfois légèrement émoussés. Ces blocs, de grosseur très-variable, et dont un grand nombre ont plusieurs mètres cubes, sont enveloppés dans une pâte de couleur blanchâtre ou gris clair, entièrement composée de détritus ponceux et trachytiques. Les galets et les fragments anguleux, quoique mélangés ensemble, forment cependant en général des lits séparés, alternant à plusieurs reprises. On dirait que ces terrains tertiaires ont été formés par le retour périodique des mêmes causes, qui tantôt amenaient des matériaux très-éloignés, tantôt n'agissaient que sur les roches volcaniques environnantes. Les lits composés de ces derniers éléments ont une certaine analogie avec le tuf ponceux des environs de Naples, lequel contient, à Astroni et à Pianura, une grande quantité de fragments trachytiques anguleux. Pour compléter ce remarquable rapprochement, nous rappellerons qu'on a trouvé dans le tuf ponceux de la côte de Sorrente et d'Amalfi des ossements fossiles analogues à ceux des sables subapennins du val d'Arno. Ces mêmes ossements existent dans les terrains tertiaires récents des environs d'Issoire ; ils y sont répandus quelquefois avec une abondance extraordinaire, comme à Perrier, à la montagne de Boulade et principalement dans le ravin des Estouaires.

MM. Croizet et Jobert ont fait une étude approfondie des différents animaux fossiles que recèle le tuf d'Issoire; nous extrayons de leur important ouvrage [1] les détails suivants.

Bassin d'Issoire. Les terrains tertiaires d'Issoire occupent un petit bassin creusé presque entièrement dans le calcaire d'eau douce de la Limagne et se prolongeant jusque sur le terrain primitif. Ses couches, sensiblement horizontales, reposent en stratification discordante sur celles du calcaire d'eau douce, dont la surface a été dégradée avant le dépôt des terrains supérieurs. Un laps de temps considérable s'est donc écoulé entre le dépôt des deux étages tertiaires. La présence des galets volcaniques dans le plus moderne d'entre eux nous avait déjà révélé ce fait important.

Montagne de Perrier. Dans la montagne de Perrier, dont nous allons faire connaître la composition, le terrain tertiaire supérieur possède en quelques points une puissance de 180 à 190 mètres. Les couches, malgré leur régularité, n'ont pas la continuité habituelle aux terrains calcaires, et les coupes varient sensiblement d'un point à l'autre. Celle que nous donnons est prise en face du village de Perrier.

1° Au-dessus de couches de galets et de sables, on trouve :

2° Du lignite, disséminé dans le sable et mélangé avec des débris végétaux et quelques ossements fossiles analogues à ceux que nous citerons plus loin. Les débris de végétaux sont à l'état charbonneux. Quelques fragments de bois sont durs et imitent assez bien le jaïet dans leur cassure, mais n'ont pas à beaucoup près sa résistance. Tous les échantillons de lignite font effervescence avec les acides, et sont pénétrés d'un sable micacé, analogue à celui des couches sableuses supérieures. Ce lignite ne forme point une couche générale à la base des terrains tertiaires supérieurs. Il paraît s'enfoncer sous la montagne de Perrier et dans la Couse, qui a déchiré tout le terrain.

3° Une couche de cailloux roulés primitifs et volcaniques, de $0^m,1$ à $0^m,2$ de diamètre, sépare le lignite des couches supérieures. Cette couche est mélangée d'une assez grande quantité de fer hydraté, qui lui donne une certaine solidité; ce minéral se concentre, en outre, dans quelques parties de la couche de galets, et forme des veines irrégulières qui s'y ramifient en différents sens.

[1] *Recherches sur les ossements fossiles du département du Puy-de-Dôme*, par M. l'abbé Croizet et M. Jobert aîné, p. 80-85.

4° Un sable jaunâtre à grains fins, aggluciné par l'oxyde de fer et mélangé de quelques galets, succède à la couche n° 3, et est suivi par un :

5° Sable micacé à grains fins, sans galets, pénétré de fer oxydé jaune, et contenant une grande quantité de fer oxydulé en grains à peine discernables, dont la présence est rendue très-sensible par le lavage, et qui, après chaque pluie, se concentrent dans tous les petits ravins où la couche vient affleurer. Celle-ci contient parfois une certaine quantité d'argile, qui lui donne un aspect compacte; elle a près d'un mètre d'épaisseur. C'est elle qui est la plus riche en ossements fossiles. Ils y sont disséminés pêle-mêle; cependant on a fréquemment trouvé des suites de vertèbres, des jambes entières articulées et des mâchoires inférieures et supérieures ajustées l'une sur l'autre.

6° Plusieurs couches de sables à grains fins, contenant quelques galets et de fort rares ossements, séparent le premier gisement de fossiles de la première assise de tuf ponceux. L'ensemble de ces couches a environ 7 mètres de puissance; mais cette épaisseur est variable sur les différentes pentes de la montagne.

7° La nature du dépôt change à cette hauteur : aux couches des galets et des sables précédents succède une assise de plusieurs mètres de puissance, formée par une confuse accumulation de fragments volcaniques de toute nature et de toute grosseur, mêlés avec des sables assez fins. On y trouve des blocs anguleux de trachyte de plusieurs mètres cubes. Ces différents éléments sont réunis par une pâte sèche, rude au toucher, d'une couleur blanc sale et analogue à de la ponce pilée. On retrouve dans cette assise toutes les roches du Mont-Dore, ses basaltes et ses trachytes. Le minéralogiste qui voudrait recueillir une collection de toutes ces roches volcaniques peut venir en toute assurance à Perrier. Il trouvera rassemblés de nombreux échantillons, ainsi transportés à une distance de 30,000 mètres par des forces dont il n'existe certainement plus d'exemples dans ces contrées. Au milieu des détritus volcaniques, quelques blocs granitiques et même quelques fragments calcaires paraissent de loin en loin, comme pour compléter ce mélange confus de produits de tous les âges. La masse de ces divers débris, faiblement tassée, est continuellement dégradée par l'action des pluies, et ne présente aucune solidité; une partie de la montagne, pénétrée par une source qui avait tari, s'est subitement écroulée, entraînant, comme un torrent fangeux, quelques bâtiments situés au-dessus du village de Pardines.

La puissance du tuf ponceux est très-variable : à Perrier même, elle n'est que de 7 à 8 mètres; mais elle augmente en se rapprochant du ravin des Estouaires, et, au-dessus·de ce gisement, le plus riche en ossements fossiles, elle atteint près de 30 mètres.

8° Ce premier banc de tuf ponceux est recouvert par une nouvelle série de couches arénacées, formées d'abord d'assez gros galets de granite et de roches volcaniques, puis de sables micacés. On ne trouve plus dans ces couches les fragments anguleux que nous venons de signaler dans l'assise n° 7. Le ciment ponceux y est, en outre, remplacé par l'oxyde de fer, et les galets primitifs, si rares dans le premier banc de tuf, figurent à peu près par parties égales dans la série des couches qui séparent le premier banc du second. Ces différences prononcées de composition entre des couches successives sont un fait remarquable; il conduit naturellement à penser que les eaux qui ont charrié les dépôts partaient de points éloignés les uns des autres, et qu'ils devaient leur origine à des causes différentes.

Peut-être les assises de tuf sont-elles en relation avec les apparitions successives de basaltes, qui sont au nombre de quatre, suivant M. Croizet; les trois assises de tuf ponceux auraient ainsi alterné avec trois épanchements basaltiques.

9° Un second banc de tuf ponceux, en tout semblable au premier, recouvre les grès micacés fins. Sa puissance vers le village de Perrier s'élève à 35 mètres.

10° Une masse de galets de roches primitives et de roches volcaniques forme un troisième retour de couches dues à un transport éloigné. Elle est recouverte de nouveau par un sable à grains fins, micacé, contenant des ossements fossiles en assez grande abondance. Ce gisement, moins riche que le plus ancien, a fourni encore à MM. Croizet et Jobert un assez grand nombre d'échantillons bien conservés.

11° Enfin toute cette série tertiaire est terminée par un troisième banc de tuf, qui forme le plateau de la montagne. Son épaisseur, plus considérable que celle des deux autres bancs réunis (environ 86 mètres), est beaucoup plus constante, et il présente, en conséquence, beaucoup plus de régularité que les deux précédents.

Les animaux dont les dépouilles ont été trouvées dans les terrains tertiaires supérieurs de la montagne de Perrier constituent aujourd'hui environ quarante espèces des genres indiqués sur la liste ci-dessous, que nous empruntons à l'ouvrage déjà cité de MM. Croizet et Jobert (p. 89-91) :

Pachydermes........ {	1 éléphant.
	1 ou 2 mastodontes.
	1 hippopotame.
	1 rhinocéros.
	1 tapir.
	1 cheval.
	1 sanglier.
		Carnassiers (suite).... {
		
		Rongeurs........... {
		
		Ruminants......... {
			3 ours.
			1 chien.
			1 loutre.
			1 castor.
			1 lièvre.
			1 rat d'eau.
			15 cerfs.
			2 bœufs.

Carnassiers. .... {	5 ou 6 félis. 2 hyènes.		

« Au milieu de ces débris, on trouve des quantités prodigieuses d'*album*
« *vetus* (excréments fossiles de carnassiers) de différentes grosseurs, parfaite-
« ment caractérisés, et qui souvent, encore liés entre eux, paraissent occuper
« la place même où ils ont été déposés. On y voit aussi des os qui portent
« l'empreinte bien prononcée des dents de gros et de petits carnassiers, peut-
« être même de rongeurs.

« Les os sont d'une couleur brun-jaunâtre, plus ou moins foncée, suivant
« la proportion d'oxyde de fer qu'on remarque sur le point qui les avoisine.
« Plusieurs sont entiers; mais beaucoup sont brisés, et on retrouve souvent, à
« une distance de quelques pouces, des fragments qui s'ajustent parfaitement
« entre eux. Il nous est arrivé de rencontrer, après plusieurs semaines de
« fouilles, un débris qui venait compléter un autre fragment antérieurement
« recueilli. Cependant on a trouvé assez fréquemment des suites de vertèbres.
« des jambes entières articulées : nous avons un squelette presque complet
« de lièvre dont toutes les parties étaient rassemblées.

« Les bois de cerf, même les plus gros, sont cassés dans leur largeur; les
« ossements sont toujours rompus dans ce sens, tandis qu'il est presque im-
« possible de casser un os frais, sans qu'il se partage dans sa longueur.

« On trouve des animaux de tous les âges dans toutes les espèces : les
« pachydermes, les ruminants, les carnassiers, jeunes, adultes ou vieux, sont
« entassés pêle-mêle.

« Les os ne sont jamais roulés; les arêtes les plus faibles sont parfaitement
« conservées. Les mâchoires de rat, les vertèbres les plus délicates, sont sou-
« vent complètes, et, lorsqu'elles sont brisées, il n'y pas la moindre trace

« de frottement. Quelques épiphyses sont isolées; d'autres sont encore en
« place.

« Enfin les animaux de la même espèce sont en grand nombre, surtout
« les ruminants : nous avons une multitude de mâchoires et d'ossements de
« cerfs, qui ont appartenu à des individus absolument semblables par les
« formes et les dimensions.

« Aucun fossile marin n'a été trouvé dans ces couches. »

L'état de conservation des ossements des environs d'Issoire, l'*album vetus*
qui les accompagne, les quelques squelettes à peu près complets qu'on y rencontre, tout conduit à penser que les animaux dont ils proviennent sont morts
presque sur place, et que leurs dépouilles ont été recouvertes par des dépôts
de sables se formant dans cette période.

3°. TERRAINS TERTIAIRES SUPÉRIEURS DU SUD DE LA FRANCE.

Nous avons annoncé, au commencement de ce chapitre, que les terrains
tertiaires supérieurs se réduisent à une couche mince et superficielle dans la
partie du bassin du Midi qui s'étend de la Garonne au Rhône. Ils ont, par exception, acquis une certaine puissance dans les environs de Perpignan et de
Montpellier, et ils contiennent un grand nombre de fossiles dans ces localités
privilégiées.

A la différence d'épaisseur se rattachent des différences essentielles de composition, et nous croyons, en conséquence, devoir séparer en deux groupes
distincts les terrains tertiaires supérieurs du Sud.

Le premier comprend les sables supérieurs des Landes et les dépôts de
galets disséminés sur les sommets de la Chalosse et les contre-forts des Pyrénées.

Le second renferme les dépôts coquilliers des Pyrénées orientales et les
sables supérieurs de Montpellier.

Sables
supérieurs
des Landes.

. La surface générale des Landes est recouverte par des sables un peu différents de ceux qui contiennent les faluns de Saucats et de Dax. Ils sont entièrement composés de grains de quartz hyalin, blanchâtre, sans mélange de
mica, d'argile ni de calcaire. Un peu d'humus végétal interposé entre les
grains donne à ces sables une couleur grise, quelquefois assez foncée, qui ne
permet point de les confondre avec les sables des dunes. Ils se distinguent,
en outre, essentiellement de ces derniers par la présence de galets de quartz

hyalin blanc-laiteux, et quelquefois de grès compacte. Cette circonstance leur donne, il est vrai, une apparence de terrain d'alluvion, que leur peu d'élévation au-dessus du niveau de la mer semble confirmer. Mais, si l'on compare ces sables mêlés de galets avec les alluvions déposées dans toutes les vallées environnantes, on reconnaît bientôt qu'ils en diffèrent complétement par la composition. Les alluvions contiennent, en effet, outre les galets de quartz hyalin, des galets de silex provenant de la craie, du grès vert et des terrains tertiaires. Les sables des Landes ne renferment, au contraire, que des galets quartzeux, et se rattachent intimement aux amas de galets qui recouvrent la plupart des coteaux de la Chalosse, ceux des environs de Pau, et enfin les sommités les plus élevées de l'Agénois, telles que la Plume, dont la hauteur est de $218^m,25$ au-dessus de la mer. Si l'on suppose, pour un moment, le sol de la Chalosse abaissé au niveau de la surface des Landes, il y aurait continuité entre les masses arénacées actuellement placées à des élévations si différentes. Or cette uniformité de niveau existait lors du dépôt des terrains tertiaires supérieurs. La Chalosse n'a été soulevée qu'après ce dépôt par les ophites, dont on voit encore quelques monticules près de Dax et de Bastennes, localités où les sables des Landes, horizontaux partout ailleurs, se présentent en couches inclinées de plus de 25 degrés. Il est donc certain que les sables des Landes sont antérieurs à la dernière révolution qui a précédé l'époque actuelle de tranquillité. Voudrait-on alors les classer dans l'étage moyen? Leur identité avec les dépôts de la Chalosse, qui nous servait tout à l'heure à les distinguer des alluvions, pourrait encore être invoquée pour les séparer de l'étage moyen. En effet, ces dépôts recouvrent, dans l'Agénois, en stratification transgressive, et la mollasse coquillière et les différentes couches du calcaire d'eau douce qui affleurent successivement au jour. On voit, par exemple, à la Plume, près d'Agen, le dépôt de sables et de galets reposer sur les couches inférieures du calcaire d'eau douce, tandis qu'à Gondrin il s'étend sur les couches supérieures de ce même calcaire, et qu'à Eauze il recouvre la mollasse coquillière. Le dépôt de galets est donc indépendant des formations tertiaires moyennes; il forme une nappe qui s'est étendue sur toute la surface du pays. Du reste, ce terrain supérieur n'est pas exclusivement composé de sables et de galets. Dans le bois de Mouchan, près Gondrin (voir fig. 9, p. 94), où il atteint une épaisseur de plus de 10 mètres, il est formé d'une argile jaunâtre, mélangée de nodules cimentés par le fer oxydé hydraté terreux.

Différence avec les terrains d'alluvion.

Identité des sables des Landes et des amas de galets de la Chalosse.

Superposition transgressive des dépôts sablonneux de la Chalosse sur les terrains tertiaires moyens.

Il existe aux environs de Perpignan quelques dépôts très-circonscrits de sables argileux, avec coquilles fossiles analogues à celles des terrains tertiaires subapennins. Les plus importants se voient : à Banyuls-des-Aspres, sur le Tech; à Truillas, sur la Cantarane, et à Millas, dans la vallée de la Têt. Ces lambeaux tertiaires sont recouverts par des terrains d'alluvion, et ils sont séparés du calcaire d'eau douce de Sijean par une plaine de plusieurs lieues. On ne peut donc déterminer leur âge géologique sans le secours de la paléontologie. Les coquilles, qui sont toutes marines, sont irrégulièrement disséminées au milieu d'une argile sablonneuse, durcie en quelques points par des filtrations calcaires et ferrugineuses. Le plus ordinairement les argiles se délitent à l'air, et le test des coquilles devient alors très-friable.

Les couches sont inclinées; on voit qu'elles ont suivi le mouvement des ophites, dont le soulèvement a donné au Canigou sa forme générale.

La détermination des fossiles étant le seul caractère qui permette de fixer l'âge des terrains tertiaires de Perpignan, nous croyons utile de donner une liste des principaux fossiles que nous y avons recueillis.

Genres.	Espèces.	Auteurs.	Étages tertiaires dans lesquels ces fossiles sont connus.
Lucina................	divaricata............	....	Supérieur.
Cyprina...............	gigas.................	....	Id.
Cytherea.............	exoleta	....	Id.
	rufescens............	....	Id.
	casinoides.		
Venus................	plicata...............	....	Id.
Venericardia..........	sulcata..............	....	Id.
Cardium.............	sulcatum.............	....	Id.
	edule...............	....	Id.
Arca.................	barbata.............	....	Moyen et supérieur.
	antiquata...........	....	Id.
Pectunculus..........	glycimeris...........	....	Id.
	pilosus..............	....	Supérieur.
Pecten...............	Jacobæus............	....	Id.
	flabelliformis (?)......	....	Id.
	opercularis..........	....	Id.
	benedictus..........	....	Moyen et supérieur.
	laticostatus.........	....	Supérieur.
	Beudanti...........	Basterot.	

Genres.	Espèces.	Auteurs.	Étages tertiaires dans lesquels ces fossiles sont connus.
Ostrea...............	edulis................	....	Supérieur.
Pinna (?)..............	plusieurs esp. inconnues.		
Dentalium............	entalis (?)...............	....	Id.
Natica...............	millepunctata..........	....	Moyen et supérieur.
	canrena................	....	Id.
	glaucina...............	....	Id.
Trochus...............	inconnue.		
Turbo..............	rugosus (?)............	Brocchi............	Id.
Turritella............	vermicularis..........	....	Id.
	tornata..............	....	Supérieur.
Cerithium............	vulgatum.............	....	Id.
	granulosum...........	....	Moyen et supérieur.
	plusieurs esp. non déterminées.		
Terebra..............	plicatula (?)...........	....	Inférieur.
Pleurotoma...........	contigua.		
Fasciolaria (?).			
Ranella..............	marginata.		
Murex..............	erinaceus.............	....	Moyen et supérieur.
	brandaris.............	....	Supérieur.
Rostellaria (?).			
Buccinum...........	mutabile.............	....	Moyen et supérieur.
	inflatum..............	....	Id.
	semistriatum..........	....	Supérieur.
	clathratum...........	....	Id.
Cypræa.............	coccinella.		
Conus..............	non déterminable.......	....	Id.
Balanus.............	crassus (?)...........	....	Id.

La ville de Montpellier est bâtie sur un petit monticule formé de sables quartzeux, un peu micacés, appartenant aux terrains tertiaires supérieurs. Ces sables renferment des coquilles marines et des ossements de grands animaux qui se rapportent exclusivement au terrain subapennin. Ils reposent sur le calcaire moellon, dont ils sont séparés par des argiles bleues. Les puits creusés dans la ville montrent cette superposition; on l'observe également dans le faubourg qui regarde Costebelle. Il est donc hors de doute que ces sables sont supérieurs au second étage tertiaire. Ils fournissent une comparaison intéressante avec les terrains tertiaires de Perpignan, qui contiennent

Sables de Montpellier.

III.

14

les mêmes fossiles, mais dont la place géologique ne saurait être détermi-née, comme on l'a vu, par aucune autre considération que celle des corps organisés.

Les sables de Montpellier sont recouverts, en différents points, par de pe-tits dépôts de calcaire d'eau douce, terreux, tendre et caverneux, qui appar-tiennent également à l'étage tertiaire supérieur.

Calcaire
d'eau douce
supérieur
de Saucats. Ce terrain d'eau douce, si moderne, se trouve en plusieurs autres points du Midi : nous le citerons particulièrement à Saucats, près Bordeaux. Dans cette localité il recouvre immédiatement les faluns.

1° La première couche est un calcaire assez dur, contenant des nodules irré-guliers, de couleur foncée, qui donnent à la roche l'apparence d'une brèche. Dans sa partie inférieure, le calcaire contient un assez grand nombre de co-quilles marines, provenant sans doute du remaniement des faluns. Mais ces fossiles d'un âge plus ancien ne se montrent qu'au contact des deux terrains, et l'on trouve exclusivement, dans la partie supérieure de cette première couche calcaire, de petits planorbes dont le test blanchâtre n'est point altéré.

2° A la couche que nous venons de décrire succède immédiatement un calcaire compacte, homogène, avec taches jaunâtres arrondies, paraissant dues à des noyaux intimement soudés avec la pâte. Il contient d'assez grands planorbes, des limnées et quelques hélices. On observe à sa partie supérieure une série de petites couches parallèles, de couleurs variées à la manière des agates. Ce calcaire rubané est très-dur, mais fendillé suivant de nombreuses directions.

3° et 4° Une argile grossière, noirâtre, bitumineuse, sépare le calcaire com-pacte des marnes argileuses supérieures. Ces marnes contiennent des parties plus argileuses que la masse, dans lesquelles on trouve beaucoup de palu-dines, de planorbes et d'hélices. Les hélices portent encore les lignes colorées qui en distinguent les espèces. Les autres coquilles ont un test blanchâtre.

Le calcaire lacustre de Saucats contient un assez grand nombre de fossiles. D'après les notes que M. Ch. des Moulins a eu la complaisance de nous communiquer, ils appartiennent aux espèces suivantes :

Genres.	Espèces.	Auteurs.
Cyrena.................	Brongniarti...............	Basterot.
Helix.................. {	nemoralis................	Id.
	variabilis................	Id.

Genres.	Espèces.	Auteurs.
Cyclostoma	Lemani	Bast.
Planorbis	corneus	Lamarck.
	rotundatus	Al. Brongniart.
	lens	Id.
	planulatus (?)	Deshayes.
Limnæa	peregra	Brong.
	longiscata	Lyell et Murchison.
Paludina	pusilla	Bast.
Neritina	picta	Férussac.

La nature des fossiles s'accorde avec la position des bancs pour faire ranger le calcaire de Saucats dans les terrains tertiaires les plus modernes.

4° TERRAINS TERTIAIRES SUPÉRIEURS DÉPOSÉS SUR LA PENTE FRANÇAISE DES ALPES.

(*La description de ces terrains a été confiée à M. Élie de Beaumont.*)

14.

CHAPITRE XVI.

CHAÎNE DES PYRÉNÉES.

APERÇU GÉNÉRAL DE SA STRUCTURE ET DE SA COMPOSITION.
DESCRIPTION DES DIFFÉRENTS TERRAINS QUI LA CONSTITUENT.

La marche que nous avons suivie dans la description géologique de la France nous aurait conduits à étudier séparément les divers terrains qui constituent les Pyrénées. Mais cette chaîne, isolée des montagnes qui l'avoisinent, forme un ensemble complet, qu'il est utile de ne point morceler. Nous croyons, en conséquence, devoir déroger à la règle que nous nous étions imposée dans la rédaction de cet ouvrage; et, après avoir fait connaître la disposition générale des Pyrénées, nous retracerons ici successivement toutes les formations qui entrent dans la composition de cette chaîne si régulière. Nous exclurons toutefois de notre description les terrains tertiaires, qui, pour être déposés au pied de ces montagnes, n'en sont pas moins, pour ainsi dire, indépendants. On ne les trouve, en effet, associés avec aucune formation de la chaîne; ils ne font que pénétrer dans certaines vallées basses qui débouchent vers la plaine, et ils remplissent en partie la large dépression longitudinale qui s'est ouverte entre les montagnes du centre de la France et les Pyrénées, au moment du soulèvement de ces dernières. Les terrains tertiaires, postérieurs à la chaîne des Pyrénées, n'ont donc rien de commun avec elle. Ils forment, au contraire, le prolongement des mollasses et calcaires d'eau douce de la Provence, et ils se lient d'une manière intime avec les plaques tertiaires qui recouvrent les collines secondaires de la Saintonge et du centre de la France.

La chaîne des Pyrénées sépare la France de l'Espagne, depuis la Méditerranée jusqu'à l'Océan. Elle prend naissance au cap de Creuz, dans le golfe de

Ordre
de
la description.

Roses, et se prolonge jusqu'à la pointe du Figuier près de Fontarabie[1]; le chaînon de montagnes qui longe le golfe de Gascogne jusqu'au cap Ortégal, en Galice, peut être considéré comme la continuation de cette même chaîne, quoiqu'il subisse une légère inflexion après Fontarabie. Au premier abord, les Pyrénées semblent former une ligne complétement droite; mais, quand on les étudie avec soin, on reconnaît bientôt qu'elles présentent, à peu près dans leur milieu, vers la source de la Garonne, une faille considérable, qui a partagé la chaîne en deux bandes parallèles : celle de l'Est, qui court de Perpignan à Montrejeau, est en avant de la bande occidentale d'environ 30,000 mètres. Ce rejet ne cause aucun dérangement dans la chaîne; les formations qui en recouvrent les pentes se présentent partout avec la même direction et une inclinaison semblable. Si l'on pouvait remettre les deux bandes en prolongement l'une de l'autre, les couches de même nature seraient continues. Cette disposition régulière des couches montre, d'une manière certaine, que la faille qui a divisé les Pyrénées en deux parties est postérieure à la chaîne; mais nous ne saurions en préciser ni l'époque ni la cause. Peut-être ce phénomène est-il en rapport avec les ophites dont nous signalerons bientôt l'influence. Il est remarquable que les Pyrénées aient acquis, au voisinage de cette faille, une hauteur qui ne leur est pas habituelle. Le massif de la Maladetta, situé précisément à la naissance de la ligne de rupture, est le plus considérable et le plus élevé de toute la chaîne, comme s'il avait été produit par le croisement de deux systèmes de soulèvement, ainsi qu'on l'observe, dans les Alpes, pour le Mont-Blanc et le Mont-Rose.

La partie orientale des Pyrénées offre un défaut de symétrie bien plus frappant : ce n'est plus un simple rejet, mais un changement réel dans la direction. Cette anomalie, sensible à la seule étude des cours d'eau, le devient davantage encore quand on observe l'angle rentrant dessiné par les formations géologiques, à la hauteur de Montlouis. Cette disposition est surtout très-prononcée pour le terrain de craie; la bande située à l'O. de Limoux court E. 16° S.—O. 16° N., comme toute la chaîne des Pyrénées; celle qui s'étend

[marginal notes:]
Étendue de la chaîne des Pyrénées.

Faille qui la partage en deux chaînes parallèles.

Direction particulière du massif du Canigou.

---

[1] M. Reboul admet que la chaîne des Pyrénées se prolonge du cap Cervère à la Corogne. Il prend pour la direction de la chaîne une ligne moyenne qui laisse les faîtes tantôt au Sud, tantôt au Nord. Suivant cette manière de voir, la direction des Pyrénées serait de 15 degrés plus au Sud que l'E. S. E. Elle différerait de plus de 20 degrés de celle que nous admettons. (*Bulletin de la Société géologique de France.*)

à l'E. et se rattache aux collines de Narbonne est orientée de l'E. 20° N.
à l'O. 20° S. La différence de direction que nous venons de signaler se
reproduit dans toute cette extrémité de la chaîne des Pyrénées, que nous
appellerons le *massif du Canigou*, du nom de la montagne qui domine le
pays. Les principaux cours d'eau de ce massif coulent dans la même direction : le Tech, qui descend du Canigou et se rend à la Méditerranée en
passant par Arles et Céret; la Têt, qui arrose la vallée si fertile de Prades,
sont l'un et l'autre dirigés à peu près de l'E. 20° N. à l'O. 20° S. La Cer-
dagne, qui forme une dépression considérable au pied de la chaîne, du côté
de l'Espagne, suit également la même direction. Mais cette anomalie dans le
relief du sol n'est pas le caractère le plus distinctif du massif oriental : les
strates des terrains sont orientées suivant la même ligne que les accidents de
la surface, et, de plus, les formations tertiaires déposées en couches horizontales le long de la chaîne sont fortement relevées dans toute la partie qui se
rattache au Canigou. Il est évident que celui-ci a été soulevé à une époque
postérieure aux dépôts tertiaires, même les plus modernes; tandis que la
chaîne des Pyrénées est, au contraire, antérieure à ces mêmes dépôts, ainsi
que nous le ferons d'ailleurs ressortir plus tard. Le Canigou a donc participé
à deux systèmes de soulèvement, et cette circonstance explique assez la
hauteur considérable qu'il atteint brusquement.

Le mouvement qui a fait surgir le massif du Canigou a laissé ses traces
dans toute la Provence, dont les terrains tertiaires sont également relevés dans
la direction E. 20° N. — O. 20° S., de sorte que cette montagne n'est, pour
ainsi dire, que le témoin d'un phénomène très-puissant, se rattachant, comme
un de nous l'a démontré, à l'apparition de la chaîne principale des Alpes.
On en retrouve des vestiges dans toute la chaîne; ils se lient à l'éruption de
porphyres amphiboliques, désignés depuis longtemps sous le nom d'*ophites*
par M. Palassou.

Chaînons   Les Pyrénées jettent, vers le Sud et vers le Nord, de nombreux rameaux,
latéraux. qui s'abaissent insensiblement à mesure qu'ils s'éloignent de la chaîne centrale, et finissent par se perdre dans la plaine.

Il y a cependant quelques exceptions à cette disposition générale. Plusieurs de ces rameaux ou contre-forts conservent une grande élévation sur
des longueurs considérables, et même jusqu'à la plaine, où ils se précipitent
brusquement. D'autres, au contraire, se terminent déjà dans le sein même

des montagnes, et finissent à la rencontre de deux vallées. Les uns et les autres se détachent, à peu près à angle droit, de la haute chaîne centrale qui forme comme l'épine dorsale des Pyrénées.

Outre ces grands rameaux partant immédiatement de la ligne de partage des eaux, on observe encore, dans les Pyrénées, un petit nombre de chaînons dont la direction est à peu près parallèle à celle de la chaîne centrale. Ils sont entièrement séparés des chaînons latéraux, et l'on ne saurait les considérer comme une ramification de ces derniers. Nous devons dire, dès à présent, que leur origine se rattache à une cause distincte. Les chaînons parallèles à la chaîne principale ne sont point assez étendus pour être comparés à ceux des Alpes et du Jura, lors même qu'on ne tiendrait pas compte des vallées qui les interrompent fréquemment. Cependant, comme ceux de la Suisse, ils sont ordinairement formés par un seul et même système de roches. Ils se trouvent tous plus rapprochés du pied que du faîte de la chaîne, et, en plusieurs endroits, leur pente septentrionale se perd immédiatement dans la plaine ou dans les collines qui, de ce côté, précèdent les Pyrénées. Les plus étendus et les mieux caractérisés se rencontrent dans le département de l'Ariége et dans celui des Basses-Pyrénées.

Nous citerons particulièrement le chaînon qui borde, au Nord, la vallée de l'Ariége, depuis la ville d'Ax jusqu'au village de Bonpas, au-dessous de Tarascon. Interrompu par l'Ariége à Bonpas, il reprend sur le côté opposé, en conservant sa direction E. S. E.—O. N. O., et se prolonge jusqu'au village de Lacourt, où il se termine à la vallée du Salat.

Dans les Basses-Pyrénées, le chaînon qui borde au Nord le gave d'Oloron, depuis cette ville jusqu'au delà de Sauveterre, offre un second exemple de chaînon parallèle à la chaîne centrale.

Dans les Pyrénées-Orientales, les montagnes des Corbières, séparées des Pyrénées par la vallée de l'Agly, constituent aussi un chaînon parallèle à la chaîne principale. Ce chaînon offre même un intérêt particulier. Il est manifestement en rapport avec le double système de soulèvements qui a présidé au relief du Canigou; car la vallée qui sépare les deux groupes de montagnes, après avoir d'abord couru E. 16° S. — O. 16° N., change sa direction pour prendre celle de la chaîne orientale.

Ces chaînons différents sont en rapport avec autant de vallées. Les unes, transversales, sont dues aux chaînons latéraux; les autres, longitudinales, sont

[marginalia: Chaînons parallèles à la chaîne principale.]

[marginalia: Direction des vallées.]

parallèles à la chaîne. Ces dernières sont fréquemment ouvertes à la séparation de deux terrains. Quand elles traversent une seule et même formation,
elles sont déterminées par le plissement des couches et occupent le fond
d'une ride. Les vallées transversales, au contraire, coupent les couches perpendiculairement à leur direction, de sorte que, à les suivre, on passe successivement en revue tous les terrains de la chaîne. Elles sont d'ordinaire très-
profondes. Leur largeur varie beaucoup; néanmoins elles sont généralement
étroites, sauf en leur partie inférieure, vers leur débouché dans la plaine.
Elles portent, par conséquent, tous les caractères de fentes ou fractures de
même origine que la chaîne. Les fractures ont eu lieu au moment du soulèvement général. Elles ont dû toutes se propager suivant la ligne de moindre
résistance, et sont, pour cette raison, parallèles entre elles.

Les vallées transversales présentent généralement une suite de bassins et
d'étranglements, auxquels les géologues attachaient une grande importance,
lorsqu'on supposait toutes les vallées creusées par les eaux : les étranglements
étaient autant de digues qui, lorsqu'elles venaient à être brisées, fournis-
saient la force destinée à creuser la partie inférieure de la vallée. Sans avoir
joué un rôle aussi considérable, les étranglements n'en sont pas moins un fait
intéressant à constater; ils correspondent, pour la plupart, à un changement
de terrain, souvent même à la présence d'un îlot de granite ou d'un monticule de porphyre. Presque toujours ces étranglements sont accompagnés
d'un ressaut assez considérable dans la vallée, de manière que le torrent qui
l'arrose se précipite en forme de cascade d'un bassin à l'autre, ou roule en
cataracte sur la pente abrupte qui sépare les deux plans de niveau. Il résulte
de cette disposition que les vallées, au lieu d'offrir une rampe égale et uniforme, s'élèvent, pour ainsi dire, comme par étages, jusqu'au faîte des montagnes.

Différence
entre
les vallées
de déchirement
et les vallées
d'érosion.

L'ensemble des vallées transversales des Pyrénées nous montre, à la fois,
les fentes de déchirement, qui sont la conséquence de tout soulèvement, et
les différences d'exhaussement qui ont affecté chaque terrain, différences
dont l'aspect rappelle, sous quelques rapports, le tirage d'une lunette à tubes
très-courts et de diamètres très-décroissants. Cette disposition remarquable
des vallées est encore bien plus prononcée sur les pentes mêmes de la chaîne,
où un changement considérable de niveau correspond presque toujours à un
changement de terrain. Il serait difficile de concevoir cette variation subite

dans le relief du sol, si l'on n'admettait pas qu'il s'est fait un glissement à la séparation des deux terrains.

Les Pyrénées présentent, en outre, un assez grand nombre de vallées latérales, dont les unes, très-profondes, sont encore des fentes de déchirement; les autres, moins nombreuses, suivent la pente générale du sol, et paraissent être le résultat des érosions. Le relief des Pyrénées est donc très-découpé et a de l'analogie avec le relief des Alpes. Mais le croisement habituel de deux systèmes de soulèvement dans les vallées des Alpes donne à leur gigantesque massif une apparente irrégularité, qui n'existe point dans les Pyrénées, dont les deux versants sont très-symétriques.

Le creusement des vallées d'érosion nous apprend que, à une certaine époque, les eaux ont joué un rôle important, non pas dans le dessin même des Pyrénées, mais au moins dans leur retouche, si l'on veut bien nous passer ces expressions. L'action des eaux est, du reste, mise en tout son jour par l'observation des nombreux débris accumulés dans les vallées, et formant souvent jusqu'à trois et quatre terrasses successives.

Plusieurs vallées présentent, à leur naissance, au lieu d'une gorge rapide et étroite, un bassin d'une certaine étendue, entouré de trois côtés par une muraille de rochers. Ces murailles ont souvent une hauteur considérable; elles sont, en outre, fréquemment surmontées d'un talus rapide, auquel succède une seconde muraille, atteignant enfin la crête de la montagne. Cette disposition donne aux bassins l'apparence d'un amphithéâtre ou d'un cirque. Les montagnards les désignent, dans leur pittoresque langage, sous le nom d'*oule*, dérivé du mot *olla*, chaudière. Les roches qui constituent la paroi des cirques, lorsqu'elles sont stratifiées, se relèvent de tous côtés vers leur axe; elles forment extérieurement, dans leur ensemble, une surface conique, où la pente suit, en chaque point, la génératrice du cône. On peut en conclure que ces cirques sont dus à des relèvements circulaires, et l'on est porté à les considérer comme de véritables *cratères de soulèvement*. La vallée qui y prend naissance est la fente de déchirement dont ces cratères sont toujours accompagnés.

Le plus beau cirque des Pyrénées est la célèbre oule de Gavarnie, à la naissance de la vallée de Saint-Sauveur. Les glaciers du Marboré, qui le surmontent, lui impriment un caractère de majesté qui ne se retrouve pas, même dans les Alpes. L'espace renfermé dans son enceinte serait un gouffre,

Cirque à la naissance des vallées.

s'il n'était immense. Cette enceinte a 4,000 mètres de tour et plus de 1,000 mètres de haut. L'oule de Héas est plus vaste, mais moins profonde ; son circuit est de plus de deux lieues. De nombreux troupeaux s'y égarent et ont peine à en trouver les limites. Trois millions d'hommes ne la rempliraient pas ; dix millions auraient place sur son amphithéâtre.

Dans les Pyrénées, comme ailleurs, le faîte est généralement la partie la plus élevée de la chaîne ; néanmoins, la hauteur de plusieurs chaînons latéraux égale parfois celle du faîte et la surpasse en quelques points. Il est même assez remarquable que les sommets les plus élevés se trouvent, pour la plupart, non pas précisément au centre de la chaîne, mais à proximité, sur la crête de quelques rameaux appartenant à l'un ou à l'autre des versants.

Points culminants. Le Mont-Perdu, la Punta de Lardana et la Maladetta, points les plus élevés de la chaîne, sont tous situés sur le versant méridional ; le Canigou, le Roc-Blanc, le pic de Saint-Barthélemy, le Pic-du-Midi de Bigorre, le Monné, le Pic-du-Midi d'Ossau, sont, au contraire, entièrement en France, et quelques-uns, comme le pic de Bigorre, tout à fait en avant de la chaîne.

Les hauteurs de plusieurs de ces montagnes, telles qu'elles résultent de la triangulation faite par les officiers de l'État-major, sont prises au-dessus du niveau de l'Océan :

	mètres.		mètres.
Maladetta.................	3,404	Pic-du-Midi de Bigorre........	2,877
Mont-Perdu................	3,351	Canigou....................	2,785
Vignemale.................	3,298	Monné.....................	2,724
Pic de Néouvielle............	3,091	Roc-Blanc (vallée de l'Aude)....	2,543
Pic-du-Midi d'Ossau..........	2,885		

Le point le plus élevé de la chaîne est, nous l'avons vu, au voisinage de la faille qui la partage en deux parties, c'est-à-dire entre la vallée d'Aran et celle d'Ossau. A partir de cette dernière, les Pyrénées s'abaissent graduellement vers l'Océan ; on n'y rencontre plus de sommet qui atteigne 1,300 mètres d'élévation. Aussi le faîte lui-même présente une forme différente : au lieu de se terminer en une crête tranchante et bordée de grands précipices, il offre, en général, ainsi que les chaînons latéraux qui s'en détachent, une série de sommets arrondis et allongés, d'un accès facile, couverts de pâturages et quelquefois même de forêts. On y observe encore, il est vrai, quelques pics ; mais ils sont en petit nombre et peu aigus. Dans cette partie des Pyrénées, le peu d'élévation de la chaîne et la fréquence des cols ou même des crêtes d'un accès facile ont permis d'établir de nombreux passages de communication entre la France et l'Espagne.

La chaîne des Pyrénées renferme quelques glaciers du genre de ceux que Glaciers. de Saussure désigne sous le nom de *glaciers du second genre*[1], c'est-à-dire de ceux qui ne recouvrent que la pente des plus hautes montagnes, et ne sont point, comme ceux du premier genre, encaissés dans des gorges ou des vallées. « Tous les glaciers de ces montagnes[2] sont très-éloignés des habita-« tions, et je n'en connais même aucun auprès duquel il y ait des pâturages « abondants. On chercherait donc en vain dans les Pyrénées des glaciers qui « descendent au milieu des prairies et même des terres labourées, comme « quelques-uns de ceux des Alpes.

« Ils ne sont pas non plus contigus les uns aux autres, comme dans plu-« sieurs contrées de la Suisse; chacun d'eux est plus ou moins isolé et séparé « des autres par des intervalles quelquefois très-considérables. C'est cet isole-« ment des glaciers qui fait que les Pyrénées, lorsqu'on les observe de loin, « ne présentent point cette espèce de ceinture ou de bande blanche qui semble « entourer à une certaine hauteur les sommités des Alpes.

« Dans les Pyrénées, la plus grande étendue d'un glacier, ou sa longueur, « est ordinairement dans le sens de la direction de la crête de la mon-« tagne sur la pente de laquelle il repose; c'est de cette disposition, qui est « presque générale dans les glaciers de cette chaîne, que résultent la forte « inclinaison qu'ils présentent ordinairement et, par suite, la difficulté de « leur accès.

« Ils sont fréquemment traversés par de longues et profondes crevasses, plus « ou moins larges. Les plus considérables s'étendent communément dans le « sens de la longueur du glacier, et sont évidemment l'effet de la rupture de « la glace; mais on rencontre aussi (surtout vers le pied du glacier) des fentes « dont la direction s'étend à peu près dans le sens de la pente de la montagne. « Ces sortes de fentes sont plutôt des espèces de ravins profonds et étroits « que de véritables crevasses; elles ont été creusées par les eaux qui tombent « sur le glacier pendant les pluies chaudes d'été.

---

[1] *Voyages dans les Alpes*, p. 521.
[2] Cette description des glaciers est extraite de l'*Essai sur la constitution géognostique des Py-* *rénées,* par M. de Charpentier, p. 51. Nous avons également emprunté à cet excellent ouvrage quelques phrases sur la disposition des vallées.

« Ce n'est que dans la partie la plus élevée des Pyrénées, c'est-à-dire dans
« les montagnes comprises entre la vallée de la Garonne et celle d'Ossau, que
« l'on trouve des glaciers. Ailleurs, dans les parties les plus basses de la chaîne,
« on rencontre seulement des amas considérables de glace ou de neige, ordi-
« nairement formés par des avalanches, lesquels, se trouvant à l'abri du soleil
« et surtout des vents chauds, n'ont pu être fondus par la chaleur d'un seul
« été et se conservent même quelquefois plusieurs années.

« La plupart des glaciers sont situés sur le versant septentrional, et, quoi-
« qu'il y en ait plusieurs en Espagne, et même de fort considérables, ils ne
« laissent pourtant pas de couvrir des pentes exposées au Nord.

« Les glaciers les plus importants des Pyrénées sont :

« Le *glacier de la Maladetta,* situé en Espagne, dans la partie supérieure
« de la vallée d'Essera, à environ cinq lieues au Sud de Bagnères-de-Luchon ;
« il recouvre la pente septentrionale de cette majestueuse montagne, et peut
« avoir environ 6,000 toises de longueur ;

« Le *glacier de Crabioules,* au fond de la vallée du Lys, qui aboutit à celle
« de Luchon ;

« Le *glacier du Mont-Perdu;* cette énorme masse de neige et de glace est
« située en Espagne, à la partie supérieure de la vallée de la Cinca ; il recouvre
« la partie septentrionale du Mont-Perdu ;

« Le *glacier de la Brèche de Roland,* situé au-dessus et un peu à l'Ouest du
« cirque de Gavarnie, au fond de la vallée de Baréges ;

« Le *glacier de Vignemale;* il est à la naissance de la petite vallée d'Ossone,
« qui n'est qu'une ramification de celle de Baréges ;

« Enfin le *glacier de Néouvielle.* De tous les grands glaciers, c'est le seul qui
« se trouve à une distance assez considérable du faîte de la chaîne centrale,
« sur la pente septentrionale. Ce glacier a une étendue considérable et sa
« pente est très-rapide, surtout vers la cime de la montagne. »

Sources
thermales. Les vallées des Pyrénées possèdent presque toutes des sources thermales,
et sont à cet égard plus favorisées que celles des Alpes. Par la position qu'elles
occupent, l'étude de ces sources se lie intimement aux phénomènes géologiques. M. Forbes, d'Édimbourg[1], annonce qu'elles sont constamment en relation frappante avec les granites de la chaîne. L'abondance et la température

---

[1] *Transactions philosophiques de la Société royale de Londres,* année 1836, 2ᵉ partie.

des eaux croissent à mesure que l'on avance vers l'Est, où le granite est le plus développé. Lorsque les eaux thermales sourdent du granite même, c'est presque toujours au contact de cette roche avec un terrain stratifié. Il arrive assez fréquemment qu'une partie de la source sort du granite, et l'autre, des schistes et calcaires contigus. Cette disposition remarquable est une preuve des plus manifestes du rapport immédiat qui existe entre les eaux thermales et les dislocations des couches. On en voit un exemple aux sources d'Ax, dans le département de l'Ariége. A Cauterets et à Saint-Sauveur, les sources sont près du contact du granite et du calcaire. Dans cette dernière localité, le granite ne forme point de masses considérables; mais on y observe des filons granitoïdes qui traversent le calcaire, lequel est lui-même devenu cristallin au contact de la roche ignée.

La régularité de la chaîne des Pyrénées, sensiblement en ligne droite sur la plus grande partie de son cours, tient à ce qu'elle doit presque entièrement son relief à une seule révolution du globe. Sa direction générale est E. 16° S. — O. 16° N., comme celle de la plupart des chaînons des Apennins. Dans les Apennins, aussi bien que dans les Pyrénées, les terrains de même ordre sont relevés suivant cette direction, et il est, en conséquence, naturel de supposer que les deux chaînes ont une origine commune. Aussi l'un de nous a-t-il cru devoir désigner sous le nom de *pyrénéo-apennéenne* la révolution du globe qui a donné naissance aux deux chaînes. Cette révolution, due à l'apparition des granites qui forment en partie la chaîne centrale des Pyrénées, a eu lieu après le dépôt des terrains de craie et avant celui des terrains tertiaires; car les premiers ont été portés jusqu'aux cimes les plus élevées de la chaîne, tandis que les seconds sont disposés horizontalement partout où ils n'ont pas été soumis à quelque perturbation postérieure. Les couches, redressées d'une manière régulière vers l'axe de la chaîne, présentent des inclinaisons en sens inverses sur ses deux versants. Elles plongent: en Espagne, vers le Sud; en France, vers le Nord. Ces inclinaisons, très-rapides dans la partie supérieure des vallées, diminuent, en général, à mesure qu'on se rapproche du pied de la chaîne; il en résulte une disposition symétrique presque complète, qui fait des Pyrénées une chaîne classique pour l'étude des soulèvements. Les différents systèmes ne s'y croisent pas comme dans la Bretagne, et surtout comme dans les Alpes, où la plupart des hautes montagnes ont été façonnées à deux reprises différentes. On doit néanmoins dire qu'on observe

Soulèvement principal.

dans les Pyrénées des traces de plusieurs dislocations. M. Reboul en a fait la remarque depuis longtemps[1]. Nous-même nous y avons constaté trois systèmes de soulèvement autour de celui que nous avons désigné sous le nom de *pyrénéo-apennéen;* mais, à l'exception d'un seul, sur lequel nous donnerons bientôt quelques détails, aucun n'a influé d'une manière notable sur le relief général.

Soulèvements accessoires. Le plus ancien des soulèvements accessoires a immédiatement suivi la formation des terrains intermédiaires; c'est le même qui règne, en partie, dans la Montagne-Noire; sa direction, comprise entre les *hora* 3 et 4 de la boussole, se retrouve dans beaucoup de vallées, et les couches, malgré les bouleversements récents, en portent encore l'empreinte d'une manière très-marquée.

Le second a eu lieu entre le dépôt du grès vert, ou plutôt de la craie ancienne, et celui de l'assise supérieure des terrains crétacés. Le défilé de Pancorbo, entre Vitoria et Burgos, en offre un exemple très-remarquable; sa direction S. 25° O. est la même que celle des Alpes occidentales. Ce soulèvement a laissé dans les Pyrénées moins de traces que le précédent; il est, au contraire, très-prononcé dans les Alpes.

Quant au troisième, nous l'avons déjà signalé à propos du coude que la chaîne présente dans les Pyrénées-Orientales. C'est à ce soulèvement que nous avons attribué la direction particulière du massif du Canigou et le relèvement des terrains tertiaires dans cette région. On retrouve, en beaucoup de points des Pyrénées, des traces de ce soulèvement, qui se lie partout à la présence de porphyres amphiboliques, désignés sous le nom d'*ophites* par M. Palassou. La montagne granitique des Trois-Couronnes, placée au S. E. de Bayonne et à peu de distance de Saint-Jean-de-Luz, paraît due à l'action de ces porphyres. Sa direction générale est différente de celle de la chaîne, tandis qu'elle est, au contraire, analogue à celle que le soulèvement de l'ophite a imprimée aux terrains tertiaires. Dans l'intérieur de la chaîne, les dislocations produites par les ophites sont entièrement locales, et elles sont, en général, plus sensibles par les altérations des roches que par les modifications du relief.

Terrains. Les Pyrénées montrent à la fois des terrains anciens, des terrains de tran-

[1] *Bulletin de la Société géologique de France*, t. II, p. 76.

sition et des terrains secondaires; on y trouve, en outre, des porphyres et quelques traces d'éruptions volcaniques; enfin l'époque diluvienne y est représentée, dans la plupart des vallées, par des amas considérables de débris.

Les roches anciennes forment le squelette général de la chaîne, quoiqu'elles y soient dans une infériorité bien marquée relativement aux terrains de sédiment. Il est évident qu'elles supportent partout les terrains stratifiés, même lorsqu'elles ne sont point arrivées au jour. Elles se composent de granite, de gneiss et de schiste micacé; mais ces deux dernières roches sont assez rares pour qu'on puisse considérer les terrains anciens des Pyrénées comme exclusivement granitiques. Cette manière de voir est d'autant plus permise, que, la plupart du temps, le gneiss et le micaschiste sont si intimement liés aux terrains de transition, qu'ils paraissent être des couches altérées de ces derniers.

TERRAIN GRANITIQUE.

Le granite constitue deux bandes parallèles en rapport avec le rejet que la chaîne a éprouvé vers son milieu.

La bande orientale, qui est continue, commence au cap de Creuz, près du golfe de Roses, et se prolonge jusqu'à Castillon, dans la vallée du Salat.

La seconde bande prend naissance dans les montagnes de la vallée d'Aran, où sont les sources de la Garonne, et se prolonge jusqu'à l'extrémité la plus occidentale de la chaîne; car la montagne des Trois-Couronnes, qui domine Saint-Sauveur, appartient à une chaîne distincte, en retrait de huit à neuf lieues sur la moitié occidentale de la chaîne, comme celle-ci est elle-même en retrait de pareille distance sur la moitié orientale.

La seconde bande de granite n'est point continue comme la première; elle se compose d'une suite de protubérances plus ou moins étendues, isolées l'une de l'autre à la surface, mais réunies à leur base. Les déviations des couches stratifiées qui remplissent les gorges ou intervalles des protubérances disposées en ligne droite, pour la plupart, prouvent cette assertion jusqu'à l'évidence; les strates se contournent, en effet, autour des mamelons de granite, de manière que leur inclinaison varie suivant les pentes qu'elles recouvrent. Il en faut donc conclure que le granite a soulevé le terrain tout entier, mais qu'il n'a pu partout arriver au jour. Quelquefois, il est vrai, notamment à la Maladetta, où les couches appartiennent au terrain de transition, les strates,

Bande orientale.

Bande occidentale.

au lieu de s'appuyer sur le granite, sont déversées de manière que leurs tranches viennent buter contre cette roche. Une semblable disposition, opposée en apparence à celle que devait produire le soulèvement du granite, est, au contraire, une conséquence naturelle de ce soulèvement; elle tient à ce que la masse de granite affluente a été trop considérable, et que les couches de transition, d'abord soulevées, ont été, en outre, forcées de se replier sous l'épanchement de la masse émergente. Les Alpes présentent fréquemment des couches ainsi repliées sur elles-mêmes; le grand Saint-Bernard et le Mont-Rose en offrent des exemples très-prononcés. A la Maladetta, le renversement des couches est accompagné d'un changement dans leur nature; elles sont entièrement dolomitiques dans les parties qui butent contre le granite, tandis qu'elles sont à l'état de calcaire compacte esquilleux à une très-petite distance du massif ancien.

Îlots de granite isolés. Outre les deux bandes granitiques que nous venons d'indiquer, et qui n'en feraient qu'une seule sans la grande faille que nous avons signalée, on trouve quelques petits îlots de granite isolés, notamment dans la vallée de l'Adour, un peu au-dessous de Bagnères-de-Bigorre. Ce sont autant de témoins venant établir, à l'appui de l'assertion ci-dessus émise, que le granite forme le squelette général de la chaîne des Pyrénées.

Direction des bandes de granite. La bande granitique orientale est assez régulière; son axe se confond avec celui de la chaîne principale. Il n'en est pas de même pour la bande occidentale. Ses protubérances tantôt avancent vers le Nord, tantôt reculent fortement vers le Sud; de sorte que son axe longitudinal se trouve assez éloigné de la grande ligne de faîte, tout en lui restant sensiblement parallèle. A l'époque où l'on admettait que le granite était le plus ancien terrain des Pyrénées et que les couches stratifiées s'étaient déposées sur ses pentes, la distance entre l'axe de la chaîne et l'alignement des îlots granitiques semblait un fait inexplicable. La théorie des soulèvements, qui a mis fin à tant de difficultés insolubles pour l'ancienne géologie, rend aussi compte de cette apparente anomalie. En effet, quand un soulèvement se produit, la fracture qui en résulte peut très-bien se faire sur le côté, et la crête dominante est alors formée par la roche qui constituait le sol avant le soulèvement. C'est précisément ce qui a eu lieu dans la branche occidentale de la chaîne des Pyrénées : bien mieux, dans une partie de cette branche, le granite n'est même point arrivé jusqu'au jour.

La plupart des montagnes granitiques ont des formes arrondies, des pentes douces et un sommet plus ou moins aplati. Cependant, quand ces montagnes atteignent une grande élévation, comme la Maladetta, le Canigou, Néouvielle, etc., leurs pentes deviennent plus roides, et souvent alors elles sont interrompues par des plateaux et des escarpements. Ces escarpements, quelquefois très-considérables, ne sont jamais aussi étendus ni aussi réguliers que ceux des montagnes calcaires ou des crêtes schisteuses. Le sommet de ces hautes montagnes n'est plus alors ni aplati, ni arrondi; c'est un pic effilé, une véritable aiguille, quelquefois fourchue et d'un accès fort difficile. Tels sont le pic de Quairat, le Pic-du-Midi d'Ossau. Dans d'autres circonstances, ces montagnes se terminent en une crête étroite, tranchante, hérissée d'une multitude de pointes en forme de dentelures et bordées par d'immenses précipices. La Maladetta, les montagnes de Crabioules et de Néouvielle se présentent sous cette forme. Parmi les dentelures, il en est ordinairement une ou plusieurs qui s'élèvent beaucoup au-dessus des autres, en forme de pyramide plus ou moins aiguë.

Forme
des montagnes
granitiques.

Les masses qui constituent le faîte des crêtes granitiques sont rarement des roches solides. Elles sont, au contraire, tellement fendillées, qu'on est étonné de ne pas les voir crouler. Quelquefois même ce sont de véritables amas ou des murailles d'énormes blocs anguleux empilés les uns sur les autres. Ces blocs se sont détachés du roc solide, sur le lieu même où ils se trouvent encore; la plupart n'ont même pas changé de place; ils se sont seulement séparés et isolés par le concours simultané de la décomposition et du tassement. Aussi les plans dont l'inclinaison n'est pas trop forte et les plateaux situés aux pieds des crêtes sont-ils communément couverts de fragments anguleux à arêtes plus ou moins émoussées. Ces fragments sont quelquefois d'une grosseur prodigieuse et entassés les uns sur les autres. Du gazon remplit d'ordinaire les interstices et forme une pelouse que les blocs de granite percent de tous côtés.

Fragments
anguleux.

Il n'est pas douteux qu'une grande partie de ces fragments ne soit descendue des crêtes supérieures; mais souvent les crêtes elles-mêmes ne sont qu'un amas de roches brisées et incohérentes. Tel est, par exemple, le sommet du Canigou. Cette disposition remarquable est peut-être due à ce que le granite est arrivé en fragments à la surface du sol, comme les laves des volcans des Andes, qui, ne pouvant pas atteindre, encore liquides, le sommet de ces longues cheminées, s'accumulent à leur intérieur et sont ensuite rejetées à l'état de débris anguleux. Peut-être aussi le granite a-t-il, en se refroidissant, éprouvé des retraits qui l'ont fendillé en tous sens, et s'est-il alors divisé en fragments analogues à ceux qui recouvrent les *cheires* de l'Auvergne et la plupart des coulées du Vésuve et de l'Etna.

Cette agglomération de fragments anguleux de granite est un phénomène bien différent de celui qu'on observe dans les montagnes anciennes du centre de la France, principalement dans la Corrèze et dans l'Auvergne, où le sol est recouvert de blocs de granite arrondis; là, ces blocs sont évidemment le résultat de la décomposition lente de la roche, opérée en partie par l'action de l'air. Nous voyons se produire presque sous nos yeux cette altération profonde de certains granites. Toutefois, il est probable que des causes dont nous ne savons pas apprécier la nature ont, à une certaine époque, opéré avec beaucoup plus d'énergie que n'en montrent, de nos jours, les agents atmosphériques. Nous ne voyons, en effet, ces blocs disparaître que sous la main des hommes, et les monuments druidiques de la Bretagne sont autant de repères qui nous dévoilent la faiblesse des influences journalières. Ces monuments, formés le plus ordinairement de simples blocs de granite implantés sans fondation dans la terre végétale, n'ont éprouvé que peu d'altération depuis deux mille ans. Leurs arêtes sont encore anguleuses, et leur faible enfoncement en terre nous apprend que le niveau du sol s'est à peine élevé de quelques centimètres.

On retrouve aussi dans les Pyrénées des blocs de granite arrondis; ils recouvrent, en général, la surface de plateaux granitiques assez fréquents dans les Pyrénées-Orientales; le col du Pla-de-Guillem, entre Vernet et Prats-de-Mollo, le col de la Perche, où se trouve Montlouis et qui a plus de 6,000 mètres de longueur, sont jonchés d'une quantité prodigieuse de gros blocs de granite arrondis qui ont quelquefois plus de 10 mètres de côté.

Les granites des Pyrénées présentent un grand nombre de variétés. Cependant on peut les rapporter tous aux trois espèces que nous allons décrire, d'après M. de Charpentier [1].

« Le granite le plus ordinaire est à grains de moyenne grosseur, le plus « souvent même à petits grains. Le feldspath d'un blanc grisâtre ou jaunâtre,

---

[1] *Essai sur la constitution géognostique des Pyrénées*, par M. de Charpentier, p. 128.

« rarement d'un rouge de chair, en est la partie dominante; son éclat est
« vitreux, pourvu toutefois qu'il ne soit pas décomposé, ce qui est assez fré-
« quent. Le quartz, d'un blanc grisâtre, quelquefois gris de fumée, est ordi-
« nairement translucide; le mica, d'un vert foncé, est très-souvent mêlé de
« talc, qui même le remplace quelquefois entièrement. Il est disséminé en
« petites lames, au milieu du quartz et du feldspath.

    « Le granite à gros grains, qui forme la seconde espèce, est assez rare
« dans les Pyrénées. On en trouve de très-beau près de l'étang d'Arbu, dans
« la vallée de Suc, où il est accompagné de gros cristaux de tourmaline et de
« mica cristallisé. La montagne nommée *Etcheco-Mendia*, au N. E. du village
« de Mendionde, dans le département des Basses-Pyrénées, est composée de
« ce granite. Cette variété de granite est ordinairement associée avec du gra-
« nite à petits grains, dans lequel il ne forme pas même de masses bien con-
« sidérables.

    « La troisième variété, peu abondante mais assez fréquente, est un granite à
« grains assez gros, dans lequel le feldspath forme les deux tiers de toute la
« masse; il est d'un blanc grisâtre ou d'un gris cendré, rarement d'un rouge de
« chair; le quartz est grisâtre, et le mica, verdâtre ou d'un brun de bronze.
« De gros cristaux de feldspath sont implantés dans cette masse et lui donnent
« une structure porphyroïde; ces cristaux se rapportent à la forme bibinaire
« de Haüy : ils sont presque toujours accolés deux à deux par leurs faces
« larges [1]. Leur volume est souvent fort considérable; on en trouve qui ont
« 6 pouces de longueur, sur 2 pouces 1/2 de largeur et 9 lignes d'épaisseur.
« Ces cristaux sont communément implantés dans le granite, sans aucun
« ordre; cependant on en observe aussi qui sont disposés régulièrement,
« leurs faces larges étant sensiblement parallèles entre elles. Ces cristaux ré-
« sistent mieux à l'action de l'atmosphère que le reste de la masse; ils forment
« des saillies à la surface des rochers; ils sont également fort abondants dans
« les torrents.

    « Ce beau granite se trouve au port d'Oo et au port de Clarbide, tous
« deux placés à l'extrémité des vallées qui avoisinent Bagnères-de-Luchon. J'ai
« trouvé encore de semblable granite au Canigou, à la Maladetta; dans ces

---

[1] Cette macle, fort rare dans le feldspath orthose, est, tout au contraire, fréquente dans le
rhyacolite.

« dernières localités les cristaux de feldspath sont moins gros et moins abon-
« dants. »

Ces différents granites ne nous paraissent pas tous contemporains. Nous
avons observé, sur plusieurs points, des filons de granite dans le granite, et
toujours ces masses intercalées étaient à grands cristaux de feldspath. Le
massif du Canigou présente un grand nombre de pareils filons; nous en
avons observé plusieurs sur sa pente méridionale, entre Corsavy et la tour
de Batère; on les discerne très-facilement, parce que le granite a la texture
stratifiée du gneiss, et que les filons coupent obliquement les strates de la
roche. Les filons sont généralement peu épais; cependant nous en avons vu
qui pouvaient avoir 10 mètres de puissance et qui se dessinaient à la surface
du sol sur plus de cent pas de longueur. Près de Sournia, il existe également
des filons de granite à grands cristaux. Ces exemples, que nous pourrions,
du reste, multiplier, nous font penser que le granite à gros grains est généralement plus moderne que le granite à grains moyens; il n'est peut-être pas
étranger au soulèvement de la partie orientale des Pyrénées, qui est, nous
l'avons démontré, d'une époque postérieure à l'ensemble de la chaîne.

On trouve fréquemment aussi, au milieu du granite à grains moyens, des
rognons, ou plutôt des fragments (car les arêtes sont anguleuses) de granite
à grains plus fins. Les vallées d'Azun et de Bun, qui servent de communication par la montagne entre celles d'Argelès et d'Ossau, nous ont offert un
grand nombre de blocs contenant de ces fragments.

Le granite des Pyrénées est très-riche en minéraux qui ne sont point essentiels à cette roche.

L'amphibole est extrêmement fréquent; quelquefois, il forme de petits
grains isolés au milieu de la roche. Souvent il remplace en partie le mica, et
le granite passe à la syénite. Cette substitution se remarque : à Tarascon,
dans la vallée de l'Ariége; à Massat, dans la vallée de Soulan; aux environs
de Cauterets et des Eaux-Chaudes.

La tourmaline se montre avec quelque abondance dans les granites des
Pyrénées, beaucoup moins cependant que l'amphibole. Dans la vallée du
Salat, entre Oust et Lacourt, ce minéral est pour ainsi dire partie consti-
tuante du granite, qui passe à un véritable schorl-rock.

Le granite renferme aussi du grenat, de l'épidote, mais assez rarement,
quelques cristaux de prehnite, de la paranthine et du graphite. Le fer sul-

(marginal notes)
Postériorité du granite à gros grains.

Minéraux.

furé s'y trouve avec abondance dans les montagnes qui dominent Bagnères-de-Luchon. Nous ne citons point, dans cette nomenclature, le fer oligiste, la galène, etc., parce que ces minéraux n'appartiennent pas au granite même; ils y sont disséminés en veines et en filons.

Quelques granites, et surtout quelques gneiss, contiennent des veinules de kaolin. Aux environs de Saint-Gaudens, il est assez abondant pour être exploité; il alimente près de cette ville une fabrique de porcelaine. Le kaolin de Saint-Gaudens présente une particularité remarquable : M. Berthier y a trouvé de la lithine, et le feldspath de cette localité paraîtrait ainsi se rapporter en partie au triphane ou au pétalite.

Nous avons dit que le granite forme presque la totalité des terrains anciens des Pyrénées; cependant la proportion du mica, généralement peu abondant, y augmente parfois graduellement; la roche devient schistoïde et le granite présente alors la texture du gneiss. Souvent même, le mica dominant de plus en plus, la roche se transforme en un véritable schiste micacé; cette transformation a lieu principalement au contact des terrains stratifiés, et paraît être le résultat de ce contact, ainsi que nous aurons occasion de l'exposer incessamment. Le gneiss ne constitue donc pas, dans les Pyrénées, une formation indépendante, comme dans les montagnes du centre de la France. Nous devons faire toutefois exception pour le chaînon le plus oriental du Canigou, que l'on désigne sous le nom de *montagne des Albères :* le granite y possède constamment une texture schisteuse, qui le rapproche du gneiss. *Passage du granite au gneiss.*

Il existe une association singulière du gneiss avec le granite dans les montagnes des environs de Bagnères-de-Luchon, notamment à la montagne de Crabioules, aux pics de Quairat, de la Penne, au col de la Baque, près du port d'Oo, etc.; le granite, qui est à grains assez gros, contient des fragments anguleux d'un gneiss très-micacé, de plus de 100 toises cubes de volume. Ces fragments sont disposés d'une manière assez régulière; néanmoins, leur présence est une preuve de la postériorité du granite qui les a empâtés et soulevés. *Gneiss dans le granite.*

Le granite des Pyrénées renferme quelquefois des couches de calcaire. Cette association, que M. de Charpentier a le premier fait connaître, est beaucoup moins fréquente qu'on ne l'avait annoncé. Nous avons vérifié la plupart des points où on l'indiquait; presque toujours l'association des deux roches se réduit à une simple superposition du calcaire sur le granite, ou *Calcaire dans le granite.*

bien à une intercalation du granite dans le calcaire, et non à celle du calcaire dans le granite. Dans quelques localités, comme près de Gavarnie, c'est
une extrémité de couche calcaire qui a été, pour ainsi dire, pincée par deux
masses de granite. Il en résulte que cette disposition remarquable, au lieu
de prouver que le calcaire est primitif, comme quelques géologues le sup-
posent encore, montre, au contraire, que le granite est très-moderne et qu'il
a été introduit après coup dans le terrain.

Toutefois nous croyons qu'il existe des intercalations de calcaire au milieu
du granite dans la partie orientale des Pyrénées, notamment au pont de
Bellegarde (grande route de Perpignan à Barcelone). Nous en avons observé
une pareille dans le schiste micacé des Albères, en allant de Perpignan à
Port-Vendres. Dans ces deux exemples, le calcaire est associé plutôt à la partie
schisteuse des terrains anciens qu'au granite proprement dit; et, comme les
schistes micacés et peut-être même les gneiss sont presque toujours des roches
du terrain de transition modifiées, il en résulterait que le calcaire appartient
également à cette formation. On conçoit cependant qu'il puisse exister du
calcaire primitif, c'est-à-dire formé par expansion; car la chaux est un corps
assez fréquent dans les minéraux cristallisés par voie ignée, et il n'est pas
probable que la masse énorme de carbone entrant dans la composition des
calcaires qui couvrent plus du tiers du globe soit entièrement due à la décomposition de matières organiques. Néanmoins, nous devons avouer que nous
ne connaissons pas une seule localité où l'on puisse affirmer que le calcaire
ait été formé en même temps et par les mêmes causes que le granite. Dans
les montagnes du centre de la France, nous avons vu des calcaires associés
au porphyre; mais nous les avons constamment regardés comme des lambeaux
du terrain de transition empâtés par la roche porphyrique.

Pénétration
du granite
dans le calcaire. Si l'intercalation du calcaire dans le granite est rare, il n'en est pas de même
du phénomène inverse. Il n'existe point une seule vallée des Pyrénées dans
laquelle on ne voie le granite surgir au milieu du calcaire; presque toujours
son apparition est accompagnée du redressement, souvent même de l'altération des couches qui s'appuient sur lui. Mais, outre ces motifs de considérer
le granite comme plus moderne que le calcaire, on trouve des preuves directes
de cette différence d'âge dans l'étude des filons granitiques qui pénètrent au
milieu du calcaire; quelquefois même des masses considérables de calcaire sont
enveloppées dans le granite, et, dans ce cas, la séparation des deux roches

est marquée par un agglomérat calcaire à ciment granitique. Nous allons donner un exemple de ces deux dispositions, également importantes.

Le premier se voit à Saint-Martin, entre le pont de la Foun et le bourg de Sournia, dans le département des Pyrénées-Orientales. Le calcaire qui forme les escarpements du pont de la Foun appartient aux formations crétacées; il contient des traces de dicérates, d'hippurites et de *gryphæa sinuata*. Le calcaire se prolonge jusqu'au massif granitique qui forme les collines de Saint-Martin. A mesure qu'on approche de ce massif, le calcaire, qui était compacte et esquilleux, prend de plus en plus la texture cristalline et devient complétement saccharoïde au contact même du granite. Ce contact est aussi annoncé par de petits filons de granite qui divergent dans le calcaire; nous en avons observé un qui se prolonge jusqu'à 100 mètres et plus[1], dans le sens des couches. En marchant du calcaire saccharoïde vers le filon de granite, on trouve successivement les roches que nous allons décrire.

Filon de granite dans le calcaire.

1° La première est un calcaire saccharoïde ferrugineux, formant des couches réglées, dont la puissance est de 15 mètres environ.

2° Le calcaire ferrugineux est recouvert par une dolomie assez solide, quoique formée par l'agrégation de petits rhomboèdres distincts, non stratifiée et constituant une masse cariée qui peut avoir 12 mètres d'épaisseur. Elle se décompose irrégulièrement et est fortement colorée à la surface, tandis que, dans les cassures fraîches, elle est d'un jaune terne assez clair; on y trouve des veines irrégulières de fer spathique et quelques taches de fer spéculaire. Le fer spathique se distingue, au premier abord, avec difficulté de la dolomie; mais on remarque bientôt qu'il est lamellaire, et la dolomie, grenue.

Dolomie et fer oligiste au contact du granite et du calcaire.

3° A la dolomie succède immédiatement une roche feldspathique très-quartzeuse, qui forme une sorte de filon-couche de 22 mètres de puissance; il est difficile de donner une description exacte de cette roche, qui est probablement le résultat de la pénétration du granite dans le terrain, et formée, par conséquent, d'un mélange d'éléments très-divers. Cette masse quartzeuse ne présente aucune stratification; elle est pénétrée, dans tous les sens, de fer spathique lamellaire, disséminé sous forme de réseau, riche en pyrites et contenant un peu de fer oligiste.

4° Le mélange de dolomie et de fer spathique du n° 3 recouvre la roche

---

[1] *Mémoire sur la position géologique des principales mines de fer des Pyrénées*, par M. Dufré-noy. (*Mémoires pour servir à une description géologique de la France*, t. II, p. 415.)

quartzeuse que nous venons de décrire; il forme une masse de 2 mètres de puissance, et s'appuie sur :

5° Une roche granitoïde non stratifiée, dont la puissance est de 37 mètres. Cette roche est composée de feldspath rose à grandes lames, de mica vert foncé et de quartz gris peu abondant. Elle est mélangée de fer spathique et de fer oligiste écailleux, distribués sous forme de petits nids. Dans les parties qui contiennent ces minerais métalliques, le feldspath est verdâtre et se laisse entamer à la pointe d'acier. On dirait que cette substance a éprouvé une certaine altération.

6° La dolomie apparaît de nouveau, formant comme une salbande épaisse au filon granitoïde n° 5. Celle-ci, dont la puissance est d'environ 12 mètres, est beaucoup moins régulière que les deux précédentes; ses surfaces de contact ne sont point planes : elle pénètre un peu dans le filon de granite sur lequel elle s'appuie. Elle contient encore du fer spathique, mais elle est surtout riche en fer oligiste écailleux, disséminé en rognons de plusieurs pouces de puissance.

7° Un calcaire saccharoïde gris clair sépare la dolomie n° 6 de la masse de granite, qui en est distante d'environ 80 mètres.

La localité que nous décrivons montre, outre l'intercalation du granite dans le calcaire, un exemple de l'existence des minerais de fer au contact de ces deux roches; c'est pour cette raison que nous l'avons choisie, quoique nous devions plus loin indiquer avec quelque détail la position singulière des minerais de fer dans les Pyrénées.

Calcaire
dans le granite
à Hellette.

Près d'Hellette, dans le département des Basses-Pyrénées, on voit un exemple de masse calcaire enveloppée par le granite. Le terrain primitif, qui est fort éloigné de cette partie basse des Pyrénées, surgit tout à coup près d'Hasparren, sous forme d'une montagne isolée; il y est représenté par un gneiss, où le feldspath, blanchâtre et terreux, est à l'état de kaolin : ce feldspath forme même dans la roche des veines assez considérables. La colline de Moiné-Mendia, située un peu au S. d'Hellette, est de calcaire saccharoïde; plusieurs carrières ouvertes à différents niveaux donnent la facilité de l'étudier en son entier. Le contact immédiat du calcaire et du gneiss à la partie inférieure de la montagne est masqué par d'épaisses fougères, mais il n'en est pas moins certain. La grande route d'Hellette, tracée au pied même de la colline, est entièrement sur le gneiss, et le calcaire n'en est séparé que par un faible intervalle. Le calcaire est couronné par un beau granite à gros cristaux; le contact immédiat des deux roches est visible dans plusieurs carrières. La masse calcaire est donc encaissée dans le terrain primitif, comme le serait un vaste bloc cerné de tous côtés par ce terrain; en outre, plusieurs veines d'une roche blanche, à la fois feldspathique et quartzeuse, divergent de la masse de granite et cloisonnent le calcaire, comme l'indique la figure 10. Quelques-unes de ces veines paraissent isolées, mais elles se rattachent sans doute par derrière à la masse du granite.

Fig. 10.

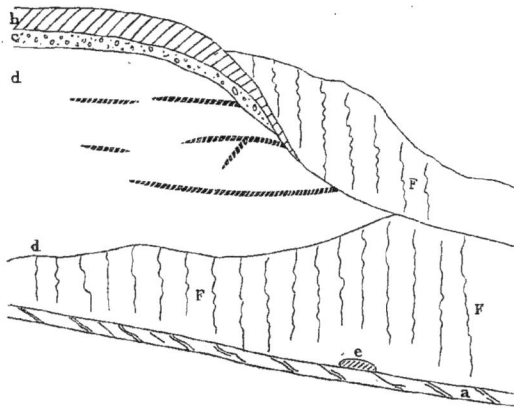

Colline de Moiné-Mendia, près Helletle (Basses-Pyrénées).

a. Sentier dans lequel affleure le gneiss.
b. Granite.
c. Brèche.
d. Calcaire.
e. Ophite.
F. Pentes couvertes de fougères.

La ligne de contact du calcaire et du granite est marquée par une véri- Brèche calcaire table brèche, composée de fragments calcaires et d'une pâte de granite im- au contact parfait, mais reconnaissable à ses cristaux de feldspath. On voit, en outre, du granite. la pâte prédominer de plus en plus et passer au granite, qui recouvre la brèche, de même que cette roche, à sa partie inférieure, se fond dans le calcaire. La couche arénacée, qui a environ 2 mètres de puissance, peut donc être regardée comme un véritable tuf granitique; les fragments calcaires qu'elle renferme montrent avec évidence que le granite lui est postérieur. La contrée est tout entière formée par le terrain de craie, et il est, par suite, probable que le calcaire de Moiné-Mendia appartient à ce même terrain.

Ce calcaire est d'un blanc grisâtre, à grandes facettes, comme le marbre de Paros, et exhale, quand on le brise, une forte odeur empyreumatique. Il est accompagné de plusieurs substances minérales, dont la plus commune est un graphite disséminé en petites paillettes hexagonales comme le mica. On y voit, en outre, du talc lamelleux d'un beau vert d'émeraude, du mica argentin, de l'amphibole blanc et soyeux, de la chaux fluatée violette, de l'hématite rouge et quelques cristaux de fer sulfuré dodécaèdre. Plusieurs de ces substances, notamment le graphite et le talc, se retrouvent et dans les veinules feldspathiques qui traversent le calcaire, et dans le granite qui le recouvre.

Au pied de la colline, on voit une masse d'ophite qui surgit à travers le gneiss. La présence de cette roche nous fait rapporter à son apparition le soulèvement de la montagne ancienne d'Hasparren, qui est, relativement à la chaîne granitique, dans une position entièrement anomale. Cette opinion est confirmée par la direction du gneiss, dont les strates se dirigent E. 10°N., direction assez éloignée de celle de la chaîne des Pyrénées et se rapprochant, au contraire, beaucoup de celle qui a relevé les terrains tertiaires. La montagne de Moiné-Mendia se rapporterait donc, comme celle des Trois-Couronnes, à l'époque du Canigou.

Dans les deux exemples qui précèdent, le contact du granite et du calcaire est marqué par un changement de texture dans le calcaire, qui de compacte est devenu saccharoïde. A cette altération presque constante se joint la présence de nombreuses espèces minérales. Nous en avons déjà cité quelques-unes à Hellette; il en existe encore plusieurs autres que nous aurons occasion d'indiquer par la suite. Deux surtout, la couzéranite et la macle, sont presque inséparables de cette ligne de contact : la première se trouve dans le calcaire, tandis que la macle appartient aux couches schisteuses reposant sur le granite.

Schiste micacé.   Le schiste micacé est assez abondant dans les Pyrénées. M. de Charpentier, qui n'a pas cru devoir distinguer le gneiss, a donné une teinte particulière au schiste micacé dans la carte qui accompagne sa description géologique des Pyrénées. Néanmoins, tout en le décrivant comme un terrain particulier, il reconnaît qu'il présente un passage au terrain de transition. « Le « schiste argileux, dit-il, me paraît être au schiste micacé ce que le calcaire « compacte est au calcaire grenu [1]. » Cette phrase exprime d'une manière très-

_____
[1] *Essai sur la constitution géognostique des Pyrénées*, par M. de Charpentier, p. 188.

exacte la relation des deux roches. En effet, le calcaire compacte devient grenu à mesure qu'il s'approche du granite, et le schiste micacé, placé dans des conditions analogues, paraît le résultat de l'altération des couches schisteuses recouvrant immédiatement le granite.

Le schiste micacé est associé au schiste talqueux, au calcaire, au schiste siliceux et au schiste argileux luisant. Les deux derniers constituent les couches les plus modernes, celles qui forment le passage au schiste argileux de transition bien caractérisé ; ce sont, si l'on peut s'exprimer ainsi, des couches métamorphisées à demi, tandis que les autres ont subi une altération complète. Le calcaire se trouve à tous les étages ; saccharoïde lorsqu'il est intercalé dans le schiste micacé (ce qui est très-fréquent), il est simplement esquilleux et légèrement grenu, quand il alterne avec le schiste argileux luisant. La présence de cette roche est peut-être la preuve la plus positive du passage du schiste micacé au terrain de transition. En effet, le calcaire est ailleurs une exception dans le schiste micacé, tandis que, dans les Pyrénées, il y est habituel. De plus, si l'on compare la composition de cette formation avec celle du terrain de transition, on trouve que, sauf l'état cristallin des roches, la relation des couches y est toute pareille. L'abondance du schiste micacé, quand le granite est recouvert par les formations crétacées qui ne contiennent que rarement des couches schisteuses, est également une présomption pour admettre cette origine du schiste micacé ; car il se trouve là seulement où existent les éléments nécessaires pour le former.

Roches associées au schiste micacé.

La position du schiste micacé à la séparation des roches cristallines et des terrains de sédiment le rend le gisement naturel des substances qui se développent d'ordinaire à cette ligne de contact; aussi constitue-t-il la formation la plus riche en minéraux : les macles, le grenat, l'amphibole, la tourmaline, s'y trouvent en grande abondance; on y rencontre la plupart des gîtes métallifères nombreux, mais peu riches, des Pyrénées.

Abondance de minéraux dans le schiste micacé.

La surface que le schiste micacé recouvre dans les Pyrénées est d'une très-faible étendue. Il forme une bande étroite placée à la séparation du granite et du terrain de transition; et, comme la limite de ces terrains est presque insaisissable, nous avons coloré le schiste micacé, dans le peu de points de la chaîne où nous l'avons indiqué, comme du terrain de transition modifié.

TERRAIN DE TRANSITION.

Le terrain de transition est, sans aucun doute, le plus étendu de ceux qui entrent dans la constitution des Pyrénées. On le rencontre sans interruption, depuis une extrémité de la chaîne jusqu'à l'autre, sous forme d'une bande très-large qui entoure les îlots granitiques et les sépare des terrains secondaires. Il s'élève, par conséquent, jusqu'aux crêtes les plus escarpées et compose, à peu d'exceptions près, le faîte de toute la chaîne centrale. Son épaisseur est proportionnée à son étendue; elle est considérable. On peut en juger, quand on descend les vallées transversales qui, pour la plupart, coupent ses couches perpendiculairement à leur direction, souvent sur une longueur de cinq à six lieues. Cette puissance n'est pas, il est vrai, celle du terrain même, dont les couches présentent plusieurs plis; mais ces plis ne sont pas très-nombreux.

Forme des montagnes. La forme et l'aspect des montagnes du terrain de transition varient, d'une part, avec la roche qui les compose ou y domine, et, de l'autre, avec leur situation par rapport à la chaîne centrale.

Les montagnes de schiste argileux et de grauwacke schisteuse ont ordinairement une forme allongée, des sommités arrondies, des pentes douces, régulières, couvertes de terre végétale, qui, dans les circonstances favorables, offrent une végétation vigoureuse. Les montagnes de la vallée d'Oueil, celles des environs de Peyresourde, de l'Arboust et de Sainte-Marie dans la vallée de Campan, etc., affectent cette disposition d'une manière très-marquée.

Les montagnes ont un tout autre aspect, lorsqu'elles sont fort élevées et dépendent des hautes régions voisines du faîte de la chaîne. Leur sommité forme alors une arête tranchante, hérissée de pics et de rochers nus; leurs pentes sont rapides, pelées, sillonnées par de profonds ravins et coupées par de brusques escarpements. Les montagnes du port de Vénasque, du port de Campbiel, etc., nous fournissent des exemples de cette disposition.

Montagnes calcaires. Il existe de très-grandes différences entre les montagnes calcaires, suivant l'état cristallin de la roche. Elles présentent, dans le cas le plus ordinaire, de grandes masses dont les pentes sont rarement continues et uniformes; celles-ci sont communément interrompues par des escarpements qui cependant ne sont ni aussi considérables, ni aussi réguliers que ceux des montagnes de calcaire secondaire.

Lorsque la déclivité du sol ne porte obstacle ni à la formation, ni à la conservation de l'humus, et que les influences météoriques ne sont pas contraires à la végétation, ces montagnes calcaires sont recouvertes de riches prairies ou de forêts dont la vigueur atteste la bonté du sol. Toutefois cette fertilité n'existe que si la roche est associée aux roches schisteuses. Les montagnes exclusivement calcaires sont, au contraire, presque toutes d'une stérilité formant le plus triste contraste avec la belle verdure de leurs voisines; la rive droite de la vallée de Campan en offre un saisissant exemple. Cette stérilité augmente encore avec la texture cristalline de la roche ; mais, dans ce cas, c'est à la nature seule du calcaire qu'on doit l'attribuer, car les montagnes de calcaire saccharoïde, en général arrondies à la manière de celles du granite, sont couvertes d'une couche sablonneuse que les pluies déplacent difficilement. Il est probable que cette stérilité tient à ce que le calcaire saccharoïde est en partie à l'état de dolomie, et l'on connaît, par de nombreuses observations, la fâcheuse influence de la magnésie sur la culture.

Le terrain de transition des Pyrénées n'admet pas de divisions semblables à celles que nous avons indiquées dans ceux de la Bretagne et de la Normandie. Ses couches alternent dans un ordre très-indistinct, et leur alternance est parfois tellement réitérée qu'il serait impossible d'y établir d'autre distinction que celle de la nature des roches. D'après la direction E. N. E. que présente le terrain dans quelques vallées où l'ancienne stratification n'a point été altérée par de nombreuses dislocations, on doit le ranger dans l'étage le plus inférieur de la formation, c'est-à-dire dans l'étage cambrien. La nature des roches et surtout celle des fossiles s'accordent avec cette manière de voir, que justifie aussi la comparaison du terrain de transition des Pyrénées avec celui de la Montagne-Noire. Nous avons, en effet, montré que ce dernier correspond aux assises cambriennes, et l'analogie de caractères des deux terrains est si complète, qu'on ne peut douter que, continus à une certaine époque, ils n'aient été séparés par le soulèvement des Pyrénées.

L'identité du terrain de transition sur toute la longueur de la chaîne nous permettra d'être assez court dans notre description; il nous suffira, après en avoir fait connaître les principales roches, d'indiquer deux ou trois coupes

Terrain cambrien.

prises dans des positions éloignées et comprenant entre elles l'ensemble des diverses assises.

Nature des roches.

Les roches qui composent essentiellement le terrain de transition des Pyrénées sont la grauwacke schisteuse, le schiste argileux, le schiste siliceux et le calcaire. Cet ordre, qui est à peu près celui de l'ancienneté, devrait presque être renversé si l'on voulait tenir compte de l'importance des roches; car le schiste argileux et le calcaire dominent de beaucoup, et pourraient même être considérés comme les seuls éléments essentiels du terrain, les autres n'étant, pour ainsi dire, qu'en couches subordonnées. Nous devrions ajouter à cette nomenclature le schiste micacé, le schiste talqueux et le schiste maclifère, qui, appartenant également au terrain de transition, doivent leur texture cristalline au contact du granite.

Grauwacke schisteuse.

La grauwacke schisteuse est noire, pailletée de lames de mica. Elle ressemble assez au schiste micacé; mais elle n'a point cet éclat brillant, propre au mica cristallisé. De plus, les paillettes étant disposées, à la manière des galets, dans le sens de la stratification, la grauwacke, luisante dans ce sens, est terne dans la cassure transversale. Les feuillets sont communément plissés et ondulés. Les ondulations sont souvent très-petites, extrêmement rapprochées, et, comme elles s'étendent toutes dans le même sens, elles donnent à la roche un aspect rayé et même fibreux. Cette grauwacke passe au schiste argileux et se confond même avec lui. Quelques couches sont lie de vin; mais le noir bleuâtre est de beaucoup la couleur dominante. La grauwacke schisteuse est assez rare; et, comme elle appartient à la partie inférieure de la formation, sa position est peut-être même une cause de sa rareté, parce que, étant plus fréquemment que toute autre en contact avec le granite, elle est, dans la plupart des circonstances, transformée en schiste micacé. Elle est ordinairement subordonnée au schiste argileux; cependant on la rencontre quelquefois intercalée dans le calcaire de transition blanc et grenu, comme à la *Pèna Blanca de Vénasque*, au *Plan d'Aigouillat*, à *Notre-Dame de Mont-*

Empreintes végétales dans la grauwacke.

gairy, etc. La grauwacke contient quelquefois des empreintes végétales. Il en existe au pied de la Maladetta, à la cabane des Étangs. M. de Charpentier y indique des impressions de tiges cannelées, articulées, provenant de plantes monocotylédones, et principalement de roseaux. Ce savant géologue a recueilli des tiges qui, sur deux pouces de large, n'avaient qu'une ligne d'épaisseur. Elles étaient complétement changées en anthracite; leurs surfaces, fendillées dans tous les sens, étaient recouvertes, ainsi que les fissures, par du talc argentin.

Le schiste argileux présente de nombreuses variétés, parmi lesquelles nous ne décrirons que le schiste argileux satiné et le schiste ardoise ou schiste tégulaire.

Schiste argileux.

Le premier est la variété la plus ordinaire. Il est, en général, d'un gris verdâtre, à feuillets très-minces, un peu ondulés, quelquefois fibreux, se laissant rarement fendre en dalles grandes et minces, mais se délitant spontanément en fragments pseudo-rhomboïdaux irréguliers. Cette variété ne contient ni paillettes de mica, ni grains de quartz, à moins qu'elle ne soit en contact avec la grauwacke schisteuse. Elle est ordinairement luisante, satinée, et passe au schiste talqueux. Cette roche, qui forme la base du terrain de transition des Pyrénées, rappelle identiquement les schistes cambriens de Bretagne et de Normandie, notamment ceux de Saint-Lô, des environs de Bayeux, de Vire et des côtes de la Manche, depuis Granville jusqu'à Cancale.

Le schiste ardoise est d'un noir grisâtre, quelquefois tirant sur le vert, à feuillets minces communément plans; il est peu éclatant. Plus tendre que le précédent, il se laisse fendre en dalles grandes et minces. L'ardoise qu'il fournit est de qualité bien inférieure à celle d'Angers; elle est, en général, plus épaisse et s'altère plus facilement à l'air. Fréquemment mélangée de paillettes de mica, elle alterne avec le schiste argileux ordinaire et même avec la grauwacke schisteuse.

Schiste ardoise.

On ne connaît point dans les Pyrénées d'argile schisteuse proprement dite; mais on y voit des schistes verts très-tendres, passant au schiste coticulaire. Leur cassure, schisteuse en grand, est généralement conchoïde et même légèrement esquilleuse. Cette roche, peu abondante, est associée avec le schiste argileux, au milieu duquel elle est intercalée.

Les schistes argileux sont riches en pyrite, dont la décomposition les transforme souvent en schistes alumineux. Quelquefois ils passent, par un mélange de graphite, au schiste graphique.

Le schiste siliceux n'est autre chose que le quartz noir connu sous le nom de *pierre lydienne*. Il est presque toujours traversé de petits filons de quartz blanc-laiteux. Il forme des couches communément peu épaisses, et souvent même de simples rognons au milieu du schiste argileux, rarement dans le

Schiste siliceux.

calcaire. Sa couleur noire le ferait confondre avec le schiste argileux, si sa dureté ne révélait constamment sa présence. Inaltérable à l'air, tandis que le schiste argileux se délite aisément, il forme, au milieu de ce dernier, des stries parallèles ou des arêtes saillantes très-souvent fort contournées. Le schiste siliceux est très-fréquent, sans être très-abondant. La présence de cette roche offre une ressemblance de plus entre le terrain de transition des Pyrénées et le terrain cambrien de la Normandie, où l'on voit, notamment entre Saint-Lô et Perriers, de nombreuses couches de schiste siliceux intercalées dans le schiste bleu satiné.

Calcaires.　　Le calcaire varie beaucoup, suivant son état plus ou moins cristallin et sa texture plus ou moins schisteuse; mais, le premier de ces caractères dépendant presque uniquement du degré de voisinage des granites, nous le laisserons, quant à présent, de côté. Il n'en est pas de même de la texture schisteuse, qui est, en général, due à un mélange de schiste argileux intime ou partiel. Nous distinguerons donc, dans le calcaire de transition des Pyrénées, deux variétés: le *calcaire compacte* et le *calcaire schisteux entrelacé*.

Calcaire compacte.　　Le calcaire compacte est ordinairement d'un gris cendré ou d'un gris noirâtre; quelquefois cependant il est rougeâtre et, dans ce cas, nuancé de blanc, tacheté ou flambé. Le calcaire gris possède une cassure esquilleuse, passant presque toujours à la cassure grenue. Le calcaire rouge est conchoïde, très-esquilleux, ordinairement associé à des schistes talqueux, qui sont en contact immédiat avec le granite; tel est le calcaire des environs de Prades et celui de Cierp, dans la vallée de Luchon. Dans les schistes argileux satinés, le calcaire est demi-cristallin; il devient entièrement saccharoïde, lorsqu'il alterne avec des schistes micacés. Le calcaire de transition forme ordinairement des couches peu épaisses, séparées par du schiste argileux; mais, ces couches étant nombreuses, il paraît très-puissant. Néanmoins, il est rare qu'on puisse y trouver de beaux blocs de marbre sans mélange de schiste; les exploitations de marbre statuaire sont, pour la plupart, ouvertes dans le calcaire jurassique, où les couches sont beaucoup plus épaisses que dans le terrain de transition.

Calcaire schisteux.　　L'alternance des couches calcaires et schisteuses est parfois tellement intime, surtout à la partie inférieure du terrain, que le calcaire peut se fendre en dalles de variable épaisseur. Ce calcaire, ordinairement compacte et esquilleux, a la teinte du schiste, tantôt verdâtre, tantôt fortement coloré en rouge par l'oxyde de fer. Une variété des calcaires schisteux a reçu le nom de *calcaire entrelacé;* le schiste et le calcaire, au lieu d'alterner par petites couches, forment un mélange intime au milieu duquel le calcaire constitue généralement des nodules plus ou moins arrondis, enveloppés de schiste. Cette disposition donne à la roche une structure qui, rappelant celle des amygdaloïdes, l'a fait désigner sous le nom de *calcaire amygdalin.* La diffé- rence de couleur du schiste et du calcaire donne à ces amygdaloïdes, lors- qu'elles sont polies, un aspect très-agréable et les fait rechercher comme marbres d'ornement. Les marbriers les désignent sous le nom de *marbre griotte,* quand le schiste qui accompagne le calcaire est rougeâtre, et de *marbre Campan* (nom de la vallée où on l'exploite), lorsque ce schiste est coloré en vert.

Marbre de Campan.

En examinant ces marbres avec attention, on reconnaît que la plupart des amandes calcaires ne sont autre chose que des moules de nautiles. Les fos- siles, empâtés par le schiste, sont devenus des centres de cristallisation pour le carbonate de chaux qui les a remplacés. Dans quelques échantillons, on voit assez distinctement la forme spirée des nautiles, et quelquefois même les cloisons qui leur sont particulières. D'ordinaire, la présence de ces corps n'est indiquée que par la convexité de la cassure ou par des taches arrondies, mouchetées de diverses couleurs. Dans la plupart des carrières, le marbre Campan n'offre plus aucune trace de fossiles, et rien n'y rappellerait leur existence, si l'on ne pouvait suivre, par des dégradations insensibles, le passage des nodules, présentant des formes évidentes d'êtres organisés, aux taches allongées, de figure indistincte. Ces calcaires amygdalins, longtemps associés aux terrains anciens, sont donc aussi riches en fossiles que les cal- caires secondaires; ils doivent leur structure particulière à l'abondance des nautiles autour desquels la chaux carbonatée est venue se déposer. Le schiste qui les accompagne est ordinairement talqueux, et le calcaire lui-même est presque toujours cristallin.

Nautiles.

Le marbre Campan ne forme pas de couches puissantes; elles ont au plus deux ou trois pieds d'épaisseur, et l'ensemble des couches à nautiles en a rarement plus de vingt. Néanmoins cet accident, si remarquable dans les terrains de transition des Pyrénées, se retrouve dans la plupart des vallées transversales; il y occupe une place à peu près constante, au-dessus des grauwackes et des schistes.

Fossiles.

A l'exception des nautiles que le marbre Campan renferme en si grande profusion, les fossiles sont peu nombreux dans le terrain de transition des Pyrénées. On y trouve cependant des orthocères, des polypiers et surtout des encrines. Ce dernier genre de fossiles est assez fréquent; il existe à la fois dans le schiste argileux et dans le calcaire, mais beaucoup plus abondamment dans le calcaire que dans le schiste.

Ordre
de
superposition
des couches
du terrain
de transition.

Les diverses roches que nous venons de décrire alternent dans un ordre fort indistinct; cependant on peut dire que, en général, la grauwacke forme les couches inférieures, que l'assise moyenne est constamment composée d'alternances réitérées de schiste argileux et de calcaire, et que le calcaire domine dans la partie supérieure. La limite entre ces trois assises n'est point tranchée; on peut même dire qu'il n'en existe pas. Cependant l'ordre que nous venons d'indiquer se retrouve dans toutes les vallées qui coupent la chaîne perpendiculairement à sa direction. Il confirme la loi générale qui a présidé au dépôt des terrains de sédiment, et en vertu de laquelle leur base est formée de roches arénacées; car on peut regarder la grauwacke schisteuse comme appartenant à cette classe de roches. Pour mieux montrer cette disposition et pour faire connaître plus complétement le terrain de transition des Pyrénées, nous allons indiquer la succession des couches dans quelques vallées de la chaîne.

Pyrénées-
Orientales.

La partie inférieure du terrain de transition ne paraît point exister dans les Pyrénées-Orientales; du moins on n'y observe point de grauwacke, et les couches les plus anciennes qu'on y rencontre sont des schistes et des calcaires alternant en couches peu épaisses. Dans la vallée de la Tèt, le terrain de transition s'appuie sur le massif granitique du Canigou; le granite y pénètre plus ou moins profondément et le réduit parfois à une simple pellicule. Entre Montlouis et Villefranche, les schistes, qui ont une assez grande épaisseur, sont verts et talqueux. A Prades, où l'on voit à chaque instant le contact immédiat du schiste et du granite, le schiste est vert, satiné et même fibreux. Il est traversé par des veinules feldspathiques qui se détachent du granite; ces veinules courent en tous sens, s'introduisent quelquefois entre les couches de schiste, mais plus fréquemment encore les coupent transversalement aux feuillets, preuve directe de leur postériorité et, par suite, de celle du granite. Le schiste contient, en outre, des amas de fer oligiste, de fer oxydé rouge et de fer spathique. Quelques-uns de ces amas sont riches et exploités pour la forge de Ria, située à une lieue de Prades. La stratification est fort régulière; les couches, presque verticales, se dirigent E. 10° S. — O. 10° N., direction très-rapprochée de celle des Pyrénées. Le schiste vert est fort peu épais. Il passe à un marbre Campan dont les nodules calcaires sont cristallins; leur forme arrondie rappelle celle des nautiles, mais nous n'avons pu y découvrir aucune trace d'organisation. A ce calcaire succède un calcaire à la fois esquilleux et légèrement grenu, traversé par des veinules de schiste argileux verdâtre et rougeâtre. La masse de la montagne qui s'élève au-dessus de Villefranche est formée de ce calcaire; on y voit des couches, à épaisseur variable, d'un marbre composé de nodules calcaires et de schiste argileux rougeâtre. Dans les cassures fraîches, on n'aperçoit que très-rarement des vestiges d'organisation; quelques surfaces courbes et recouvertes d'un enduit rougeâtre indiquent seules à un œil exercé les traces des moules de nautiles. Dans les fragments longtemps exposés à l'action de l'air, comme ceux qu'on ramasse en tas dans les prairies voisines du village de Sirach, la partie cristalline qui remplace le test et les cloisons des nautiles a présenté plus de résistance à la décomposition et laisse distinctement reconnaître ces corps organisés. Le calcaire esquilleux, dont la base seule contient le marbre Campan, montre des orthocères, des polypiers et plusieurs espèces d'encrines.

Le calcaire esquilleux se trouve en abondance dans cette partie de la chaîne des Pyrénées. Il forme en partie le petit massif montagneux des Corbières, dont nous avons déjà fait connaître la composition; il y est caractérisé par la présence des orthocères. Du reste, l'ancienneté de ce calcaire est mise hors de doute par la présence de deux petits bassins houillers qui le recouvrent à Tuchan et à Durban.

La vallée de Luchon nous fait connaître les premières assises du terrain de transition des Pyrénées. A la cabane des Étangs, au pied de la Maladetta, on trouve quelques couches d'une véritable grauwacke à grains discernables, composée de très-petits galets de quartz hyalin et de quartz noir reliés par un ciment de schiste talqueux. Elle est immédiatement recouverte par la grauwacke schisteuse, qui contient des impressions végétales, et que nous avons déjà citée en décrivant les roches du terrain de transition. A la grauwacke schisteuse succèdent des couches puissantes de schiste argileux alternant avec des couches calcaires. Le granite de la Maladetta qui surgit de ce

Vallée de Luchon.

18.

terrain a fortement replié les couches sur elles-mêmes, et il s'est ainsi formé, au pied de la montagne, une petite vallée longitudinale qui la sépare de la chaîne principale. Par suite de cette disposition, le granite est successivement en contact avec les différentes strates du terrain, et ces dernières sont toutes, jusqu'au col de Vénasque, plus ou moins altérées. Leur direction E. 6° N. s'écarte beaucoup de celle de la chaîne; mais elle est en rapport avec celle du massif de la Maladetta, qui court sensiblement E. — O. Le schiste qui forme cette vallée longitudinale est entièrement talqueux, et le calcaire, saccharoïde; mais ces deux roches reposent sur les couches à impressions végétales, et leur association au terrain de transition ne peut faire l'objet d'aucun doute. Le calcaire, malgré son état cristallin, a conservé la texture du schiste avec lequel il est mélangé.

Fig. 11.

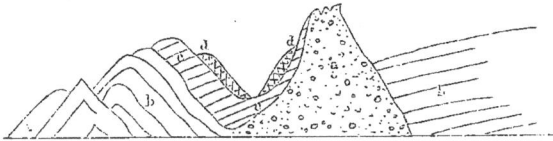

Coupe en travers de la Maladetta.

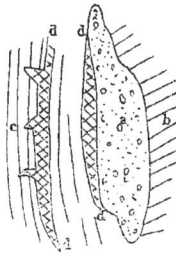

Plan en long.

a. Granite.　　　　c. Calcaire schisteux.
b. Schiste.　　　　d. Dolomie.

Dolomie de la Maladetta. Le calcaire saccharoïde renferme de la dolomie, qui s'y ramifie en tous sens, du moins jusqu'à une certaine profondeur. La dolomie présente en petit une grande irrégularité; mais, prise en son ensemble, elle forme une bande d'une remarquable continuité dans le sens de la stratification et d'une direction presque parallèle à la Maladetta. Elle constitue la crète de la petite vallée qui longe 'la montagne, et s'élève à une assez grande hauteur sur le pied de cette dernière. La teinte rougeâtre de la dolomie et son défaut de stratification la font reconnaître à distance, de sorte qu'on suit facilement ses ramifications dans le calcaire saccharoïde.

Les couches plongeant vers la Maladetta, on retrouve, au col de Vénasque même, c'est-à-dire à la crète qui surmonte la vallée de Luchon, quelques couches de grauwacke schisteuse recouvertes immédiatement par un schiste argileux, luisant, d'un gris verdâtre, très-clair, et passant au schiste talqueux. Sur ce revers de la chaîne, les couches sont très-régulières et présentent à très-peu près sa direction normale; elles courent O. 20° N., faisant ainsi un angle de 20° avec la ligne E. — O., au lieu de 16°, qui est celle des crètes. L'assise schisteuse est fort épaisse; elle se prolonge jusqu'au delà de l'hospice de Luchon, point où elle passe à la grauwacke schisteuse micacée. A cette assise succèdent alors des strates alternatives de schiste bleuâtre, de schiste siliceux, de calcaire schisteux et saccharin. Cet ensemble de couches, qui appartient à la partie moyenne du terrain de transition, se prolonge jusqu'à la jonction de la vallée du Lys et de la vallée de la Pique, où le granite émerge de nouveau et constitue un massif qui s'étend jusqu'à Luchon. La séparation du granite et du terrain de transition n'est point brusque; elle a lieu par l'intermédiaire du schiste micacé, qui forme une croûte peu épaisse sur les deux revers du massif granitique, c'est-à-dire au N. de Luchon et au S. de la vallée du Lys. Ce schiste micacé alterne avec un calcaire saccharoïde contenant des grenats et avec un schiste très-dur, à bandes parallèles, qui n'est autre chose que le schiste siliceux modifié.

Au-dessous de Luchon et jusqu'à Cierp, le calcaire est plus développé; il perd la texture cristalline qu'il possédait dans le haut de la vallée, devient compacte, esquilleux, d'un gris bleuâtre, et est traversé par des filons de calcaire blanc. On y voit des encrines rondes, forées au centre; mais ces fossiles sont assez rares et se distinguent difficilement dans les cassures fraîches. Le calcaire alterne avec des schistes bleuâtres qu'on exploite sur quelques points, mais qui fournissent toujours des ardoises de qualité inférieure. Cette partie de la formation qui représente l'assise supérieure du terrain de transition finit à Cierp. Près de ce bourg, le granite se montre de nouveau et fait surgir des couches un peu plus profondes du terrain de transition.

Col de Vénasque.

Calcaire de Cierp.

Le calcaire de Cierp est associé avec le schiste et fournit du marbre Campan où l'on distingue encore quelques nautiles. Il présente des contournements très-remarquables, signalés depuis longtemps par M. Palassou dans son *Essai sur la minéralogie des monts Pyrénées*, et qu'il a dessinés dans la planche XII de cet ouvrage. Le schiste qui accompagne le calcaire est talqueux.

Vallée
de Baréges.
La vallée de Baréges, prise dans toute sa longueur depuis les environs de Gavarnie, présente une succession de couches où l'on reconnaît complétement celles de la vallée de Luchon, pourvu toutefois qu'on fasse abstraction des retours de couches occasionnés par les plis de terrain. Dans le haut de la vallée, le calcaire domine, de sorte que l'ordre paraît interverti; mais cette apparente anomalie tient au plissement que nous venons de signaler; ce n'est qu'à partir de Pragnères que la succession des couches devient régulière. Néanmoins nous allons donner quelques détails sur le haut de cette vallée, où l'on observe sur une longueur considérable le contact du calcaire et du granite et où ce contact est constamment marqué par l'état cristallin du calcaire. Le granite, qui ne se montre en aucun point de la vallée d'Argelès, apparaît au village de Gèdre et forme d'abord le bas de la vallée; peu à peu il s'élève dans l'escarpement qui la borde, et partout il est recouvert par le calcaire

Contact
du calcaire
et du granite.
qui constitue les cimes; sur toute la ligne de contact, on observe une zone blanche contrastant singulièrement avec les parties supérieures de l'escarpement, qui sont d'un gris foncé. Immédiatement au contact, le calcaire est complétement lamellaire, riche en pyrite de fer, en grenats rouge clair assez abondants; on y voit des pellicules de fer micacé. C'est probablement aussi dans cette position que l'on a trouvé différentes substances minérales indiquées dans les collections comme provenant de Gèdre, telles que l'épidote, la prehnite et la galène. A quelques pieds de la surface de jonction des deux roches, le calcaire n'est plus que saccharoïde, mais il conserve sa texture sur une assez grande épaisseur; il passe au calcaire, qui forme le sommet des escarpements par une dégradation continue; on peut donc recueillir, dans les débris qui en sont tombés, des échantillons dont l'état cristallin varie depuis le calcaire lamellaire jusqu'au calcaire compacte légèrement grenu. Les teintes suivent la dégradation de l'état cristallin; le calcaire, complétement blanc quand il est lamelleux, devient successivement blanc avec légère teinte de gris, puis gris clair et gris foncé. Les pyrites et les grenats se trouvent presque exclusivement dans le calcaire lamellaire. Malgré son état

cristallin, la roche a conservé en partie la texture schisteuse qu'elle devait à
son association avec le schiste. C'est même principalement dans le sens de la
stratification que sont disposés les cristaux de pyrite et les grenats; ils y sont
mêlés avec des paillettes de talc argentin.

Le calcaire stratifié, qui s'était tenu exclusivement sur les parties les plus
hautes de l'escarpement gauche de la vallée, descend, au hameau d'Adagas
(2 kilomètres en aval de Gavarnie), presque au bas du torrent, et une pointe
de la roche est prise entre les masses granitiques.

Calcaire
enclavé
dans le granite.

Fig. 12.

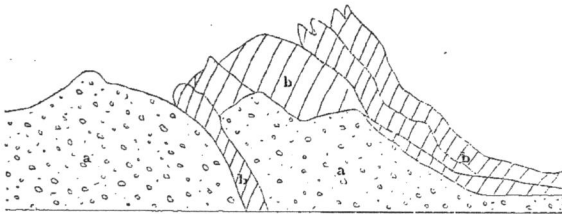

Vallée de Gavarnie.

a. Granite.   b. Calcaire.

Au premier abord, on dirait une couche de calcaire enclavée dans le granite; mais on voit, en examinant simultanément les deux côtés de la vallée,
qu'elle appartient au terrain de transition. Cette masse calcaire peut avoir
près de 100 mètres de puissance dans sa plus grande largeur; elle présente
encore une disposition schistoïde, qui montre que ses couches sont verticales.
Ses parties externes sont complétement lamellaires, tandis que le centre est
un calcaire saccharoïde blanc, se délitant par plaques. On y observe, comme
dans le calcaire qui forme la zone de contact du granite, des cristaux de pyrite, des grenats et même de petites lames hexagonales de graphite.

A la sortie de Pragnères, on trouve, en descendant la vallée, des schistes
argileux bleuâtres, satinés, où les macles abondent; ils alternent avec des
calcaires esquilleux, demi-saccharoïdes, et des schistes siliceux. Cette succession de couches a lieu quelquefois par lits très-minces, de sorte qu'on
voit des bandes alternatives des trois roches, qui donnent à l'ensemble une
structure rubanée. Ces couches se prolongent jusqu'au Pas de l'Échelle. Mais
après le Pont de Sia, le schiste siliceux change de nature, les bandes sili-

Entre
Pragnères
et Pierrefitte.

ceuses sont remplacées par une roche très-dure, esquilleuse, qui contient
Schiste siliceux
maclifère. une énorme quantité de macles, tantôt parfaites, tantôt indiquées seulement
par des lignes saillantes noires. La direction de ces couches n'est pas constante; elle oscille de E. 5° S. à E. 20° S.; mais la direction moyenne est
E. 12° S., angle un peu moins ouvert que celui de la chaîne. Peut-être cette
déviation et les caractères particuliers du schiste siliceux sont-ils en rapport
avec la proximité du granite qui se trouve dans la vallée de Cauterets. Les
roches maclifères se montrent jusqu'au pont de l'Artigue, après lequel le
schiste siliceux reprend ses caractères habituels. Après le Pas de l'Échelle,
le schiste siliceux fait place à une alternance de schiste et de calcaire en
couches assez épaisses, qui occupe les deux côtés de la vallée jusqu'aux bains
de Saint-Sauveur. Près de l'établissement thermal, le calcaire est saccharoïde
et même dolomitique; des filons granitiques traversent le terrain de transition au point même d'émergence des sources, et sont évidemment liés à la
présence de la dolomie et du calcaire saccharoïde. A Luz, le schiste passe au
schiste talqueux, se mêle avec le calcaire et donne lieu à un marbre Campan
très-imparfait. Quelques échantillons pris hors de place nous font penser
que dans cette localité, comme dans celles que nous avons déjà citées, les
petits rognons calcaires donnant au marbre sa structure entrelacée sont dus à
des nautiles enveloppés par le schiste.

Au-dessous de Luz, la vallée se rétrécit et présente un défilé assez long,
où l'on revoit le schiste siliceux, formant de nouveau une série de strates
très-minces, qui alternent avec le calcaire et le schiste et donnent à la roche
un aspect rubané. Les bandes sont ordinairement très-nettes; quelquefois,
au contraire, elles se fondent ensemble et ne se manifestent que par la décomposition du schiste. Elles présentent de nombreux contournements, conservant cependant le parallélisme des différentes roches, et il est ainsi de
toute évidence que les couches ont été repliées sur elles-mêmes par une forte
compression. Le schiste siliceux cesse entièrement à la réunion des vallées
de Cauterets et d'Argelès; le schiste argileux devient lui-même moins abondant; un calcaire gris, esquilleux, domine, au contraire, dans le bas de la
vallée; il cesse à Lourdes, du moins pour un instant, et fait place au calcaire
à dicérates, qui dépend de la craie. Ce dernier calcaire ressemble, par les
caractères extérieurs, au calcaire de transition, et, à moins d'un examen
attentif, il est aisé de les confondre. Mais, d'une part, ils diffèrent par les

fossiles : le calcaire de transition ne renferme que quelques encrines rares, petites, difficiles à discerner; dans le calcaire à dicérates, au contraire, les fossiles sont nombreux, se détachent en noir sur la pâte gris clair de la roche, où ils forment des espèces de chinures allongées, analogues à celles de certaines étoffes, et ont un test épais, feuilleté et parfaitement conservé. D'autre part, il y a manque presque absolu de roches étrangères au milieu du calcaire à dicérates, tandis que le calcaire de transition est presque toujours associé à des couches de schiste argileux.

Le terrain de transition, qui a conservé la direction propre à la chaîne des Pyrénées, sauf de légères déviations, dans le défilé long et étroit qui règne depuis Pragnères jusqu'à Pierrefitte, change tout à coup d'orientation. A la sortie de ce village, les couches plongent de 80° au S. 15° O. et se dirigent, par conséquent, de l'E. 15° S. à l'O. 15° N.; mais un peu au-dessous, en descendant la vallée, elles prennent la direction E. 25° N. — O. 25° S.; c'est précisément celle qui a marqué la fin des terrains de transition dans la Montagne-Noire. Il est très-remarquable que la ligne de séparation des terrains de transition et de craie, près de Lourdes, suive cette même direction, et l'on en doit évidemment conclure que le terrain de transition des Pyrénées avait été soulevé bien avant l'apparition de cette chaîne, puisque le calcaire crétacé est déposé au pied d'une falaise orientée comme le système qui a produit la Montagne-Noire en creusant une solution de continuité dans les couches de transition. La direction de cette falaise nous confirme aussi dans l'opinion que le terrain de transition appartient, dans les Pyrénées, à l'étage cambrien, c'est-à-dire aux assises inférieures de la formation.

Le terrain de transition que nous venons de décrire remonte dans les vallées latérales de Cauterets et de Baréges. Il forme toute cette dernière vallée, ainsi que le Pic-du-Midi, qui la domine, bien que celui-ci soit presque complétement de schiste micacé. Les couches de la vallée de Baréges sont exactement les mêmes que celles de Luz; elles appartiennent à la partie moyenne du terrain de transition des Pyrénées. Le schiste siliceux y dessine des bandes nombreuses qui nous serviront de guide pour reconnaître le terrain de transition jusque dans ses altérations les plus profondes. A mesure qu'on approche du haut de la vallée, le calcaire et le schiste siliceux sont plus contournés; les couches, qui deviennent presque verticales, forment des pics très-aigus et très-escarpés. Malgré ces contournements, la direction

Direction des couches en rapport avec le système cambrien.

Pic-du-Midi.

des couches subit peu de déviation; elle reste constamment en rapport avec celle de la chaîne, même sur le Pic-du-Midi, où les couches sont à l'état de schiste micacé. Près du lac qui baigne le pied de la montagne et où le voyageur se repose quelques instants avant l'ascension du pic, les couches qui plongent au N. se dirigent E. 18° N. — E. 12° N. Après le lac et sur la pente conduisant au col qui descend dans le vallon d'Arises, plusieurs observations nous ont donné les directions suivantes : E. 10° S., E. 15° S., E. 20° S., E. 22° S., qui oscillent toutes autour de la direction de la chaîne E. 16° S. Nous n'avons vu de directions entièrement anomales qu'au contact même des cinq ou six petits boutons granitiques qui surgissent au milieu du schiste ; mais ces déviations à la règle générale cessent immédiatement avec la cause qui les a produites.

Le schiste micacé du Pic-du-Midi est à mica argentin, en lames très-larges; il passe à un schiste talqueux, qui rappelle celui du Saint-Gothard. On le voit, presque jusqu'au sommet, alterner soit avec un calcaire saccharoïde, dont nous avons observé au moins quatre retours, soit avec une roche maclifère, composée de bandes très-contournées et de natures différentes, les unes très-dures, quartzeuses et talqueuses à la fois, les autres talqueuses **Métamorphisme du terrain de transition.** et maclifères. Quand on suit avec soin ces roches en toutes leurs phases, on reconnaît sans peine, dans les strates talco-quartzeuses, le schiste siliceux des environs de Baréges. Le schiste micacé du Pic-du-Midi, qui montre une succession réitérée de schiste micacé, de calcaire saccharoïde et de schiste maclifère talco-quartzeux, représente donc très-exactement les trois roches ordinaires du terrain de transition, savoir : le schiste argileux, le calcaire et le schiste siliceux. Ce métamorphisme graduel, ainsi que la constance de stratification des couches, quel que soit leur état cristallin, prouvent jusqu'à l'évidence que le schiste micacé du Pic-du-Midi dépend du terrain de transition.

Vallée de Baigorry. Les formations secondaires qui, à l'E. et même dans les Hautes-Pyrénées, s'étaient constamment tenues au pied de la chaîne, du moins sur le versant septentrional, commencent, à partir de la vallée d'Ossau, à gagner la partie moyenne des vallées et, à mesure qu'on avance vers l'O., s'élèvent jusqu'au faîte même des montagnes. Ainsi, dans la vallée du Saison, elles se prolongent jusqu'à Larrau; la crête qui sépare la France de l'Espagne est seule sur le terrain de transition. Ce terrain est un peu plus étendu dans la vallée de

Baigorry, où il redescend jusqu'à une assez grande distance; la mine de cuivre exploitée jadis près de Saint-Étienne-de-Baigorry était ouverte dans le terrain de transition. A cette extrémité O. des Pyrénées, ce terrain n'est plus représenté que par des schistes argileux verts.

TERRAIN HOUILLER.

Il existe à quelques lieues au N. de Perpignan deux petits bassins houillers très-circonscrits, l'un à Ségure, près Tuchan, l'autre à Durban. La nature des roches et des impressions végétales ne permet aucun doute sur l'âge de ces bassins : on y trouve des roseaux et quelques fougères caractéristiques du terrain houiller.

Le premier de ces dépôts est exploité depuis peu d'années; la difficulté des communications ne permettait pas de donner une grande activité à l'exploitation. Ségure.

Les roches qui accompagnent la houille, à Ségure, sont un poudingue à galets de roches anciennes, du grès houiller ordinaire, des schistes argileux avec empreintes végétales et des couches argilo-siliceuses qui séparent les couches de combustible. On trouve aussi une roche amygdaloïde à la partie inférieure du terrain houiller.

On connaît quatre couches de houille. La couche la plus puissante présente une épaisseur qui varie de $0^m,80$ à $1^m,10$. Les travaux exécutés jusqu'au moment où nous les avons parcourus s'étendaient sur une longueur de 300 mètres et une profondeur de 120 mètres.

D'après les affleurements connus, ce petit bassin présente, dit-on, 3,000 mètres de long sur 1,000 de large.

La houille est sèche, légèrement sulfureuse; elle paraît peu propre au travail du fer.

A Durban, la houille est encaissée dans un schiste argileux riche en impressions. On connaît cinq couches de houille; l'une d'elles, sur laquelle on a fait quelques travaux, a $0^m,50$ de puissance. Durban.

La houille est collante, de bonne qualité, et peut être employée à tous les travaux; elle donne un coke sonore et boursouflé.

Les couches de houille sont inclinées d'environ 70 degrés.

TERRAIN DE GRÈS BIGARRÉ.

Il existe dans quelques vallées des Pyrénées, mais surtout à l'extrémité occidentale de cette chaîne, un grès de couleur rouge, schisteux et micacé, dont les caractères extérieurs ont la plus grande analogie avec ceux du grès bigarré. Des marnes de couleurs variées, souvent rouges, quelquefois vertes, alternent avec ce grès et complètent la ressemblance. Du reste, aucun indice certain ne révèle son âge : on n'y voit point de gypse, comme dans le grès bigarré de l'Alsace; il n'alterne point avec le muschelkalk; enfin nous n'avons pu y découvrir un seul fossile, malgré les plus minutieuses recherches. Cette absence complète des circonstances caractéristiques du terrain de grès bigarré, quelque singulière qu'elle paraisse, n'est cependant point une difficulté sérieuse contre la place donnée au grès qui nous occupe : on trouverait d'aussi fortes objections contre toute autre assimilation. M. Coquand, qui s'est récemment voué à l'étude des Pyrénées, a cru pouvoir annoncer à la Société géologique de France[1] que cette formation appartient au terrain de transition; mais il n'a cité aucun fait positif à l'appui de son opinion, que nous sommes, d'ailleurs, loin de rejeter. Toutefois, nous ferons remarquer que, dans le cas où la formation que nous avons teintée comme grès bigarré serait définitivement associée au terrain de transition, elle devrait en constituer une assise supérieure qui correspondrait soit au *terrain silurien*, soit à l'*old red sandstone* des Anglais. En effet, ce grès repose toujours sur le terrain de transition bien caractérisé, et, dans plusieurs localités, la superposition est transgressive. De plus, il existe fréquemment, à la séparation des deux terrains, des couches de poudingne qui annoncent un retour d'une période de transport, comme on en observe au commencement de chaque formation. Ces couches de poudingue se voient au col de Sainte-Engrace, à l'ermitage de Notre-Dame-de-Pinède, dans la région supérieure de la vallée d'Ossau, dans celle de Baigorry, où, d'après M. de Charpentier[2], « presque toujours une puissante couche de poudingue repose im-
« médiatement sur le terrain de transition et forme la base du grès rouge

---

[1] *Bulletin de la Société géologique de France,*   [2] *Essai sur la constitution géognostique des*
t. IX, p. 221.   *Pyrénées,* p. 428.

« entre Larrau et Roncevaux. » Cette séparation est marquée par un grès qui contient des galets de quartz noir et de schiste vert, roches appartenant toutes deux au terrain de transition. Il s'est donc écoulé un temps considérable entre le dépôt des schistes et celui du grès, et le sol des Pyrénées a éprouvé au moins une révolution dans cet intervalle.

Nous avons cru devoir rapporter ce grès à la formation du trias, plutôt qu'aux assises supérieures de transition, en nous fondant sur cette considération que le grès bigarré existe dans le groupe de la Montagne-Noire, tandis que les schistes cambriens y représentent seuls le terrain de transition. L'analogie remarquable que l'on observe entre les formations géologiques de ce massif et celles de la chaîne des Pyrénées semble, en effet, prouver qu'elles ont, à une certaine époque, fait continuité. Quant à l'objection tirée de l'absence de fossiles et de gypse dans le grès bigarré des Pyrénées, nous rappellerions qu'il en est de même pour celui du département de la Corrèze, où l'on ne peut cependant conserver aucun doute sur l'âge de ce grès, puis-qu'il y repose sur le grès houiller et qu'il y est recouvert par le lias. Nous ajouterons, pour compléter l'analogie, que le grès des Pyrénées renferme, comme celui de la Corrèze et de l'Auvergne, de nombreux filons de baryte sulfatée, tandis qu'on n'en trouve aucun dans le terrain de transition de cette chaîne.

Nous maintenons donc la teinte que nous avions adoptée pour le grès rougeâtre des Basses-Pyrénées. Si nous nous sommes trompé, on n'aurait qu'un nom à changer, la formation dont nous nous occupons devant tout entière subir la transposition. Nous avons toutefois admis que le grès et le schiste rouges de la forêt d'Irati, au S. O. de Larrau, appartiennent au terrain de transition.

Le terrain de grès bigarré se rencontre sur les deux versants des Pyrénées. Sur le versant méridional, il forme une bande assez continue, qui, depuis la vallée de la Cinca jusqu'à l'Océan, est peu éloignée du faîte de la chaîne centrale et l'atteint même en plusieurs points. Mais sur le versant septentrional, il ne présente pas, à beaucoup près, la même continuité. On le rencontre le plus ordinairement en masses isolées, ce qui tient à son peu d'épaisseur; par la même raison, on ne le trouve point dans les vallées; la seule bande un peu continue est celle qui court parallèlement à la chaîne, depuis les environs de la Bastide-de-Sérou, dans le département de l'Ariége,

Position
du grès bigarré.

jusqu'aux portes de Saint-Girons. La figure 13 indique la superposition des divers terrains près de cette ville.

Fig. 13.

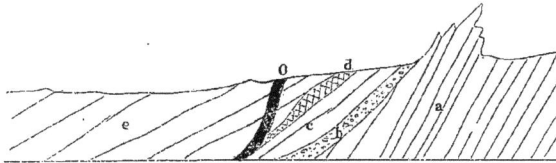

Environs de Saint-Girons.

a. Terrain de transition (inclinaison de 70 degrés).

b. Poudingue à la séparation du terrain de transition et du grès.

c. Grès bigarré (inclinaison de 25 degrés).

d. Dolomie.

e. Calcaire jurassique.

O. Ophite.

Montagnes du grès bigarré.　　La faible épaisseur du grès rouge ne lui permet point de constituer à lui seul de vastes montagnes, auxquelles on puisse reconnaître des caractères de forme particulière. Cependant, lorsqu'il couronne des hauteurs dont la masse appartient à une autre formation, on remarque qu'elles ont une cime aplatie, légèrement inclinée, à bords communément coupés à pic. L'inclinaison de ces cimes est toujours parallèle aux strates du grès.

Grès blancs.　　Outre les poudingues, les grès micacés et les argiles schisteuses, dont nous avons déjà parlé, le terrain de grès bigarré renferme des grès blancs composés de grains quartzeux, avec paillettes de mica argentin, agglutinés par un ciment argileux blanchâtre. Ils sont intercalés dans le grès rouge et ont la même composition, moins l'oxyde de fer qui, dans celui-ci, colore le ciment argileux.

Pour faire connaître là relation du grès bigarré et du terrain de transition, nous donnerons deux coupes : l'une prise dans la vallée de l'Essera (Espagne), l'autre dans celle de Baigorry (Basses-Pyrénées).

Vallée de l'Essera.　　Lorsque, après avoir passé le col de Vénasque, on descend la vallée de l'Essera, on trouve, après la ceinture dolomitique qui entoure la Maladetta, des schistes argileux de transition, entièrement analogues à ceux de la vallée de Luchon, et se prolongeant jusqu'à une lieue au-dessous de Vénasque. Le grès bigarré leur succède immédiatement. Ses premières couches sont formées d'un poudingue composé principalement de noyaux de quartz laiteux et de quartz noir; il contient, en outre, d'assez nombreux galets de granite et quelques-uns de schiste vert satiné. Ce poudingue est cimenté par un grès micacé très-fin, analogue à celui qui forme les couches supérieures de la formation. La stratification du grès est différente de celle des schistes de transition. Ces derniers, inclinés de 70 degrés vers le S. 25° E., sont très-contournés; les couches de grès plongent de 30 degrés vers le S. 18° O. et se dirigent, par conséquent, comme la chaîne des Pyrénées. Le schiste et le grès ont donc, dans la vallée de l'Essera, la même relation que le schiste et la craie dans la vallée d'Argelès, c'est-à-dire que le grès s'est déposé sur une falaise de terrain de transition dont la direction avait été déterminée par le système de soulèvement qui a succédé au terrain cambrien. Il est donc bien manifeste que ce grès est postérieur au schiste, mais il pourrait appartenir, comme nous l'avons dit, au terrain silurien. Outre la différence de stratification que nous venons de signaler, on remarque que le poudingue s'est déposé dans les plis du schiste de transition.

Stratification transgressive du grès sur le schiste.

Le poudingue a une épaisseur assez considérable; il est recouvert par un grès mélangé de galets quartzeux, puis par un grès schisteux très-micacé, empâtant aussi quelques fragments. Il existe donc une dégradation continue entre les couches de poudingue et le grès micacé. Ce terrain ne contient pas précisément d'assises marneuses; mais on y voit des couches qui se délitent avec facilité et alternent, à toutes les hauteurs, soit avec le grès à grains fins, soit avec celui qui est schisteux et micacé.

Sur la rive droite de l'Essera, le grès n'a que peu d'étendue; il se termine en pointe à un quart de lieue de Villanova. Sur la rive gauche, au contraire, il a une puissance fort considérable et se prolonge jusqu'à Castegon. Cette disposition est en rapport avec la différence des stratifications; la falaise de schiste doit effectivement avancer vers le S. O. et, par suite, le grès doit se terminer promptement de ce côté.

Le grès bigarré forme une grande partie de la vallée de Baigorry. Il commence un peu au N. de Bidarray et se prolonge jusqu'au village de Bihourieta, où se trouvent les ruines de la fonderie de cuivre. La séparation du terrain de transition et du grès bigarré est presque toujours marquée par des poudingues, mais ceux-ci se voient surtout au pied de la montagne de Baigoura. Le schiste argileux qui s'appuie sur du schiste micacé contient des macles; il est bleuâtre, luisant, satiné. Les premières couches de poudingue sont for-

Vallée de Baigorry.

mées de galets de quartz compacte, de schiste argileux et de roches anciennes
cimentés par une argile ferrugineuse, où de nombreux points blanc terreux
paraissent provenir d'un feldspath altéré. Les galets de quartz, qui forment
la partie dominante du poudingue, appartiennent, comme le schiste, au terrain de transition des environs. On voit cette roche intercalée au milieu des
schistes dans la vallée de Baigorry même, dans la forêt d'Irati et au col de
Roncevaux.

La couche de poudingue, d'ailleurs peu épaisse, est immédiatement recouverte par des grès plus ou moins fins, des grès schisteux micacés et des
argiles se délitant avec facilité. Les éléments du grès fin sont à peu près les
mêmes que ceux du poudingue. Toutefois les roches anciennes y sont rares;
il est principalement formé de petits grains quartzeux mêlés à des points
feldspathiques blancs et à des paillettes de mica.

Le grès à petits grains est fort commun; il fournit, dans la vallée de Baigorry, de belles pierres de taille qui résistent très-bien à la gelée.

Le grès schisteux contient souvent des parties verdâtres, qui lui donnent
la plus grande analogie avec le grès bigarré des Allemands; ces parties vertes,
ordinairement disséminées par plaques, forment aussi des couches alternant
avec les autres roches du terrain; elles sont également très-micacées.

Fer spathique.   Le fer spathique se trouve assez abondamment dans le grès bigarré de la
vallée de Baigorry. On l'exploite sur plusieurs points, notamment à Ustele-
guy. Il y constitue de petits filons, qui se contournent autour de la masse et
se ramifient dans tous les sens, à la manière des stockwerks; aussi est-on
obligé d'exploiter à la fois le grès et le minerai. Ces petits filons contiennent
fréquemment de la baryte sulfatée.

—

CALCAIRE JURASSIQUE.

Bandes calcaires   Le terrain jurassique joue un rôle peu important dans la constitution géo-
au pied
de la chaîne.   logique des Pyrénées. Cependant on le retrouve sur les deux versants de la
chaîne. En France, il forme deux bandes assez continues. La première
bande se prolonge de la Bastide-de-Sérou (Ariége) à Bagnères-de-Bigorre,
en passant par Saint-Béat, lieu où elle fait un coude assez prononcé. A l'E.,
la séparation de cette bande et du terrain de transition a lieu suivant une
ligne E. 22° N. — O. 22° S., direction qui est celle du terrain cambrien.

On a donc là un nouvel exemple du relèvement qui, à une époque fort ancienne, fit surgir cette falaise de terrain de transition, au pied de laquelle se sont déposées les formations plus récentes. A partir de Saint-Béat, la limite des deux terrains suit la direction de la chaîne des Pyrénées. La seconde bande jurassique, placée presque au centre de la chaîne, constitue en partie les montagnes de Rancié dans la vallée de l'Ariége, s'élève jusqu'au col d'Aulus, dont elle forme les sommités, et occupe presque toute l'étendue de la vallée longitudinale d'Erce. La direction de cette seconde bande est très-exactement parallèle à la chaîne des Pyrénées. Il en résulte qu'elle a dû originairement faire continuité avec le calcaire jurassique du pied de la chaîne, et qu'elle en a été séparée à l'époque du soulèvement des Pyrénées.

La forme des montagnes et la nature du calcaire sont en rapport avec la position des deux bandes. Le calcaire déposé au pied de la chaîne constitue une série de collines peu élevées, qui se distinguent par leur forme arrondie; il est compacte, esquilleux, gris clair, et possède tous les caractères habituels aux formations jurassiques. Celui qui s'élève au centre de la chaîne, comme au col d'Aulus, forme, au contraire, des escarpements à pic, des crêtes saillantes et rectilignes; il est souvent saccharoïde et toujours grenu. On y trouve, mais rarement, des fossiles qui témoignent de son âge. L'absence de schiste argileux le distingue encore assez bien du terrain de transition. Les strates fissiles avec lesquelles il alterne sont des calcaires schisteux, qui font constamment effervescence avec les acides et diffèrent essentiellement du terrain de transition.

Outre les deux bandes que nous venons de décrire, le calcaire jurassique constitue encore quelques îlots isolés dans les Pyrénées-Orientales. On en voit deux ou trois dans les Corbières, et il forme un massif assez considérable à Sournia, dans les montagnes situées entre les vallées de l'Agly et de la Tét. *Îlots de calcaire jurassique.*

Sur le revers méridional, le calcaire jurassique se trouve principalement à l'extrémité occidentale de la chaîne, où il forme une bande continue, fort épaisse; il constitue les montagnes de Tolosa, montagnes remarquables par l'abondance de leurs fossiles et par la complète identité de leurs roches avec celles des Alpes. *Revers méridional.*

Le calcaire jurassique dans les Pyrénées appartient principalement à la partie inférieure de cette formation; il correspond, en général, aux marnes *Le calcaire jurassique des Pyrénées appartient à l'étage inférieur.*

du lias des Anglais et est caractérisé par une profusion de bélemnites. La nature de quelques fossiles nous fait penser qu'il existe des lambeaux du second étage sur certains points, et notamment aux environs d'Aspet.

Environs de Perpignan.

Le calcaire jurassique qui se montre de distance en distance dans les Pyrénées-Orientales est principalement composé de marnes schisteuses noires, accompagnées de rognons solides; tels sont les petits îlots des environs de Saint-Paul-de-Fenouillet, de Tuchan et de Durban. Dans cette dernière localité, nous avons recueilli, au milieu des marnes, un assez grand nombre de fossiles, qui tous sont caractéristiques des marnes supérieures du lias; les principaux sont : les *terebratula ornithocephala* et *tetraedra*, l'*ammonites Walcotti*, le *pecten æquivalvis*, la *lima antiqua*, la *pinna lanceolata*, le *belemnites apicecurvatus*, le *pentacrinus caput-Medusæ*. Les térébratules et les bélemnites sont surtout très-abondantes.

Sournia.

Le calcaire de Sournia, enveloppé de tous côtés par le granite, a complétement la texture cristalline; il est grenu, d'un gris clair par bandes, ce qui lui donne l'apparence du marbre bleu turquin; malgré cet état anomal, il nous a donné quelques fragments de *pecten æquivalvis*, fossile qui suffit à lui seul pour fixer l'âge de ce calcaire et l'associer au lias.

De Foix à Saint-Girons.

La route de Foix à Saint-Girons est tracée presque exclusivement à la séparation du grès bigarré et du lias; elle suit, depuis Rimont jusqu'à Saint-Girons, une petite vallée longitudinale; le calcaire y forme au N. une suite d'escarpements peu élevés qui nous montrent les couches les plus inférieures de la formation; elles sont composées d'une espèce de brèche calcaire, dont les fragments sont de calcaire grenu, et la pâte, de calcaire compacte; la couleur noire de ses éléments, la vivacité des angles et des arêtes des fragments attestent que la brèche s'est faite sur place. Quoique formée aux dépens du lias, elle en est, pour ainsi dire, indépendante. Il est probable que son origine se rattache à la présence des ophites qui, surgissant de distance en distance le long de la vallée, forment une série de collines presque continue. Peut-être même la roche n'a-t-elle d'une brèche que l'apparence; peut-être l'état cristallin des parties qui simulent des fragments anguleux est-il dû à ce que ces parties sont dolomitiques, tandis que la pâte est de calcaire compacte. Il est remarquable que cette roche est, comme le calcaire qui la recouvre, pénétrée de petits filons blancs de calcaire spathique traversant à la fois la pâte et les pseudo-fragments. On voit cette disposition près de Lescure; elle est aussi très-nette à Caumont, sur la route de Saint-Girons à Mane.

La brèche est immédiatement recouverte par une série assez épaisse de couches de calcaire compacte noir, à cassure conchoïde, et de calcaire sublamellaire, riche en entroques. De petits filons spathiques s'y ramifient en tous sens et donnent à ces calcaires beaucoup d'analogie avec le marbre Sainte-Anne. Les couches calcaires sont généralement séparées par des strates argileuses semblables à celle que nous signalions plus haut à Durban; mais les strates n'y forment point, comme à Durban, la partie dominante, et elles sont même probablement un peu supérieures au calcaire noir de Saint-Girons. Celui-ci nous paraît représenter exactement le lias ou calcaire à gryphées, tandis que les marnes noires appartiendraient aux premières assises de l'*oolithe inférieure*. Les filons spathiques, si abondants dans le calcaire, ne se prolongent pas dans les marnes.

Toute la bande de calcaire jurassique qui forme un chaînon distinct au pied des Pyrénées, depuis la Bastide jusqu'à Saint-Girons, se présente exclusivement avec les caractères que nous venons d'indiquer. Un peu au N., vers le Mas-d'Azil, le calcaire noir est recouvert par un calcaire compacte jaune, qui semble se rapprocher, par ses caractères extérieurs, du calcaire jurassique, mais qui appartient, comme nous le verrons bientôt, à la formation de la craie.

Les fossiles sont assez abondants dans le calcaire sublamellaire et dans les couches marneuses. Ils sont, pour la plupart, caractéristiques du lias. Nous avons recueilli, à Lescure et à Saint-Girons, les *terebratula ornithocephala, obsoleta, indentata, tetraedra* et *bullata*, les *pecten æquivalvis* et *obscurus*, la *lima striata*, les *gryphæa cymbium* et *Macchulochi*, les *ammonites Humphresianus, striatulus* (?) et *Walcotti*, le *belemnites apicecurvatus*, et le *pentacrinus caput-Medusæ.* Les térébratules, les bélemnites et les fragments de pentacrinites sont les fossiles les plus communs. Les ammonites sont rares et presque exceptionnelles.

A partir de Saint-Girons, le calcaire jurassique, qui avait exclusivement formé le pied de la chaîne, s'élève graduellement jusqu'à des hauteurs considérables; il forme la montagne de Cagire et le pic de Gars, qui dominent Saint-Béat et dont le dernier atteint l'altitude de 1,876 mètres. Sur toute cette étendue, il change peu de caractère; néanmoins il alterne fréquem-

Fossiles.

De Saint-Girons à Saint-Béat.

ment avec un calcaire schisteux, d'un noir bleuâtre, luisant, quelquefois même fibreux, ayant toute l'apparence d'un schiste de transition, mais faisant constamment effervescence avec les acides. Dans l'espace que nous venons d'indiquer, le calcaire devient parfois saccharoïde ou passe à la dolomie. Ce changement est toujours accompagné de la présence d'un îlot de granite ou d'un champignon d'ophite. Le point le plus remarquable de cette transformation s'observe à Saint-Béat, où l'on trouve un beau marbre blanc, au voisinage du granite; une brèche placée à la séparation des deux roches indique assez que le granite est postérieur au calcaire.

Nous avons recueilli dans les calcaires schisteux quelques fossiles, rares d'ailleurs et peu distincts; ce sont des ammonites, trop déformées pour qu'on en puisse donner le nom spécifique, mais appartenant avec la dernière évidence à la partie inférieure du calcaire jurassique. Nous en avons trouvé un exemplaire au col de Mende, plusieurs dans les schistes détachés du pic de Cagire, quelques fragments entre Nistos et Sarrancolin. Le calcaire, dont les beaux escarpements reposent à Campan sur ces schistes à ammonites, doit donc aussi être rangé dans la formation du Jura.

Calcaire entre Aulus et Vicdessos.

Le calcaire qui longe la vallée d'Erce et s'élève jusqu'au col d'Aulus est presque constamment à l'état saccharoïde; il ne forme point continuité avec le précédent, mais il renferme en quelques points des fossiles caractéristiques du lias, et, d'un autre côté, il se lie sans interruption avec le calcaire de Vicdessos, exactement pareil à celui que nous venons de décrire entre Saint-Girons et Saint-Béat. Nous croyons utile de donner quelques détails sur les raisons qui nous ont conduit à une opinion longtemps contestée sur l'âge de ces terrains[1].

Le calcaire de la vallée d'Aulus a, en général, l'aspect cristallin, est souvent même complétement saccharoïde et rappelle alors le marbre de Carrare ou le marbre bleu turquin, suivant qu'il est blanc ou teinté de gris. Il repose, en stratification discordante, sur les schistes de transition qui forment les cimes de la vallée, et il s'appuie, au N., sur le granite de la vallée de Massat. Il semble donc compris entre le terrain primitif et le terrain de

[1] Les limites de ce texte descriptif ne nous permettent pas d'entrer dans des détails circonstanciés sur cette intéressante question; on peut consulter le mémoire que nous avons publié sur la position des mines principales de fer des Pyrénées et sur la nature du calcaire de Rancié. (*Mémoires pour servir à une description géologique de la France*, t. II, p. 439.)

transition, et cette position explique comment on a pu l'associer au premier
de ces terrains. Mais il repose, en réalité, sur chacun d'eux et n'est nullement placé à leur séparation. On en a la preuve convaincante dans l'absence
de calcaire saccharoïde au contact du terrain de transition et du granite; si
le calcaire appartenait au terrain primitif, c'est à ce contact surtout qu'on
devrait le rencontrer.

Sur le calcaire saccharoïde repose un calcaire gris, compacte, esquilleux,
quelquefois très-fortement coloré par du bitume. Il est associé à du schiste
argileux et à des argiles schisteuses plus ou moins foncées. Ces roches forment tantôt des couches épaisses alternant avec le calcaire, tantôt des strates
très-minces dont les feuillets sont fortement plissés. Ces schistes sont, du
reste, toujours calcarifères et complétement analogues à ceux de la montagne
de Cagire et du col de Mende, où nous avons signalé plus haut des vestiges d'ammonites. Leur ressemblance avec les schistes des Alpes, si riches
en bélemnites, est, en outre, des plus frappantes. On y retrouve jusqu'aux
moindres circonstances de texture. C'est ainsi que les parties schisteuses
sont sillonnées par de petits filons de calcaire fibreux qui ne traversent point
la masse calcaire, disposition habituelle aux terrains de la Madeleine, en
Savoie. Ces calcaires gris et ces schistes argilo-calcaires ont une puissance
assez considérable; ils recouvrent, comme on vient de le voir, le calcaire
proprement dit et représentent les marnes schisteuses noires de Durban.
Dans cette bande jurassique, le lias est donc réuni aux marnes qui lui sont
supérieures.

Cet ensemble de couches se continue sans interruption depuis le col
d'Aulus jusqu'aux mines de Vicdessos, en passant par le col d'Agnet et l'étang
de Lherz. C'est au milieu de ces couches calcaires qu'est situé l'amas métallifère de Rancié, ainsi que les autres dépôts de même nature qui ont été
exploités dans la vallée de Sem.

Nous avons observé des fossiles sur plusieurs points de la montée, entre
Aulus et l'étang de Lherz. Mais c'est surtout au col d'Agnet qu'ils se mon-   Fossiles
trent avec abondance. Le calcaire d'un gris foncé, un peu grenu, possède au col d'Agnet.
tous les caractères du calcaire jurassique des Cévennes et des Alpes. L'épaisseur des couches fossilifères est de 20 à 25 mètres; on les suit sur une
grande longueur, mais elles sont surtout mises à nu dans la dépression qui
forme le col. Elles sont enclavées au milieu du calcaire saccharoïde; en effet,

l'axe du ravin est sur le calcaire noir, tandis que ses deux parois montrent un calcaire saccharin, gris très-clair, pareil à celui qui règne constamment depuis Aulus.

Placé au col d'Agnet, on embrasse cet ensemble de couches, et l'on reconnaît avec la plus grande certitude que le calcaire gris, le calcaire saccharoïde et le calcaire noir forment une bande qui remplit un bassin longitudinal, parallèle à la chaîne des Pyrénées. On voit clairement, de cet observatoire élevé, que les strates ont toutes été non-seulement accidentées depuis leur dépôt, mais en partie même modifiées. La forme arrondie et la teinte foncée du granite contrastent d'une manière frappante avec les arêtes vives et la couleur éclatante du calcaire saccharoïde, qui forme constamment une zone enveloppante autour des nombreux îlots granitiques surgissant au milieu de la formation jurassique.

Les fossiles sont dans un état imparfait de conservation. Ils portent des traces d'une forte compression; les bélemnites sont même passées à l'état grenu, quoique d'ordinaire le calcaire qui remplace ces corps organisés soit fibreux. Nous y avons recueilli des empreintes et des moules de peignes qui paraissent appartenir au *pecten æquivalvis,* des térébratules, ayant leur test, que l'on distingue les unes des autres sans pouvoir les déterminer, dont une *plissée* et une *lisse,* assez longues. Leur test, quoique très-mince, a mieux résisté à la décomposition que la masse du calcaire, de sorte que les tranches des fossiles sont légèrement en saillie sur la surface du rocher. Citons aussi de nombreux polypiers et une grande abondance de bélemnites, dont la plupart sont encore pourvues de leurs alvéoles, et caractérisent nettement la partie supérieure du lias.

Fossiles à Rancié. Près de la mine de Rancié, nous avons également recueilli des polypiers, des encrines et des fragments de térébratules appartenant au lias; à la vérité, nous ne les avons point trouvés en place, mais disséminés dans des blocs formant les accotements de la route qui conduit de Vicdessos aux mines. Ces blocs, dont les cassures étaient récentes, sont identiques avec les rochers environnants; ils proviennent incontestablement des escarpements qu'on a dû entailler pour élargir la route. Le col d'Agnet, où nous signalions de semblables fossiles, est séparé de Vicdessos par deux vallées; il est donc impossible que les blocs fossilifères de Rancié proviennent de ce col.

Nous compléterons les preuves sur lesquelles nous venons d'établir l'âge du calcaire jurassique des Pyrénées en ajoutant quelques mots sur celui des environs de Tolosa, en Espagne. Le calcaire de Tolosa forme une zone assez puissante, qui commence à environ une lieue au S. de cette ville et se prolonge jusqu'aux gorges de Salinas. Sa direction, très-rapprochée de celle de la chaîne, va de l'E. 22° S. à l'O. 22° N. Ses couches sont fortement inclinées vers le S. Il est principalement composé de deux roches, dont l'une est un calcaire compacte, d'un noir bleuâtre très-foncé, contenant quelques entroques, traversé de veines spathiques tantôt blanches, tantôt brunies par le carbonate de fer, et dont l'autre est un calcaire schisteux bleuâtre, luisant et talqueux. Ce dernier, beaucoup plus abondant que le calcaire compacte, forme la masse dominante. Il est analogue au schiste de transition et fournit même, comme lui, des ardoises, à la vérité toujours assez épaisses; mais, à la différence de ce schiste, il se dissout presque entièrement dans les acides en faisant effervescence. M. le comte de Villa-Forte, qui a découvert un grand nombre de fossiles dans ces calcaires, eut la complaisance de nous conduire dans deux carrières où ils existent avec quelque abondance. Les fossiles, peu variés, appartiennent aux genres ammonites, peignes, térébratules, polypiers et bélemnites. Malgré leur état de compression, on y reconnaît encore quelques espèces qui se rapportent à la partie inférieure du calcaire jurassique, et notamment le *pecten æquivalvis*. La plupart des fossiles sont dans le calcaire schisteux; ils sont presque tous recouverts d'un enduit talqueux, comme les schistes. Une circonstance remarquable, parce qu'elle établit, jusque dans les moindres détails, une identité complète entre le calcaire de Tolosa et le calcaire des Alpes, est le mode d'altération des bélemnites : presque toutes sont à l'état spathique, au lieu d'être à texture fibreuse; de plus, elles sont, comme la plupart des bélemnites des Alpes, fendues perpendiculairement à leur longueur, et leurs fentes, remplies de calcaire spathique blanc. Ces fossiles présentent donc, au premier aspect, une série de bandes blanches et noires qui les rendent méconnaissables; mais la présence assez fréquente des alvéoles ne peut laisser aucun doute sur le genre auquel ils appartiennent.

Calcaire jurassique de Tolosa.

TERRAIN CRÉTACÉ.

Les caractères de la craie dans les Pyrénées diffèrent essentiellement de ceux qui lui sont habituels dans le bassin du N. de l'Europe, et particulièrement dans celui de Paris. Les grès qui en forment la base, ordinairement schisteux, micacés, ressemblent à des grauwackes ; les calcaires qui la composent sont compactes, durs, esquilleux et souvent fortement colorés en noir. La nature de ces grès et de ces calcaires, si peu en harmonie avec celle des roches de craie jusqu'alors connues, avait conduit les premiers géologues à classer, pour la plus grande partie, la craie des Pyrénées dans le terrain de transition. Mais, depuis, l'étude des fossiles, jointe à celle des superpositions, a révélé l'âge véritable des couches qui nous occupent, et les formations crétacées rivalisent maintenant d'importance avec les terrains de transition dans la constitution des Pyrénées. Elles forment, sur les deux versants, des bandes continues et parallèles à la chaîne, depuis l'Océan jusqu'à la Méditerranée. Sur la pente N., elles constituent, au pied de la montagne, de puissants contre-forts. En Espagne, leur étendue est encore plus considérable : elles recouvrent, comme en France, toutes les pentes inférieures, mais elles atteignent, en outre, les crêtes les plus escarpées. Le Mont-Perdu, si souvent caché dans les nuages, et qu'on a cru longtemps la sommité la plus élevée de la chaîne, appartient à la formation crétacée, dont les couches s'élèvent d'une manière graduelle depuis la naissance de la plaine jusqu'à ces cimes majestueuses, et recouvrent ici à elles seules toute la pente méridionale des Pyrénées.

Entre ces deux zones, le terrain de craie constitue, dans le département de l'Ariége, sur la pente même des Pyrénées et parallèlement à leur direction, une petite bande comprise entre Tarascon et Alos et quelques sommités distinctes au centre même de la chaîne ; ces masses isolées peuvent être considérées comme de vastes fragments portés dans la position qu'ils occupent par le soulèvement du granite.

La différence dans la nature des roches n'est pas la seule qui existe entre la craie du N. de l'Europe et celle des Pyrénées; cette dernière contient des fossiles étrangers aux terrains de craie du Nord et particuliers à la craie du Midi, tels que les hippurites, les dicérates, etc.

Elle présente, en outre, des fossiles également étrangers aux terrains de craie du Nord, qu'on n'avait observés jusqu'alors que dans les terrains tertiaires, et dont la présence est ici une anomalie géologique des plus remarquables.

Le terrain de craie des Pyrénées présente deux assises distinctes, rappelant la division en grès vert et craie admise dans le Nord de l'Europe. Leur séparation est marquée, dans les Corbières et sur le versant espagnol, par de nombreuses couches d'un poudingue où les galets sont de calcaire ou de grès appartenant à la partie inférieure de la formation. Dans quelques localités, notamment au défilé de Pancorbo, en Espagne, cette séparation est aussi indiquée par une différence dans la direction des couches, et l'on a ainsi une double raison pour admettre une coupure dans les assises crétacées. La répartition des fossiles dans les différentes couches, sans être entièrement distincte, confirme néanmoins la division que nous croyons pouvoir admettre; les hippurites et les dicérates se trouvent principalement dans l'assise inférieure, tandis que les nummulites appartiennent essentiellement à l'assise supérieure. Dans les Alpes, où le terrain de craie est complétement identique avec celui des Pyrénées, cette distribution est beaucoup plus tranchée, de sorte qu'on peut y distinguer les deux étages sous le nom de *calcaire à dicérates* et de *calcaire à nummulites*. Ces calcaires y forment, en outre, deux systèmes de montagnes complétement différents sous le rapport de la direction des couches et même de la disposition relative des masses qui en sont formées.

La limite des assises crétacées est, en général, parallèle à la chaîne; toutefois, dans les points où ces assises reposent directement sur le terrain de transition inférieur, elle suit fréquemment la direction des dislocations qui se sont produites après le dépôt de ce terrain. Cette direction est très-marquée entre Saint-Pé (dans la vallée d'Argelès) et le pont d'Esquil (dans la vallée d'Aspe). La ligne de contact du terrain de transition et du calcaire crétacé est orientée de l'E. 22° N. à l'O. 22° S. La craie, de même que le calcaire jurassique, a donc été déposée au pied d'une falaise de terrain de transition produite après le dépôt du système cambrien.

La forme des montagnes de calcaire crétacé varie avec la nature des roches et leur position dans la chaîne; cependant elles s'allongent, en général, dans le sens de la direction des strates. Leurs pentes sont interrompues par un ou

Division en deux assises.

Forme des montagnes crétacées.

plusieurs escarpements séparés les uns des autres par un talus, et leur sommet présente un plateau incliné dans le sens de la stratification. Les escarpements correspondent toujours à des couches de calcaire à pâte fine, plus ou moins exemptes d'argile et de sable; les talus sont ordinairement de calcaire argileux ou de grès. Les fentes ont, en effet, dû se propager diversement dans des roches si différentes; tandis que le calcaire homogène était coupé à pic et donnait naissance à ces murs infranchissables qu'on rencontre à chaque pas dans les montagnes secondaires des Alpes et des Pyrénées, les couches tendres et destructibles formaient des talus naturels relativement doux. Le cirque de Gavarnie, avec sa triple enceinte de murailles verticales et de glaciers en gradins, nous offre un exemple célèbre de cette remarquable disposition.

La science a consacré dans les Pyrénées la distinction des calcaires compactes à dicérates et des calcaires à nummulites. Nous ne donnerons donc ici que les exemples nécessaires pour faire connaître la composition des formations crétacées de cette partie de la France, et nous renverrons le lecteur désireux de détails plus circonstanciés à un mémoire que l'un de nous a publié sur la craie du Midi [1].

Les montagnes des Corbières, qui forment un petit groupe isolé au N. de la chaîne, et qui en sont séparées par la vallée de l'Agly, sont presque entièrement composées des formations qui nous occupent. Ces montagnes nous fournissent en France les seuls exemples du poudingue qui nous paraît former la séparation des assises crétacées en deux étages; c'est aussi principalement dans les Corbières qu'on trouve ces fossiles tertiaires regardés encore comme une anomalie dans le terrain de craie.

Bains-de-Rennes. Les Bains-de-Rennes sont depuis longtemps célèbres par les nombreux fossiles dont M. de la Peyrouse a donné la description sous le nom d'*ortho-cératites*, et qui sont actuellement classés avec les hippurites.

A une petite distance des Bains, on trouve un calcaire marneux noir, contenant des coquilles spirées à l'état de calcaire spathique. La difficulté de séparer ces fossiles de leur gangue ne nous aurait point permis de les reconnaître; mais l'examen de quelques plaques polies provenant de cette localité

---

[1] *Des caractères particuliers que présente le terrain de craie dans le Sud de la France, et principalement sur les pentes des Pyrénées*, par M. Dufrénoy. (*Mémoires pour servir à une description géologique de la France*, t. II.)

et employées jadis comme marbres d'ornement nous y a fait reconnaître des mélanies et des paludines. Ce calcaire serait donc d'eau douce, et il représenterait la formation wealdienne, qui manque généralement en France.

Au-dessus de cette couche, mais non pas en contact immédiat, on observe, dans l'escarpement situé à quelques minutes de l'établissement, la succession suivante :

Fig. 14.

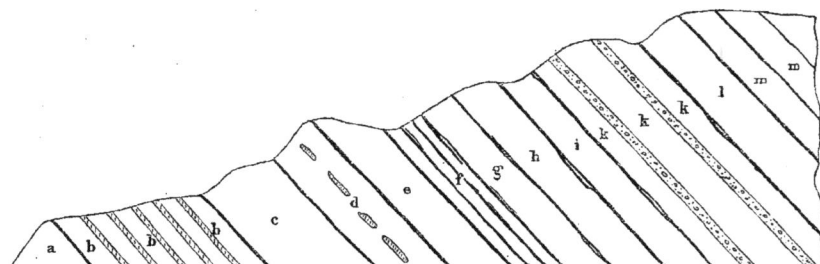

a. Calcaire saccharoïde avec dicérates.

b. Marnes noires schisteuses, avec petites couches de calcaire compacte, et contenant des ammonites, des *exogyra*.

c. Calcaire compacte, avec *ostrea cristata*, *exogyra sinuata*, *ex. columba*.

d. Grès siliceux avec veinules et amas de jaïet.

e. Marnes sableuses, avec spatangues et nombreux fossiles de la craie.

f. Grès schisteux, avec empreintes végétales et petites couches de lignite.

g. Calcaire avec hippurites, radiolites, polypiers, et contenant quelques miliolites.

h. Calcaire à miliolites et nummulites.

i. Marnes avec spatangues et autres fossiles de la craie.

k. Alternance de marnes rougeâtres, de calcaire compacte cristallin et de poudingue calcaire.

l. Calcaire à miliolites et marnes rougeâtres.

m. Marnes noires à miliolites, nummulites, etc.

1° Sur 20 mètres environ de hauteur règne une alternance de marnes calcaires bleuâtres et de petites couches de calcaire compacte bleu, de 15 à 18 centimètres. Ces marnes renferment de nombreux fossiles appartenant à la craie inférieure; nous y avons recueilli plusieurs exogyres (*exogyra aquila, secunda* et *columba*), l'*ostrea biauricularis*, si abondante dans la craie du Périgord et de la Saintonge, quelques térébratules (*t. octoplicata* et autres) et une empreinte imparfaite d'*inoceramus*.

2° Le sommet de l'escarpement est recouvert par un grès siliceux assez solide, coloré en gris bleuâtre par du charbon et du bitume, et contenant quelques tiges d'alcyons et de nombreuses empreintes végétales. On y trouve quelques fragments de jaïet.

Les collines qui surmontent le village de Mont-Ferrand, beaucoup plus élevé que l'établissement des bains, nous montrent les couches supérieures au grès et complètent cette coupe intéressante.

3° Les couches les plus basses de cette seconde rangée d'escarpements, sont des marnes sableuses, formant une espèce de passage au grès précédent, qu'elles recouvrent immédiatement. Ces marnes, de couleur foncée, contiennent une très-grande quantité de fossiles, la plupart caractéristiques du grès vert. Le *spatangus cor-anguinum* y est répandu avec une remarquable profusion. On y trouve aussi des peignes (*pecten quinquecostatus* et *versicostatus*), des spondyles (*sp. spinosus*) et quelques nummulites, fossile rare dans cette localité, mais très-fréquent dans les mêmes marnes aux environs de la Grasse. La facilité avec laquelle ces marnes se décomposent, jointe à leur grande épaisseur, donne au terrain qu'elles constituent la forme d'un talus à faible pente, raccordant les escarpements inférieurs et supérieurs. Cette disposition permet de distinguer, même de loin, la place des couches marneuses.

4° Un grès schisteux, très-micacé, recouvre les marnes n° 3. Les caractères extérieurs de ce grès le rapprochent de certaines couches du terrain houiller et même du terrain de transition; mais sa position ne laisse aucun doute sur son âge.

5° Une nouvelle série de couches marneuses forme la partie supérieure des collines. C'est là qu'on rencontre les nombreuses hippurites décrites par M. de la Peyrouse. Leur abondance est telle qu'elles forment presque à elles seules une couche de plusieurs pieds de puissance. Elles sont de dimensions très-diverses et appartiennent à plusieurs espèces; elles sont associées à des cyclolites et à de nombreux polypiers. On trouve, en outre, dans la même couche, quelques coquilles caractéristiques de la craie; nous y avons recueilli l'*exogyra sinuata*, le *pecten quinquecostatus*, quelques exemplaires de l'*ostrea cristata* et de la *trigonia alata*. Les marnes contiennent, en couches subordonnées, un calcaire marneux contenant de nombreuses miliolites et des mélonies (alvéolines), qui se dessinent en blanc sur la pâte gris pâle du calcaire.

Poudingue
à la séparation
des
deux assises.

6° A une très-faible distance des Bains, on voit intercalé dans la formation crayeuse un poudingue à noyaux de calcaire crétacé compacte. Il repose directement sur le grès siliceux, qui est jaunâtre et peu cohérent. Les marnes à hippurites manquent; mais nous avons vu à Belesta qu'elles devraient se trouver à cette hauteur; le poudingue recouvre immédiatement ces couches' si caractéristiques.

La pâte du poudingue est un calcaire cristallin jaunâtre, contenant du fer carbonaté et adhérent avec force aux galets. Les couches de poudingue sont divisées par des couches de calcaire de même nature que sa pâte et par des marnes rouges semblables à des marnes tertiaires. Ce système de couches, déjà fort épais dans les Corbières, atteint une puissance beaucoup plus considérable sur le revers des Pyrénées espagnoles, où il forme, près d'Olot, des escarpements de plus de 200 pieds d'épaisseur; il représente en partie le terrain crétacé de la Catalogne.

Le poudingue, étant formé presque entièrement aux dépens des roches de craie, nous paraît appartenir à l'assise supérieure de ce terrain, sans toutefois y établir une solution de continuité, car on le trouve associé avec des hippurites et des miliolites entièrement pareilles à celles des marnes de Mont-Ferrand.

7° Le poudingue est immédiatement recouvert par de nombreuses couches de calcaire compacte gris clair, contenant une immense quantité de miliolites et de mélonies. Ces couches, quoique supérieures au poudingue, lui sont intimement liées, d'abord par la présence des miliolites, qui existent aussi dans le poudingue, puis par l'alternance multipliée des marnes rouges et des calcaires, enfin quelquefois même par de petits bancs de poudingue calcaire qui alternent avec le calcaire à miliolites.

C'est principalement dans les couches n° 7 qu'on trouve en si grande abondance les nummulites et les miliolites. Néanmoins, ces fossiles sont disséminés dans presque tout le système du terrain de craie. Leur présence à toutes les hauteurs, en proportion, il est vrai, très-différente, est une difficulté pour indiquer, dans le Sud de la France, la limite entre les deux étages de la période crétacée. Dans les Alpes, cette difficulté n'existe pas : le système à nummulites y est entièrement distinct du système à hippurites et à dicératas.

Abondance des nummulites dans les couches supérieures.

Il existe près de Mont-Ferrand une source salée et des amas gypseux. Cette concomitance est fréquente dans le terrain de craie.

Aux Bains-de-Rennes, les miliolites et les nummulites sont les seuls fossiles tertiaires dont la présence soit une anomalie avec la loi qui a, généralement, présidé à la distribution des corps organisés dans les couches de

Mélange de fossiles tertiaires et crétacés.

l'écorce terrestre. Mais on en trouve plusieurs autres, que nous allons brièvement énumérer. Entre Coustouge et Tournissan, nous avons observé, répandus dans la même couche et souvent même groupés les uns sur les autres,
le *podopsis spinosus,* des spondyles, des cucullées, des arches, des crassatelles,
des nummulites, des miliolites, des mélonies, des néritines (*n. perversa*),
des natices, des cyprées, des turritelles (*t. Archimedis*), enfin des spatangues
(*sp. cor-anguinum,* le même que nous avons indiqué dans les couches inférieures des Bains-de-Rennes).

Calcaire
à dicérates,
à la base
de la formation.

Outre les couches que nous venons de décrire, et qui se retrouvent presque
constamment le long de la bande de craie du versant Nord des Pyrénées, on
voit quelquefois, au-dessous des bancs à gryphées, un calcaire gris bleuâtre,
tantôt saccharoïde, tantôt compacte et esquilleux, qui porte tous les caractères minéralogiques des calcaires de transition. Ce calcaire, qui s'élève
constamment en murailles verticales, ne se montre au jour que par suite de
redressements considérables. On le voit au pied du pic de Bugarach, où il
constitue une suite d'escarpements remarquables, que baigne la petite rivière
de l'Agly, depuis les environs de Caudiès jusqu'au delà de la Tour de Tau-
tavel. Ce calcaire, lorsqu'il est entièrement cristallin et qu'il passe au marbre
statuaire, comme à Estagel, est dénué de fossiles; sinon, il contient souvent
un assez grand nombre de corps irréguliers, à test noir et spathique. Ces
fossiles, qui paraissent avoir éprouvé de grandes altérations, sont soit des
dicérates, soit des hippurites, et leur présence nous apprend que, malgré la
différence de structure, le calcaire où on les trouve fait partie du terrain de
craie.

De Foix
à Bayonne.

Les collines crétacées comprises entre Foix et Bagnères-de-Bigorre sont, en
général, formées d'un calcaire fort analogue au calcaire jurassique. A l'O.
de la vallée de Campan, ce calcaire se colore en noir et ressemble alors beaucoup au lias. Le calcaire à dicérates se voit depuis Lourdes jusqu'à Pont-
d'Espint, dans la vallée d'Aspe; le calcaire compacte noir le recouvre et
s'étend dans le département des Basses-Pyrénées, dont il forme presque toute
la surface.

Lorsque la formation crétacée s'élève sur les pentes de la chaîne et qu'elle
s'appuie sur des roches anciennes, elle prend un état cristallin particulier
qui lui donne les caractères de roches plus anciennes; nous avons déjà cité
le calcaire d'Hellette et celui d'Estagel, devenus saccharoïdes par suite de ce

contact; on en voit beaucoup d'autres exemples dans les vallées d'Ossau, d'Aspe et de la Soule.

Il nous reste, pour achever la description du terrain de craie des Pyré- Bidache. nées, à mentionner le grès calcaire à fucus, qui y forme un horizon géognostique si constant, principalement aux environs de Bayonne, et surtout à quelques lieues à l'E. de Bidache. Dans cette région, le terrain de craie devient très-siliceux; les couches inférieures sont formées de grès schisteux noirs, avec impressions végétales, contenant de petits dépôts de lignite; elles correspondent au grès siliceux des Bains-de-Rennes. Ce grès schisteux est bientôt remplacé par un grès quartzeux, qui se désagrége avec facilité et fournit un sol maigre peu propre à la végétation. On voit la superposition des deux roches dans les collines qui entourent Bidache. Les galets que contient ce grès, sans être très-gros, sont rarement petits. Celui-ci passe, à mesure que les galets diminuent en nombre et en volume, à un calcaire compacte, esquilleux, avec rognons siliceux, qui se fondent ordinairement dans la pâte calcaire, à la manière des cherts du grès vert. L'abondance de ces silex donne souvent au calcaire assez de dureté pour qu'il fasse feu au briquet. Les couches calcaires sont séparées par des lits d'argile et de grès schisteux micacé, d'un gris verdâtre. Ce grès, dont les feuillets sont légèrement courbes, est remarquable par sa richesse en empreintes de fucus, empreintes fort nettes et appartenant, pour la plupart, au *fucus canaliculatus.*

Les bancs à fucus offrent une ressemblance frappante, tant par la nature de la roche que par celle des empreintes, avec le grès à fucus de la Pointe du Rocher, près Rochefort. Ils recouvrent les couches les plus modernes du calcaire jurassique et représentent, par suite, les couches les plus anciennes du grès vert. Bidache et Rochefort sont à peu près sous le même méridien et peuvent être considérés avec vraisemblance comme placés aux extrémités d'un même bassin dont les couches faisaient continuité avant le redressement du terrain. Le terrain de craie des Pyrénées serait donc alors le prolongement de celui de la Saintonge, et il appartiendrait, par conséquent, à l'étage du grès vert. Ce rapprochement remarquable est confirmé par la nature des fossiles : on retrouve à Angoulême les nummulites, les mélonies (alvéolines) et les hippurites des Pyrénées.

La craie des Pyrénées contient des couches de lignite; elles sont toujours Lignite. placées à la partie inférieure de la formation. On connaît une de ces couches à Péreilles, entre Foix et Belesta. Au Mas-d'Azil, près Saint-Girons, on exploite un lignite très-pyriteux, qui sert à la fois pour la fabrication de la couperose et pour l'évaporation des eaux mères. A Sainte-Suzanne, près Orthez, des indices de lignite ont donné lieu à des recherches infructueuses. Une exploitation à Saint-Lon, dans les Landes, a duré plusieurs années. Enfin à Hernani, en Espagne, nous avons visité des recherches de lignite sur lesquelles on fondait de justes espérances. La couche exploitée a une vingtaine de pieds de puissance en plusieurs lits; elle repose sur le grès et est recouverte par le calcaire.

Soufre, gypse et sel gemme.   On a recueilli de beaux échantillons de soufre à Saint-Boès, près Orthez. On exploite sur plusieurs points du gypse et du sel gemme; ces deux substances, quoique intercalées dans le terrain de grès, sont constamment en rapport avec les ophites; nous indiquerons leur gisement en nous occupant de ces porphyres.

Pour faire connaître entièrement la constitution de la chaîne des Pyrénées, il serait utile de décrire, au moins sommairement, la bande qui en recouvre le revers méridional; mais cette description nous entraînerait hors des bornes de cet ouvrage, exclusivement consacré à la description géologique de la France. Nous croyons toutefois devoir donner quelques détails sur le Mont-Perdu, qui a été, pour Ramond, le sujet de recherches et de travaux si intéressants.

Mont-Perdu.   Nous avons déjà dit que, sur le versant espagnol, le terrain de craie s'élève graduellement jusqu'aux crêtes les plus hautes et qu'il forme le massif du Mont-Perdu, dont les escarpements regardent la France. La disposition de ce massif permet d'en bien saisir l'ensemble, lorsqu'on est placé sur un des pics élevés qui l'entourent vers le Nord. Vu du Pic-du-Midi de Bigorre ou du pic de Piméné, le groupe du Mont-Perdu se détache nettement du reste de la chaîne. Tout l'en distingue : la forme de ses crêtes allongées et plates, l'aspect général des roches, la direction des couches et jusqu'à la disposition en étages des glaciers. On voit manifestement que ce massif repose en stratification discordante sur le terrain de transition, qui vient mourir au bas du cirque de Gavarnie.

Les couches de craie du Mont-Perdu, quoique repliées en tous sens, à la manière des couches de houille, affectent cependant une direction générale N. 72° à 75° E., avec pente de 20 à 25 degrés vers le S. S. E. Cette direction est aussi celle qui a présidé à la forme des escarpements, la plupart coupés verticalement et séparés les uns des autres par des plans peu inclinés.

Les couches inférieures du terrain offrent un grès extrêmement dur, schisteux et micacé à la manière des grauwackes. Sa couleur, habituellement grise, est quelquefois lie de vin. On n'y trouve point de galets, mais il montre de nombreuses empreintes végétales, dont la plupart se rapportent à des tiges aplaties, de 3 à 4 lignes de diamètre sur plusieurs pouces de long. Ces tiges sont entièrement transformées en grès; leur surface est d'une teinte plus foncée que la masse. Le grès se délite en fragments pseudo-réguliers, assez épais. Il est associé à un calcaire imparfait, contenant des paillettes de mica. Ces deux roches forment les deux premiers étages du cirque. Le calcaire contient une grande quantité de fossiles, mais ils sont tellement fondus dans la roche, qu'il est souvent impossible d'en déterminer le genre ; quelques-uns ont conservé leur test, qui est devenu noir comme la roche. Au bas des escarpements, dans le cirque même, nous avons trouvé des fossiles très-comprimés, où nous avons cru reconnaître les dicérates caractéristiques de l'étage le plus ancien de la craie du Midi. Plus haut, on voit l'*ostrea biauriculata,* si abondante dans la craie de Saintonge, l'*ostrea serrata* et des oursins toujours très-aplatis. On trouve aussi quelques caryophylles et des polypiers. Ces derniers fossiles, les plus abondants de tous, appartiennent principalement aux couches supérieures du grès. Ils sont très-irréguliers et ressemblent à des coraux. Il en existe aussi de plats et de lenticulaires, que l'on pourrait confondre avec des nummulites, mais qui n'ont pas la structure spirée de ces fossiles. Nous avons recueilli dans le grès calcaire des inocérames, des peignes (*pecten asper* et *versicostatus*), des *podopsis* et des sphérulites.

Au-dessus de cette grande épaisseur de grès calcaire micacé, règne un système de couches de grès, de calcaire et de schiste qui comprend :

1° Un calcaire noir schisteux;

2° Un calcaire compacte noir, traversé par une multitude de filons spathiques ;

3° Un grès calcaire ;

4° Un calcaire blanc-jaunâtre.

Les deux premières roches sont entièrement pareilles à celles qui constituent le lias des Pyrénées, tandis que la quatrième ressemble au calcaire

Marginal notes:
Grès avec empreintes.

Calcaire associé au grès.

Série supérieure de calcaires compactes et schisteux.

jurassique; mais elles alternent ensemble plusieurs fois et elles contiennent toutes les petits corps lenticulaires que nous venons de signaler dans le grès du cirque. Le calcaire noir schisteux forme la plaine haute qui s'étend au pied du Mont-Perdu. Il constitue également les talus qui séparent les quatre étages d'escarpements qu'on doit gravir avant d'arriver à la plate-forme terminale. Ces escarpements sont eux-mêmes taillés dans le calcaire compacte noir et dans le calcaire compacte jaune clair, qui alternent ensemble.

Le calcaire noir contient en abondance du silex noir, tantôt sous forme de veines, tantôt en rognons irréguliers. La plupart des rognons remplacent des alcyons et des polypiers. Ramond a décrit plusieurs de ces polypiers sous le nom de stellites (*asterias rubens*) et d'ocellaires, et il les compare à quelques-uns des polypiers de la craie de l'Artois. Ce rapprochement remarquable montre que Ramond avait établi l'âge véritable du Mont-Perdu, et les découvertes modernes n'ont fait que confirmer les travaux du savant et ingénieux historien des Pyrénées.

Fossiles nombreux dans les calcaires supérieurs. — Outre les polypiers, qui sont nombreux et variés, le calcaire noir et le calcaire schisteux contiennent une très-grande quantité d'autres fossiles ; les plus abondants sont :

Les *ostrea biauriculata* et *serrata* ou *cristata* ;

Plusieurs bivalves, parmi lesquelles on distingue :

Des peignes et des plagiostomes ;

Un *inoceramus* analogue à celui de la craie tuffeau de la Touraine ;

Des térébratules plissées (*t. octoplicata ?*) ;

La *gryphæa undulata*; nous citons ce fossile d'après Ramond ; les échantillons par nous recueillis sont trop comprimés pour qu'on puisse en déterminer même le genre ;

Des sphérulites et des radiolites ;

De très-petites coquilles univalves analogues aux paludines;

Des oursins; on ne reconnaît que la forme générale de ces fossiles; Ramond en cite un moule passé à l'état siliceux, dont la surface présente des dessins assez nets pour qu'on puisse en déterminer l'espèce ;

Des nummulites de différentes espèces, les mêmes que celles des Corbières; elles se détachent en blanc sur la pâte du calcaire, de sorte qu'on en suit très-distinctement toutes les spires;

Des corps lenticulaires plus petits que les nummulites, mais dont on discerne néanmoins les cloisons ;

Des mélonies (alvéolines);

De petits corps coniques dont nous ne connaissons point le genre et qui se retrouvent dans toute la chaîne des Pyrénées ;

Des coraux branchus.

Nous citerons aussi des ammonites, trouvées soit par Ramond au Pic-Blanc, soit par M. La Baumelle sur le chemin de la Brèche-de-Roland.

Ces fossiles appartiennent, pour la plupart, au terrain de craie. Aussi l'âge et la nature du calcaire du Mont-Perdu sont maintenant au nombre des faits géologiques les mieux établis.

TERRAINS TERTIAIRES.

La dépression longitudinale qui court au pied des Pyrénées est en partie couverte par des terrains tertiaires, quelquefois en couches assez puissantes. Ces terrains se rattachent d'une manière continue, vers l'E., au calcaire d'eau douce de la Provence, vers l'O., au calcaire marin de Bordeaux, et il nous a paru préférable de les comprendre, comme nous l'avons fait, dans les chapitres consacrés à la période tertiaire. Cette réunion était d'autant plus convenable, qu'il faut, pour ainsi dire, les suivre pas à pas pour reconnaître les relations qui existent entre leurs divers éléments.

ALLUVIONS ANCIENNES.

Les vallées des Pyrénées offrent des amas considérables de débris, au milieu desquels se rencontrent souvent des blocs de très-grandes dimensions. Quelquefois même ces blocs apparaissent sur des pentes assez élevées, et leur présence a fait supposer que le phénomène des blocs erratiques, si remarquable dans les Alpes, s'était produit, à la vérité sur une échelle moindre, dans la chaîne des Pyrénées. Mais cette hypothèse tombe devant le plus léger examen. Pour nous en assurer, nous avons étudié avec soin les débris amassés au débouché des vallées et au pied des montagnes qui leur font face, et nous avons aisément reconnu que les blocs qu'on y trouve appartiennent aux terrasses d'alluvions, si puissantes dans les vallées pyrénéennes.

Absence de blocs erratiques dans les Pyrénées.

Nous avions un instant cru reconnaître des blocs erratiques sur la pente droite de la vallée du Bastan, opposée à la montagne de Néouvielle; mais ils font également partie des terrains d'alluvion. Cette pente est recouverte par une terrasse de débris, depuis le vallon d'Escoubous, qui prend naissance aux lacs de la montagne de Néouvielle, jusqu'au-dessous de Baréges. On trouve dans ces débris, et un peu au-dessus, des blocs considérables de granite provenant manifestement de la montagne de Néouvielle; le mica en est noir, et le feldspath d'un blanc laiteux. Ces blocs cessent aussitôt qu'on s'élève de quelques mètres au-dessus de la terrasse. Lorsqu'on gravit le Pic-du-Midi, on trouve sur ses pentes des masses d'une roche granitoïde, passant au gneiss; mais ils sont détachés des îlots qui surgissent au milieu des schistes micacés de la montagne. La couleur argentée de leur mica et l'éclat particulier de leur feldspath ne laissent aucun doute à cet égard; et cependant la pente sur laquelle on fait l'ascension était favorablement placée pour recevoir des blocs du granite de Néouvielle, par le vallon qui descend des lacs et qui a évidemment amené la plus grande partie de la terrasse de débris. Il résulte, de l'absence de blocs de granite sur cette pente, qu'il ne peut en exister davantage sur les pentes placées immédiatement au-dessus de Baréges, passé le niveau de la terrasse. Les blocs de granite que nous avons observés en face de la gorge d'Escoubous sont donc simplement le produit d'une cause puissante, mais locale.

Terrasses d'alluvion. — Si le phénomène des blocs erratiques manque à l'histoire des Pyrénées, celui des terrasses alluviales y a pris un grand développement et présente un vif intérêt. Dans presque toutes les grandes vallées, on observe plusieurs de ces terrasses, disposées en étages et presque toujours au nombre de trois. Chacune a souvent de 5o à 6o mètres de puissance; elles sont en retraite les unes sur les autres et forment, pour ainsi dire, des séries de collines parallèles.

Vallée d'Argelès. — Un ou deux exemples suffiront pour donner une idée de cette disposition. Nous choisirons d'abord la vallée d'Argelès, l'une des plus belles et des plus visitées des Pyrénées.

Entre Peyrouse et Lourdes il existe trois terrasses de débris, dont deux bien distinctes.

La première terrasse s'élève à environ 120 mètres au-dessus du Gave; elle renferme de très-gros blocs, dont quelques-uns ont jusqu'à 5 mètres de longueur. Leurs angles sont faiblement arrondis et presque tous formés d'un granite de grain moyen, à mica noir et à feldspath blanc laiteux, analogue à celui que roule le Bastan. Cette terrasse est très-dégradée; on ne la voit que sur le côté septentrional de la vallée. Elle est même découpée en mamelons ou coteaux allongés, détachés les uns des autres, entre lesquels se trouve le lac de Lourdes.

La seconde terrasse n'a tout au plus que la moitié de la hauteur de la précédente (60 mètres environ). On l'observe sur les deux côtés de la vallée. Les blocs y sont en moindre proportion que dans l'autre, et le granite y domine moins exclusivement. On n'y trouve point de fragments de plus d'un mètre de longueur, et ils sont fortement arrondis.

De Lourdes à Viger, on ne voit point traces de dépôt d'alluvion comparable aux précédents. Mais un peu avant Argelès, et entre Argelès et Pierrefitte, la route traverse des dépôts de blocs granitiques, qui probablement se rapportent à la terrasse la plus ancienne et la plus haute de la vallée. Ces dépôts paraissent ne s'élever que très-peu au-dessus du terre-plein horizontal de la vallée actuelle.

Dans la vallée de l'Ariége on trouve, à l'issue du défilé granitique, immédiatement après le village de Junac, un dépôt d'alluvion contenant des blocs considérables. Cette alluvion, qui s'élève à une assez grande hauteur (40 mètres environ) empêche pendant longtemps d'aborder les montagnes calcaires qui bordent la vallée. Le dépôt devient beaucoup plus étendu et plus régulier au-dessous de Tarascon, où les différentes sources de l'Ariége se trouvent réunies; il est divisé en trois terrasses distinctes et se tenant à une hauteur assez constante sur une grande longueur. Près du village de Mercus, la route de Tarascon à Foix est tracée sur la seconde terrasse; celle-ci est à 50 mètres au moins au-dessus du niveau de la troisième terrasse, laquelle est elle-même creusée d'environ 10 mètres pour donner passage au torrent. La terrasse supérieure est en saillie, au-dessus de la route, d'une soixantaine de mètres. Elle est assez dégradée et forme une série de collines découpées, mais dont les hauteurs se correspondent assez nettement.

Vallée de l'Ariége.

Au revers espagnol, la disposition par terrasses se présente sur une échelle encore plus vaste. Dans la vallée de la Cinca, les terrasses, au nombre de trois, présentent chacune plus de 50 mètres de puissance; nous y avons remarqué des blocs de 6 à 8 mètres de long; les angles en sont généralement émoussés, mais peu arrondis.

Vallée de la Cinca.

Cette disposition des terrains d'alluvion par terrasses successives et en retraite les unes sur les autres ne peut être l'effet de causes actuelles; en effet, si l'approfondissement des vallées avait été progressif, il n'existerait qu'une seule terrasse de débris, dans laquelle serait creusé un sillon profond et étroit. La forme de gradins qu'affectent les terrains d'alluvion prouve, au contraire, que chaque terrasse a été déposée d'un seul coup, pour ainsi dire dans une seule marée, et que la cause diluvienne qui a entraîné ces débris s'est reproduite autant de fois qu'il y a de terrasses.

MASSIFS D'OPHITE ET DE LHERZOLITE.

Nous venons d'achever la description des divers terrains qui entrent dans la constitution géologique des Pyrénées; mais il existe, en outre, dans cette chaîne, de nombreux monticules porphyriques qui s'y montrent d'une manière irrégulière et dérangent passagèrement la stratification des couches. Ces massifs presque toujours amphiboliques, quelquefois pyroxéniques, sont généralement accompagnés de gypse dont la position anomale a constamment excité l'attention des géologues. M. Palassou, qui a fait connaître le premier cette association remarquable, donne aux porphyres le nom d'*ophite*. Nous leur conserverons cette dénomination spéciale, parce qu'ils caractérisent un soulèvement particulier, et qu'ils ont toujours été accompagnés des mêmes phénomènes. Nous associons à ces porphyres quelques masses de pyroxène, désignées par les minéralogistes sous le nom de *lherzolite;* elles se sont produites à la même époque et dans les mêmes conditions que l'ophite.

Les masses d'ophite sont surtout abondantes à l'extrémité occidentale des Pyrénées; elles y forment des monticules isolés, arrondis et placés, pour la plupart, aux confins de la plaine ou dans les vallées. Cependant il existe quelques rares amas de ces porphyres presque au centre de la chaîne, comme ceux de *Larrau* (au haut de la vallée de la Soule), et du *port de Plan* (sur le revers qui regarde l'Espagne). Cette disposition tient probablement à la manière dont les ophites se sont fait jour à la surface. En général, ils ne paraissent pas être arrivés liquides; ils n'ont point coulé et se sont vraisemblablement élevés en masse pâteuse par de larges excavations, comme la plupart des roches cristallines plus anciennes que les basaltes. Le grand nombre de masses d'ophite que l'on observe dans l'Ouest des Pyrénées nous fait présumer que ces porphyres s'y trouvent partout à une faible profondeur et forment comme le fond du sol.

Les masses d'ophite et les gypses qui les accompagnent contiennent fréquemment des blocs du terrain de craie; elles sont donc postérieures à ce terrain. Elles sont mêmes plus modernes que les terrains tertiaires; car dans les Landes, et notamment aux environs de Dax, ces derniers sont relevés à proximité des monticules d'ophite. D'après la direction générale que les masses d'ophite ont imprimée aux couches de sédiment, on est conduit à regarder ces porphyres comme s'étant soulevés à peu près suivant une ligne E. 18 à 20° N. Cette direction est celle que M. Élie de Beaumont assigne à la chaîne principale des Alpes. Nous avons dit, au commencement du chapitre, que le massif du Canigou est de l'époque des ophites, et que les terrains tertiaires déposés à ses pieds sont en couches inclinées, tandis que, dans le reste de la chaîne des Pyrénées, ces mêmes terrains sont horizontaux.

Direction du soulèvement des ophites.

L'ophite est presque constamment accompagné de gypse. Dans quelques localités (à Marsoulas et Salies près Saint-Martory, aux salines d'Anana près Vitoria), ces deux roches se pénètrent tellement en tous sens, qu'on voit des blocs d'ophite au milieu du gypse et des filons de gypse dans les masses d'ophite.

Gypse.

Le sel gemme se trouve, dans les Pyrénées, presque toujours en relation avec le gypse et l'ophite; sa présence se révèle ordinairement par les nombreuses sources salées qui sourdent indistinctement de l'une ou de l'autre de ces deux roches.

Sel gemme.

Les dépôts de gypse et de sel de la Catalogne ne sont que fort rarement accompagnés par l'ophite, mais ils sont constamment placés dans la direction propre aux masses de ce porphyre.

Les roches placées au contact de l'ophite présentent des caractères qui ne concordent pas avec ceux des terrains dont elles dépendent. Les calcaires compactes deviennent cristallins et même dolomitiques; les marnes, qui alternent avec ces calcaires, ordinairement d'un gris foncé, sont rouge vin et maculées de nuances variées. Ces différences de caractères sont toujours accompagnées d'une anomalie dans la stratification des couches qui se contournent autour des masses d'ophite. On est donc en droit d'attribuer ces altérations et ces anomalies à la présence des porphyres, qui ont réagi tout à

Altération et dérangement des couches par l'ophite.

la fois et sur la nature et sur la direction des roches. Quelques minéraux paraissent s'être particulièrement produits à cette époque. Nous avons déjà cité le sel gemme; nous y ajouterons le fer oligiste, le quartz cristallisé, l'arragonite, l'épidote, les pyrites et le graphite.

Composition de l'ophite.

L'ophite est essentiellement composé d'amphibole et de feldspath, tous deux à l'état cristallin. L'amphibole y domine de beaucoup, ou du moins il voile en partie les caractères du feldspath, qui est grenu et non lamelleux. Sur quelques points, l'ophite ne présente pas le clivage de l'amphibole, d'ordinaire si distinct, et le chalumeau n'y indique plus de feldspath. Tel est l'ophite des environs de Dax (Landes), celui des salines d'Anana (près Vitoria), dont tous les caractères sont identiques avec ceux de la roche pyroxénique du lac de Lherz. Il y aurait donc un passage de l'ophite à la lherzolite. Les phénomènes géologiques qui accompagnent cette dernière prouvent qu'elle a été également produite à une époque très-moderne. Tout fait présumer que l'ophite et la lherzolite sont deux manières d'être du même porphyre.

Relation des ophites et des gypses.

La relation des ophites et des gypses a été traitée dans un mémoire détaillé[1]. Nous ne donnerons ici que deux exemples de leur gisement. L'un, pris aux environs de Bayonne, montre l'association du gypse avec l'ophite et la dislocation du terrain de craie; l'autre, près de Dax, nous fait voir que les ophites sont plus modernes même que les terrains tertiaires.

Ophite et gypse près de Biarritz.

Sur la côte de Bayonne, un peu au S. de Biarritz, le terrain de craie qui forme tout le littoral est contourné et brisé au contact d'un amas de gypse et d'ophite. Les couches convergent, en outre, vers un point qui serait situé à une petite distance en mer, entre Biarritz et Bidart. Cette disposition annonce que l'ophite et le gypse de la côte ne sont qu'un témoin d'un amas beaucoup plus considérable. La masse gypseuse a la forme d'un cône très-obtus; épaisse seulement de 3 à 4 pieds à sa partie supérieure, elle en a environ 15 immédiatement à la base de l'escarpement, et en atteint près de 40 à quelque distance sur la grève, dans des parties qui découvrent à marée basse. Cette masse s'élève presque verticalement au milieu des couches crétacées et les coupe sous un angle très-aigu : les couches ne se correspondent pas des deux côtés du gypse. A droite, en regardant la côte, l'escarpement est entièrement

[1] *Mémoire sur la relation des ophites, des gypses et des sources salées des Pyrénées, et sur l'époque à laquelle remonte leur apparition*, par M. Dufrénoy (*Mémoires pour servir à une description géologique de la France*, t. II, p. 153).

formé de marnes sablonneuses plus ou moins solides, contenant une grande
quantité de fossiles, parmi lesquels on ne trouve que peu de nummulites.
A gauche, ces couches sablonneuses n'apparaissent qu'au sommet de l'escar-

Fig. 15.

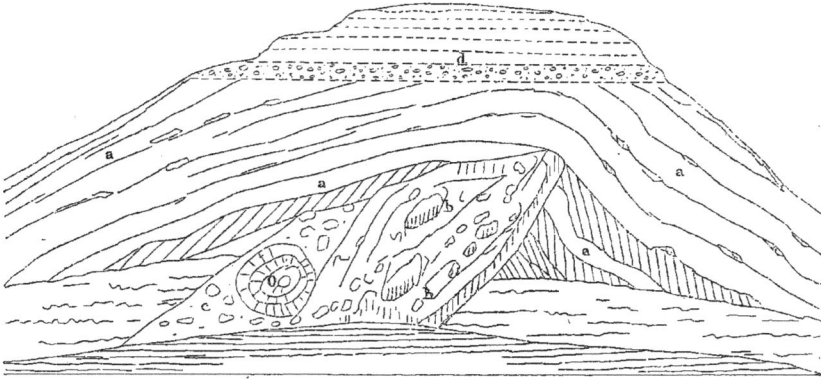

Côte de Biarritz, près Bayonne.

a. Couches du terrain de craie, rompues par   O. Masse d'ophite.
   le soulèvement de l'ophite et du gypse.   c. Amas de débris.
b. Gypse avec fragments calcaires.   d. Alluvion en couches horizontales.

pement, et la base de ce dernier est composée de calcaire compacte riche en
nummulites, calcaire qui se retrouve un peu plus loin, en allant du côté de
Bayonne, et qui est immédiatement au-dessous des couches argilo-sablon-
neuses.

Le gypse est blanc et cristallin; il est accompagné de marnes en partie
blanchâtres, en partie rouge lie de vin, qui y sont intercalées d'une manière
tout à fait irrégulière; elles contiennent elles-mêmes du gypse fibreux diversement coloré. Le gypse est associé à l'ophite, roche assez rare sur la côte;
il l'entoure de tous côtés et tapisse même ses fissures.

Le gypse et les marnes gypseuses contiennent une grande quantité de fragments anguleux de calcaire crétacé. Ces fragments n'appartiennent pas aux
couches marno-sableuses qui forment la côte des environs de Bidart; ils proviennent de couches plus inférieures. Les uns sont d'un calcaire compacte,
gris sale, riche en nummulites, pareil à celui qui a été amené par le gypse;

les autres sont d'un calcaire noir, en partie compacte, en partie cristallin, qui renferme des points blancs complétement cristallins, représentant des miolo-lites à texture effacée par la cristallisation.

La masse gypseuse s'élargit beaucoup au pied de la falaise; outre les marnes avec lesquelles le gypse est constamment associé, on trouve, à son contact avec le terrain de craie:

1° Une dolomie très-caverneuse, dure, cristalline et d'un gris jaunâtre, à cavités remplies par une matière pulvérulente; cette roche, fréquente près des marnes gypseuses des Alpes du Tyrol, y a reçu le nom de *cargnieule;*

2° Des roches verdâtres dures, difficiles à décrire, parce qu'elles varient d'un échantillon à l'autre, provenant d'un mélange intime de l'ophite et des terrains traversés par cette roche;

3° Enfin des roches fragmentaires composées de morceaux très-anguleux juxtaposés presque sans pâte, mais ayant cependant quelque adhérence. L'élément principal de cette brèche singulière est un calcaire noir appartenant au terrain de craie, et pareil à celui dont nous avons signalé des fragments au milieu du gypse. Cette brèche forme les parois de la masse gypseuse. Elle est très-irrégulièrement mélangée avec les roches verdâtres précédentes. Son épaisseur, fort variable, atteint en quelques points de 20 à 25 mètres.

Un terrain d'alluvion, composé de couches assez régulières de cailloux roulés et de sable, recouvre tout le plateau; il est déposé horizontalement sur les strates calcaires, à l'endroit même où le gypse est enclavé.

Les nombreux fragments qui accompagnent l'ophite et le gypse sont des preuves positives du mode d'introduction de ces roches dans le terrain; elles y ont pénétré après coup, entraînant avec elles les fragments des couches qu'elles ont rompues.

L'ophite forme plusieurs monticules dans les Landes; il y est constamment accompagné de gypse ou de dolomie. Au Puy-de-Mont-Peyroux, près Dax, la craie et le terrain tertiaire sont inclinés de 40 degrés vers le S. 6° O. Les pentes du Puy sont recouvertes par un gypse très-impur, mélangé d'oxyde rouge de fer, contenant des cristaux de quartz et d'arragonite, si riche en silice que, en le dissolvant complétement dans l'eau, on obtient pour résidu une sorte de squelette siliceux. La terre végétale masque le contact immédiat du gypse et de la craie; mais les deux roches sont à 50 mètres au plus l'une de l'autre, et le contact n'en est pas moins certain. L'épaisseur du terrain de craie est d'environ 5 mètres; il est recouvert par 7 ou 8 mètres de terrain tertiaire. La couche qui repose directement sur les marnes crétacées est une argile schisteuse bleuâtre, sans fossiles. Au-dessus vient un sable composé de grains de quartz hyalin, arrondis, sans adhérence, contenant des indices de minerai de fer pareil à celui qu'on exploite sur plusieurs points des Landes.

La couche de sable, dont la puissance est d'un mètre environ, est recouverte par une seconde couche d'argile schisteuse, en tout semblable à la première. Ce retour établit une relation intime entre les couches argileuses et arénacées.

Le tout est surmonté par un puissant dépôt de sable, qui ne manifeste aucune stratification, mais où l'on trouve des minerais de fer et des galets de quartz.

Le terrain des Landes appartient aux couches les plus modernes des terrains tertiaires. Le trouble de sa stratification, au contact de l'ophite, montre que ce porphyre lui est postérieur; et, comme on voit, à Biarritz, le terrain d'alluvion reposant en couches horizontales sur la craie, au point même où l'ophite s'est fait jour, l'époque à laquelle l'ophite s'est épanché se trouve resserrée entre des limites très-étroites.

MINERAIS MÉTALLIQUES.

Les gîtes métallifères sont nombreux dans les Pyrénées; mais, à l'exception du fer, qui s'y trouve avec profusion, les minerais sont, en général, si peu abondants, et leur allure si irrégulière, que nous ne pouvons y signaler aucune exploitation de quelque importance.

Des recherches de cuivre ont été entreprises à Canaveilles (Pyrénées-Orientales), et des recherches de plomb argentifère à Aulus (Ariége).

Le minerai de fer forme, par compensation, des amas considérables. Celui de Rancié, dans le département de l'Ariége, alimente à lui seul de nombreuses forges catalanes; il est connu sur 540 mètres de puissance. Les mines de Batère, sur le Canigou, ne présentent point d'aussi gigantesques excavations que celles de l'Ariége; mais leur ensemble est encore plus riche, et, si leurs débouchés étaient moins difficiles, elles acquerraient un grand développement. Ces gîtes présentent ordinairement un mélange de fer spathique, d'hématite brune et de fer oligiste. Ces substances sont inégalement réparties dans les mines; quelques exploitations ne fournissent que du fer spathique; dans le plus grand nombre, l'hématite est le minerai le plus abondant.

Les minerais de fer sont, en général, placés à la séparation des granites et du calcaire saccharoïde, mais ils paraissent indépendants de ces deux terrains. On les trouve, en effet, aussi bien dans le calcaire de transition que dans le lias et même dans la craie. La seule condition qui paraisse indispensable à leur existence est la proximité des roches granitoïdes. Pour faire ressortir l'indépendance des minerais de fer, il serait nécessaire d'indiquer le gisement de ces minerais au milieu de terrains d'ordres différents. C'est ce que nous avons fait dans un précédent mémoire sur la position géologique des principales mines de fer de la partie orientale des Pyrénées[1]. Nous regarderons, en conséquence, ce fait géologique comme suffisamment établi, et nous nous bornerons à quelques détails sur les minerais du Canigou.

Minerais de fer du Canigou.

Les amas métallifères sont placés au pied des escarpements qui forment la crête du Canigou; leur ensemble forme une sorte de zone elliptique, d'environ 16,000 mètres de diamètre, qui enveloppe la montagne de tous côtés, sur une hauteur à peu près constante.

Dans la plupart des gîtes les minerais sont intercalés au milieu du calcaire saccharoïde blanc, qui est superposé au granite, ou même enclavé dans cette roche. Le calcaire ne forme à la surface du Canigou que des taches accidentelles et révèle ainsi son âge tout moderne. Les minerais se présentent à la fois sous la forme de filons, de veines parallèles à la stratification du calcaire et d'amas paraissant, au premier abord, contemporains des couches qui les renferment; souvent même le calcaire est ferrugineux, de telle façon que le minerai se fond en partie dans cette roche.

Les gîtes, quoique presque toujours enclavés dans le calcaire, se prolongent cependant dans les roches granitoïdes, mais ils n'y pénètrent point profondément. Il en résulte que les minerais de fer ne sont, en réalité, essentiels ni au granite ni au calcaire, et qu'ils semblent associés indistinctement à ces deux roches. Malgré l'irrégularité apparente de leur gisement, on reconnaît bientôt qu'ils affectent une position constante, et qu'ils sont disposés suivant une bande placée à la séparation du granite et du calcaire, et empiétant sur l'un et sur l'autre terrain.

[1] *Mémoires pour servir à une description géologique de la France*, par M. Dufrénoy, t. II, p. 415.

Les mines de Batère sont les plus importantes du Canigou. Elles forment deux groupes séparés. L'un, qui comprend les mines de *Las Canals*, de la *Droguère*, de *Dalt* et de *Monut*, occupe le revers Sud de la montagne de Batère. Les mines sont généralement ouvertes sur des masses de calcaire enclavées dans le granite. A la Droguère, le granite se montre seul au jour, et le calcaire n'est mis à nu que par l'exploitation; le minerai constitue dans cette mine deux amas aplatis, au milieu de schiste et de calcaire enclavés de tous côtés dans le granite.

Fig. 16.

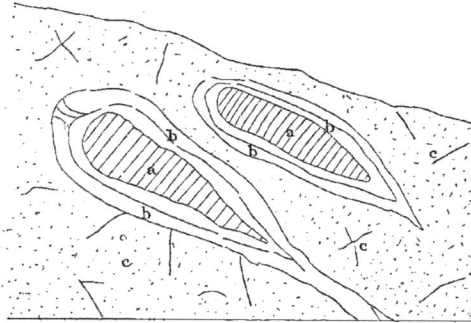

Mine de la Droguère (Pyrénées-Orientales).

a. Amas de minerai.   b. Schiste et calcaire.   c. Granite.

L'amas inférieur, bien réglé sur une assez grande étendue, a été longtemps regardé comme formant une couche dans le schiste et le calcaire; mais, comme il se termine brusquement d'un côté, et que, de l'autre, il s'amincit de manière à n'être plus exploitable, il ne constitue, en réalité, qu'un amas circonscrit en tous sens.

Dans la plupart des mines exploitées sur le revers Nord de la montagne de Batère, le minerai de fer forme des rognons empâtés dans un calcaire saccharoïde blanc, associé à un schiste micacé recouvrant le granite qui constitue la montagne. La mine de la Pinouse est ouverte sur de grands amas de minerai disposés dans le sens de la stratification. Ces amas sont intercalés quelquefois dans le schiste micacé, et le plus ordinairement dans le calcaire saccharoïde. La masse métallifère est composée de fer spathique

et de fer oxydé hydraté, en partie à l'état d'hématite. Au contact du minerai,
le calcaire doit sa teinte brune et ferrugineuse à son mélange intime avec le
fer spathique. La richesse de ce calcaire diminue à mesure qu'on s'éloigne
du minerai. Lorsque les amas métallifères sont au milieu du schiste micacé,
on voit de petits filons ferrugineux se prolonger dans la masse enveloppante.

A Balaitg, mine située près de Fillols, le minerai est placé exactement à la
séparation du granite et du calcaire. On y exploite un amas de fer spathique
et de fer oxydé reposant immédiatement sur le granite; de nombreuses ramifications, divergeant de la masse métallique, pénètrent ce dernier en différents sens.

Les exemples précédents montrent les amas de minerai de fer placés exactement à la séparation du granite et du calcaire. Il en serait de même pour
toutes les autres exploitations du Canigou. Elles occupent donc, comme nous
l'avions annoncé, une zone régnant à la limite commune des deux roches.

TERRAINS VOLCANIQUES.

Les phénomènes volcaniques, si développés dans les montagnes du centre
de la France, ont laissé quelques traces de leur action dans les Pyrénées. Il
existe sur le revers méridional, depuis le cap de Creuz jusqu'à Olot, dans la
Catalogne, plusieurs cratères volcaniques très-bien conservés; à Olot même,
le Mont-Olivet présente des coulées très-distinctes, que l'on peut suivre dans
tout leur cours. La lave, entièrement comparable à celles de l'Auvergne,
offre, comme la coulée de Volvic, de nombreux accidents qui montrent
qu'elle a coulé à un état très-liquide; par une analogie de plus, elle contient
du labrador et du pyroxène, comme la lave de Pontgibaud et comme celle
du lac Pavin.

La montagne de Castel-Follit, située à deux lieues à l'E. d'Olot, sur les
bords de la Fluvia, montre une colonnade prismatique d'une grande régularité.

Ces volcans appartiennent exclusivement au revers espagnol des Pyrénées.
Nous nous contenterons de les signaler, et renverrons, pour leur description,
à un mémoire très-intéressant de M. de Billy, inséré dans les *Annales des
Mines*, 2ᵉ série, t. IV.

CHAPITRE XXI.

TERRAINS VOLCANIQUES.

Le vaste plateau primitif situé au centre de la France méridionale est surmonté par trois groupes de montagnes, le Cantal, le Mont-Dore et le Mezenc, qui le dominent de toutes parts et paraissent y avoir été introduits après coup. La forme conique de ces montagnes, la nature de leurs roches, la couleur de leurs escarpements, tout, jusqu'à la végétation qui les recouvre, les distingue des terrains granitiques environnants. Cette différence générale d'aspect avait dès longtemps frappé les naturalistes, sans toutefois qu'ils en eussent recherché les causes.

Ce fut Desmarest, qui, dans le dernier siècle, parcourant l'Auvergne au retour d'un voyage en Italie, remarqua l'analogie complète de la chaîne des Puys avec les coulées de laves des environs de Naples. Il y reconnut bientôt le signe manifeste des actions volcaniques, et cette importante découverte acquit tout d'abord la certitude des vérités géologiques les mieux établies. Les géologues s'empressèrent de suivre les traces de Desmarest; tous visitèrent la contrée si pittoresque et si instructive qu'il venait en quelque sorte de découvrir. Depuis, l'Auvergne est devenue une terre classique pour l'étude des volcans. La conservation de ses cratères est si parfaite, la marche de ses coulées de laves si régulière, que Pictet pouvait écrire à de Saussure : « Si « vous voulez étudier les volcans, n'allez pas à Naples, ne montez pas sur « l'Etna, mais venez en Auvergne. »

Ces paroles sembleront sans doute empreintes de quelque exagération à ceux qui n'ont pas visité la chaîne des Puys, chaîne dont le relief est aussi vif encore que si les feux souterrains venaient de s'y éteindre; elles ne sont cependant que l'expression de la réalité. En effet, dans l'Auvergne, comme dans la plupart des pays volcanisés, on trouve à la fois des trachytes, des basaltes, des cratères. On y observe de nombreux contacts des roches volcaniques avec les terrains stratifiés, et l'on peut ainsi apprécier les phénomènes qui se rattachent à l'émission ou à l'âge relatif des roches ignées.

Distribution
des
terrains
volcaniques
dans le Midi
de la France.

Les volcans du centre de la France sont éloignés des côtes de l'Océan comme de celles de la Méditerranée : l'intervention des infiltrations de la mer n'est donc point nécessaire au développement des phénomènes volcaniques. Ceux-ci résultent du jeu de forces dynamiques qui portent les matières fondues là où les masses précédemment soulevées n'avaient point, en se consolidant, pris un état de parfait équilibre.

Les terrains volcaniques ne sont point exclusivement concentrés dans l'Auvergne. Ils y constituent une large bande N.-S. de plus de 2 degrés de longueur, comprise entre la vallée du Rhône et une ligne de même direction qui passerait par Ussel et Carcassonne. Les volcans d'Olot, en Espagne, se rattachent à cette zone.

Sur le plateau granitique, les terrains volcaniques forment les trois groupes de montagnes indiqués plus haut. Au pied du plateau, les mamelons basaltiques de Montpellier, de Lodève et de Bédarieux constituent un quatrième groupe qu'on ne saurait rattacher à aucun des trois autres.

La distribution des terrains volcaniques n'est pas l'effet du hasard. La direction générale qu'affectent les éruptions des diverses époques coïncide avec celle de tous les grands accidents du sol orientés du N. au S. Les lignes volcaniques présentent ainsi des exemples frappants de ce parallélisme que M. Poulett Scrope signale dans son ouvrage sur les volcans : « Si, dit cet auteur, on considère d'abord isolément chaque groupe de terrain volcanique, « on voit que chacun de ces groupes affecte une direction linéaire, et que, si « deux groupes sont voisins, leurs directions sont à peu près parallèles. » En effet, sur les bords du Rhône, une première émission de basalte coïncide avec la direction de la chaine trachytique du Velay, depuis Allègre jusqu'au delà de Dosson; et deux autres séries d'éruption dessinent deux lignes parfaitement parallèles sur une longueur d'environ 60 kilomètres, passant l'une par le Mezenc même, l'autre par Pradelles. Les éruptions trachytiques du Cantal, du Mont-Dore et des Monts Domitiques se sont développées sur une même ligne, qui s'étend d'Aurillac au Puy-Chopine, par 80 kilomètres de longueur. Les basaltes de la basse Auvergne suivent la même direction; ils forment, depuis Rochefort jusqu'à Pranal, une suite de collines placées dans le prolongement des trachytes. Enfin la chaine des Puys, dont les cratères présentent une ressemblance remarquable avec les volcans modernes, est exactement parallèle à la ligne qui joint les massifs du Cantal et du Mont-Dore.

Les divers terrains volcaniques ne sont pas tous réunis dans chacun des quatre groupes de volcans que nous avons indiqués. Le groupe qui comprend le Mont-Dore et le Puy-de-Dôme est le seul où l'on rencontre à la fois les trachytes, les basaltes et les volcans laviques. Dans le Cantal, dans le Mezenc et dans les cônes isolés de Lodève, la plus récente des périodes volcaniques n'est pas représentée; les deux premiers groupes, dont la charpente est entièrement trachytique, sont recouverts plus ou moins exactement par des nappes basaltiques qui s'élèvent quelquefois, comme au Plomb-du-Cantal, jusque sur les arêtes les plus saillantes; les cônes de Lodève sont exclusivement basaltiques.

Les éruptions trachytiques, toujours très-puissantes, semblent être presque toutes de même âge. Elles n'ont pas donné naissance, comme le basalte, à de petits cônes isolés, disséminés sur le sol primitif, sans ordre apparent.

Le terrain basaltique est, en France, le plus développé des trois ordres de terrains volcaniques. Il se présente constamment associé au trachyte; ses filons traversent cette roche dans toutes les directions et se répandent ensuite en nappes à sa surface : on observe cette disposition au Mezenc et au Mont-Dore, mais elle est surtout remarquable au Cantal. Le basalte s'étend, de plus, en longues nappes, sur les terrains primitifs et sur les terrains stratifiés, même les plus modernes. Les collines de calcaire d'eau douce des environs de Clermont offrent de beaux exemples de cette disposition; elles sont fréquemment couronnées par des chapeaux basaltiques, qui se correspondent et paraissent, pour la plupart, appartenir à la même coulée.

Les basaltes tantôt descendent dans les vallées, tantôt, au contraire, participent aux mêmes découpures que les coteaux. Il y a donc des basaltes de plusieurs âges; les plus anciens sont arrivés au jour avant les dénudations du sol tertiaire, tandis que les plus modernes se sont épanchés depuis l'ouverture des vallées de la Limagne.

Le basalte forme aussi des cônes isolés, dispersés soit sur le terrain ancien, comme dans le Forez, soit sur les terrains secondaires, comme aux environs de Lodève et de Montpellier. Il présente fréquemment alors des scories et se rapproche par ses caractères du terrain lavique. Les émissions basaltiques ont donc embrassé une longue période, dont les premières phases remontent jusqu'au terrain trachytique, tandis que les dernières se lient d'une manière intime aux phénomènes volcaniques modernes.

Les volcans à cratères ont agi pendant une période fort étendue; ils ont acquis un grand développement dans les environs de Clermont, où ils constituent une longue chaîne s'étendant du N. au S., sur 60 kilomètres environ, depuis Combronde jusqu'au delà de Besse. L'énergie des volcans modernes s'est presque entièrement concentrée dans cette partie de la zone volcanique, et l'on n'en voit ailleurs que des traces assez rares. Nous citerons cependant les cratères d'Olot, en Catalogne, qui appartiennent au système lavique.

Changements apportés par l'action volcanique dans le relief du sol et dans la nature des roches.

L'action volcanique n'a pas eu pour seul résultat l'entassement successif des produits ignés de diverses époques; leur émission a été souvent accompagnée de modifications importantes dans la configuration du sol, et d'altérations profondes dans la nature des roches.

Les perturbations le plus ordinairement produites par l'émission des matières volcaniques, ou par leur action expansive à défaut d'émission, sont les bouleversements des strates et des massifs préexistants; ceux-ci ont été relevés ou changés de niveau; de là divers phénomènes généraux, tels que ruptures, failles, gibbosités, cratères de soulèvement, etc.

Le Mont-Dore et le Cantal nous offrent, sur une grande échelle, des exemples de l'altération du relief superficiel, bien que la lave soulevante n'apparaisse point et que l'action perturbatrice ne se soit pas développée au centre même du cratère. Sous ce rapport, le Mezenc est peut-être préférable à citer. Le cirque de la Croix-des-Boutières présente tous les caractères d'un cratère de soulèvement, et la position des roches basaltiques relativement aux phonolites et aux trachytes prouve que l'émission de ces derniers a déterminé la configuration du terrain. On trouve, en outre, vers le centre, des vestiges de l'action volcanique.

Le terrain granitique et les terrains stratifiés offrent aussi beaucoup d'exemples de ces modifications du relief par l'action volcanique. Nous citerons le beau cratère granitique du Pal, dans le haut Vivarais, décrit par M. Am. Burat[1]. Les assises granitiques se relèvent de toutes parts et forment un cirque complet, dans lequel on entre par un défilé très-étroit, pratiqué entre deux montagnes abruptes; au centre de ce cirque, dont la dépression est parfaitement horizontale, il existe trois cônes en basalte autour desquels le granite s'est relevé.

---

[1] *Description des terrains volcaniques de la France centrale*, par M. Am. Burat, p. 266.

Dans le Cantal, le calcaire d'eau douce, qui forme un petit bassin à Aurillac, est porté à des hauteurs bien supérieures à son niveau naturel; on en trouve dans la montée du Lioran, jusqu'aux deux tiers environ de la côte. L'inclinaison des strates calcaires et siliceuses s'accorde avec leur déplacement pour témoigner des effets de l'action volcanique.

Aux environs de Lodève et de Bédarieux, les basaltes ont surgi au milieu du calcaire jurassique et l'ont soulevé dans tous les sens. Cette localité intéressante offre, en outre, un exemple de l'altération des roches par l'action volcanique : le calcaire a généralement perdu sa stratification, est devenu cristallin, et présente des fissures verticales qui lui donnent l'apparence *columnaire*. Sur beaucoup de points, l'altération du calcaire a été encore plus profonde, et il est passé à l'état dolomitique; les montagnes qui séparent Bédarieux de Clermont et de Lodève en présentent un exemple sur une étendue considérable. Partout, à l'approche du basalte, le calcaire, caverneux, carié, affecte l'état de dolomie; quelquefois même il est complétement réduit en un sable jaune cristallin, très-brillant, qui n'est autre chose qu'une dolomie sans adhérence, comme celle du Saint-Gothard. Nous ajouterons que ces dolomies contiennent quelques petits filets de fer oligiste, minéral si fréquent dans les roches volcaniques.

Les trachytes, les basaltes et les volcans à cratères appartiennent, du moins en France, à des époques différentes. Les basaltes, plus modernes que les trachytes, ont traversé ces derniers dans toutes les directions. Quant à l'âge récent des laves, il est attesté par la nature des tufs à ossements d'Issoire, qui, composés en grande partie de fragments de trachytes et de basaltes, ne contiennent point un seul échantillon de laves. Mais la différence qui existe entre ces trois sortes de produits volcaniques consiste bien plus dans la nature des phénomènes qui ont marqué leur apparition que dans leur âge ou leur composition minéralogique.

Différences entre les divers terrains volcaniques.

Les trachytes constituent des montagnes presque toujours coniques, et offrent à leur centre une vaste dépression cratériforme. Sous ce rapport, les montagnes trachytiques ont de l'analogie avec les cratères récents, mais la ressemblance disparaît au premier examen. On remarque bientôt, en effet, que les cônes trachytiques sont formés de nappes successives, composées de roches cristallines; que ces nappes, relevées vers le centre du cône, recouvrent à la fois toute sa surface, en se superposant à la manière des couches de

Trachytes.

24.

terrains stratifiés; il en résulte que ces nappes se dessinent, sur la paroi intérieure du cône, par de larges lignes à peu près horizontales et parallèles.
Dans les volcans laviques, les cônes sont, au contraire, formés par l'accumulation successive de coulées étroites qui couvrent à peine la cinquantième
partie de leur surface. Une coupe faite par un cylindre vertical concentrique
à l'axe de la montagne ne possédera donc point la régularité que nous venons
de signaler dans les cirques trachytiques; chaque coulée de lave n'offrira
qu'une section isolée peu étendue, et les sections des différentes coulées
s'imbriqueront les unes sur les autres d'une manière tout à fait irrégulière.
Cette différence remarquable dans la disposition des éléments des cônes de
trachyte et des cônes de laves tient à la manière dont ils ont été formés. Les
premiers, que M. Léop. de Buch a désignés sous le nom de *cratères de soulèvement*, sont le résultat du relèvement, autour d'un centre, des nappes de
trachyte qui s'étaient primitivement étendues sur un sol horizontal. Les cônes
volcaniques modernes sont, au contraire, des cratères d'éruption produits,
en partie du moins, par l'accumulation successive des coulées de laves.

Basaltes. Les basaltes se sont, comme les trachytes, répandus le plus ordinairement
à la surface du sol en nappes horizontales, mais minces et rarement nombreuses. Ils sont presque toujours cristallins et possèdent, en outre, une
grande uniformité, qui efface toutes traces du mouvement. On n'y reconnaît
plus que les effets du refroidissement combinés avec ceux des lois de l'hy-
drostatique. Si le basalte répandu dans une vallée rappelle par sa forme celle
d'un liquide, c'est celle d'un liquide en repos, et non, comme les laves, celle
d'un torrent instantanément congelé. L'uniformité qui caractérise les basaltes,
indépendamment de leur composition, tient à la grande fluidité que ces
roches ignées ont dû posséder. Cette fluidité est, d'ailleurs, également attestée
par l'étendue des filons basaltiques et par la longueur des nappes qu'ils ont
produites.

L'uniformité habituelle des basaltes reçoit quelques exceptions : par
exemple, lorsque, au sortir d'un cône encore subsistant, ils ont laissé sur les
flancs de ce cône une traînée de leur propre substance, ainsi qu'on le
voit sur la pente N. du cône de Thueyts, vis-à-vis de Montpezat (Ardèche).
Cette espèce d'arrière-garde présente une texture scoriacée qui lui ferait
refuser le nom de basalte par la plupart des géologues, s'ils la voyaient isolément. Une semblable texture, fort rare d'ailleurs dans le basalte, fait voir que

l'homogénéité, caractère distinctif de cette roche, exige, pour se développer, que la coulée basaltique ait été reçue sur un terrain plat et ne s'y soit refroidie qu'après son arrêt.

Les volcans à cratères, qui font le troisième ordre de terrains volcaniques de la France, ont pour principal produit les laves, roches de composition variable, mais dont la forme extérieure annonce une matière ayant coulé à l'état visqueux. Les laves se sont modelées sur les sinuosités du terrain qu'elles parcouraient, et en reflètent, pour ainsi dire, toutes les irrégularités. Une fois refroidies, elles restent comme la peinture immobile d'un phénomène d'hydrodynamique. C'est là ce qui donne aux coulées des volcans anciens et modernes ce cachet particulier qui frappe si vivement l'œil, même le moins exercé.

Laves.

L'influence du sol inférieur ne se manifeste point seulement par cette forme extérieure à laquelle une lave se reconnaît tout d'abord, même à une assez grande distance ; elle se fait encore sentir dans les irrégularités de structure et de texture cristalline, qui sont dans un rapport nécessaire avec les contours de la surface. De là résulte que deux tranches de lave prises en des points plus ou moins éloignés diffèrent souvent presque autant par leur texture que par leur profil. Une coulée est souvent même hétérogène dans celles de ses parties qui ont parcouru une surface unie, mais inclinée, à raison de la manière dont la lave roule, pour ainsi dire, sur elle-même, toutes les fois qu'elle suit une déclivité tant soit peu sensible.

Le basalte se trouve associé à tous les groupes volcaniques, et il en constitue plusieurs à lui seul ; il se lie et aux terrains trachytiques et aux volcans à cratères. La période basaltique paraît donc avoir été fort longue ; elle a même été interrompue par des époques de tranquillité, que marquent des dépôts de terrains sédimentaires. Ainsi, le tuf à ossements de Perrier, près Issoire, contient de nombreux fragments de basalte, tandis qu'une nappe basaltique recouvre un dépôt entièrement semblable à Royat, près Clermont. Cette variété de gisements, dont on trouve plusieurs autres exemples en Auvergne, montre avec évidence qu'il s'est écoulé un laps de temps considérable entre l'émission des basaltes anciens et celle des basaltes modernes. La séparation entre les deux phases extrêmes des phénomènes basaltiques est marquée par le dépôt des terrains tertiaires supérieurs ; elle l'est également par le creusement de certaines vallées. Nous avons, en effet, déjà eu l'occasion de faire

Période distinct de basal

remarquer que les basaltes anciens, épanchés en nappes sur les calcaires d'eau douce de la Limagne, ont été découpés en mamelons comme ces mêmes calcaires; les basaltes modernes se sont, au contraire, répandus dans des vallées creusées à la fois dans le terrain tertiaire et dans les basaltes anciens.

MM. Croizet et Jobert ont admis quatre époques d'épanchements basaltiques[1]. Chaque époque est séparée de la suivante par des dépôts particuliers de galets, de sables et d'ossements fossiles. Les divisions adoptées par M. Croizet nous paraissent probables, mais nous ne saurions les définir assez rigoureusement pour les adopter. Du reste, les basaltes que nous avons désignés par le nom d'*anciens* correspondent à la première des émissions basaltiques admises par le savant curé de Neschers, tandis que les basaltes modernes en représentent la quatrième.

Les considérations générales qui précèdent montrent toute l'importance d'une étude détaillée des terrains volcaniques de la France centrale. Aussi de nombreux mémoires et de remarquables ouvrages ont-ils été publiés, à diverses époques, sur ce sujet. Nous ne pouvons, dans cette simple explication de la Carte géologique de la France, consacrer aux volcans un chapitre d'une grande étendue. Nous nous bornerons à une description sommaire de chacun des groupes que nous avons signalés. Nous suivrons pour cette description la distribution géographique des volcans. Cet ordre nous permettra, mieux qu'une classification par ordre d'ancienneté, de comparer entre elles les diverses roches d'origine ignée.

GROUPE DU CANTAL.

Le Cantal est formé d'assises successives de trachytes et de tuf trachytique recouvertes par un manteau général de basalte. Sa forme est celle d'un cône surbaissé, évidé à son centre et découpé par des vallées à flancs abrupts qui rayonnent vers sa circonférence. Il présente, à son sommet, une arête culminante en arc de cercle qui décrit un véritable cirque, en sorte que, si, par la pensée, on le submerge sous une profondeur d'eau suffisante, les points saillants hors de l'eau seront disposés suivant une demi-circonférence dont

[1] *Recherches sur les ossements fossiles du département du Puy-de-Dôme*, par M. l'abbé Croizet et M. Jobert aîné, p. 76-88.

le rayon est d'environ 5 kilomètres ; les points culminants de ce cirque sont, à partir de l'O., le Puy-Chaveroche, le Puy-Marie, le col de Cabre, le Lioran, le Plomb-du-Cantal et le Puy-Gros. La différence de hauteurs de ces montagnes est trop peu considérable et le groupe du Cantal est trop vaste, pour qu'un observateur placé sur l'une d'elles puisse aisément en saisir l'ensemble ; il est nécessaire, pour bien apprécier sa forme, de se transporter successivement sur chaque sommet et de comparer les différents aspects sous lesquels se présentent ses diverses parties. Le Puy-de-Griou, qui s'élève sur le contre-fort de séparation des deux grandes vallées de la Cère et de la Jordanne, est un des meilleurs observatoires que l'on puisse choisir. Il est placé presque au centre du groupe, et, quoique sensiblement moins haut que le Plomb-du-Cantal et le Puy-Marie, il domine les points où naissent les vallées de Mandailles, de Vic, de Murat, de Dienne et de Falgoux. De son sommet, on peut suivre la direction de ces vallées, et remarquer qu'elles divergent toutes vers la circonférence extérieure de la montagne. On reconnaît aussi que les escarpements faisant face au Puy-de-Griou sont composés d'une succession d'assises de trachytes et de conglomérats qui se dessinent en lignes horizontales sur la paroi intérieure du cirque. Le basalte qui recouvre le tout forme également des lignes horizontales parallèles aux assises trachytiques. Si l'on s'éloigne du centre après y avoir fait ces importantes observations, on remarque aisément que les diverses assises qui viennent se peindre sur le grand escarpement circulaire plongent vers l'extérieur sous des angles variables, allant en quelques points jusqu'à 12 degrés. Ces angles ne deviennent nuls qu'à la circonférence du groupe, et ils ne passent jamais à l'inclinaison inverse.

Puy-de-Griou.

La continuité des lignes qui dessinent les traces de chaque assise trachytique contraste fortement avec l'irrégularité que présenteraient des coulées de lave dans une section cylindrique analogue à l'escarpement intérieur du Cantal. Elle est, au contraire, entièrement conforme à l'effet qui devrait se produire, si des nappes successives de trachyte, d'abord horizontales, venaient à être relevées par une force quelconque vers un centre commun. La disposition des bancs de trachyte dont l'ensemble forme un toit conique, et le rayonnement des vallées qui découpent ce cône, doivent donc faire considérer le groupe du Cantal comme un cratère de soulèvement. Nous nous bornerons à ce simple énoncé sur le mode de formation du Cantal, ayant déjà traité cette question dans un mémoire détaillé[1], auquel nous renvoyons le lecteur.

Le terrain de trachyte du Cantal se compose de deux roches principales : le trachyte et le tuf trachytique.

Trachytes. Le trachyte, toujours bien cristallisé, est un véritable porphyre; il présente d'assez nombreuses variétés, qui diffèrent principalement par la couleur de la pâte ou par la grosseur et la nature des cristaux de rhyacolite (feldspath vitreux). La texture du trachyte est assez constante dans une même nappe. Ce caractère est donc d'une grande importance dans l'étude du Cantal, puisqu'il sert à y distinguer les différentes assises. On remarque, par exemple, facilement que le trachyte qui constitue le massif du col de Cabre, et qui appartient à l'assise la plus élevée, forme également la partie supérieure des escarpements du Puy-Marie et du Plomb; les escarpements des vallées de Vic et de Mandailles, la descente du Puy-Marie vers Murat nous montrent également à leur partie supérieure cette même assise, reconnaissable par sa couleur d'un gris brunâtre, par la forme peu arrêtée de ses cristaux et surtout par la résistance que son tissu fin et serré oppose à l'action destructive de l'atmosphère.

Conglomérat trachytique. Le conglomérat trachytique est, en général, composé de parties dures, contenant des cristaux de rhyacolite et analogues en tout au trachyte massif. Les nodules sont réunis par une pâte tantôt terreuse, tantôt caverneuse, scoriacée et presque toujours d'un brun rougeâtre plus ou moins foncé. Les nodules se fondent peu à peu dans cette pâte, de manière qu'il est impossible de les détacher et de séparer nettement ces deux éléments du tuf trachytique. Il n'a nullement l'apparence d'un conglomérat formé à la manière des roches arénacées des terrains de sédiment. Il n'offre en même temps qu'une ressemblance imparfaite avec les tufs que des déjections incohérentes produisent sur les flancs des volcans brûlants. Les tufs trachytiques ont été rejetés, à la même époque et par les mêmes ouvertures que le trachyte, en masses continues. Ils ont été formés avec les parties extérieures des masses trachytiques, solidifiées les premières à la traversée des roches préexistantes, broyées ensuite par le mouvement et le changement de figure de ce même

[1] *Mémoire sur les groupes du Cantal, du Mont-Dore, et sur les soulèvements auxquels ces montagnes doivent leur relief actuel*, par MM. Dufrénoy et Élie de Beaumont (*Mémoires pour servir à une description géologique de la France*, t. II, p. 223-337).

trachyte, puis réagglutinées, peut-être refondues en partie, par la chaleur qui se dégageait de la masse encore liquide.

Le trachyte et le conglomérat passent souvent l'un à l'autre d'une manière insensible, et l'on a peine à discerner les lignes de séparation des assises successives de ces deux roches. La répétition des assises de trachyte et de conglomérat prouve que la production du trachyte a continué pendant une assez longue période. Elle a duré longtemps encore après la formation des masses principales, ainsi qu'on peut l'inférer de l'existence des nombreux filons trachytiques qui traversent ces dernières. On voit près de Ferval, dans l'intérieur de la cavité centrale, plusieurs de ces filons qui coupent les assises de trachyte et de conglomérat. Il existe également un filon de ce genre au sommet de la montée du Lioran, près de la source de la Cère.

La production des trachytes paraît avoir cessé complétement avant les épanchements basaltiques, car les filons trachytiques ne traversent point les basaltes qui forment une couverture à peu près continue sur le groupe du Cantal.

Les nappes basaltiques sont partout inclinées de la même manière que le trachyte. Leur inclinaison varie avec leur distance au cratère, et cette régularité est, comme pour le trachyte, liée au mode d'origine de l'enceinte circulaire.

Outre les nappes recouvrantes, le basalte forme aussi de nombreux filons qui traversent toutes les assises trachytiques et viennent s'épancher à leur surface. Le Puy-Violent est formé par la tête d'un filon basaltique, renflé à sa partie supérieure. Le vide rempli par ce filon paraît avoir été l'une des bouches de sortie des nappes basaltiques qui couvrent de ce côté les pentes du Cantal. Plus résistante que les nappes, cette tête de filon domine aujourd'hui leur surface inégalement dégradée, et l'on peut, de sa cime, prendre une juste idée du profil rectiligne et incliné qu'elles présentent en grand. Les filons basaltiques du Puy-Violent sont remarquables par leur étendue et par la constance de leur direction, qui court à peu près du S. 10° E. au N. 10° O.

Dans aucun point du Cantal on ne voit le basalte alterner avec le trachyte : il lui est toujours supérieur. La disposition des couches et des filons basaltiques prouve d'une manière irrécusable que, dans cette contrée, les éruptions basaltiques sont postérieures aux épanchements trachytiques. Les coulées basaltiques paraissent, comme les éruptions trachytiques, avoir rempli une

Éruptions
de
trachytes
nombreuses
et successives.

Basalte.

assez longue période et s'être renouvelées à plusieurs reprises. Ainsi, aux environs du Puy-Violent et dans les deux flancs de la vallée du Mars, le basalte forme deux nappes séparées par une couche épaisse de conglomérat basaltique; la nappe inférieure de basalte repose sur le tuf trachytique.

Phonolite.   On rencontre dans le groupe du Cantal une roche dont nous n'avons pas encore parlé et qui semble y jouer, quoique peu abondante, un rôle assez important. Cette roche, désignée sous le nom de *phonolite*, est schisteuse, compacte, à cassure céroïde et très-souvent riche en petits cristaux d'albite. Elle forme des montagnes isolées, comme le Puy-de-Griou, la roche d'Usclade, etc., qui s'élèvent au milieu du terrain trachytique, sans liaison apparente avec ce terrain. Le phonolite constitue, en outre, de nombreux filons, tantôt clair-semés, comme dans les hautes vallées de Mandailles, de Dienne et de Falgoux, tantôt agglomérés et même tellement serrés les uns contre les autres, qu'ils semblent former des massifs continus, comme la base du Puy-de-Griou. A quelque distance du Plomb, un de ces filons coupe l'assise de trachyte qui forme la crête du cratère. En voyant les filons de phonolite traverser ainsi les trachytes, et, surtout, en rencontrant les masses principales de cette roche au point central vers lequel se relèvent les assises trachytiques et basaltiques, nous avons été conduit à supposer que, dans le Cantal, les phonolites, poussés à la surface du sol, et soulevant devant eux et les assises trachytiques et les nappes de basalte, ont donné au groupe du Cantal le relief qu'il nous offre aujourd'hui.

Âge des trachytes.   Les terrains trachytiques se sont épanchés à une époque intermédiaire entre les dépôts tertiaires moyens et supérieurs. Le Cantal montre, par de nombreuses preuves, que le trachyte est postérieur au terrain tertiaire moyen. On voit, en effet, les nappes trachytiques du Lioran se prolonger sur le calcaire d'eau douce d'Aurillac et recouvrir en partie ce petit bassin tertiaire. D'un autre côté, on trouve, sur cette même pente du Cantal, des masses considérables de calcaire d'eau douce qui ont été soulevées par le trachyte; les variations d'inclinaison que les couches calcaires subissent brusquement dans des points contigus prouvent avec évidence que ce sont des masses hors de place, portées à des hauteurs inaccoutumées par les matières volcaniques. Souvent même ces masses sont enveloppées de tous côtés par le trachyte et forment les éléments d'une brèche à grandes parties, dont les fragments ont plusieurs centaines de mètres cubes de volume.

Pour reconnaître, en outre, que le trachyte est antérieur aux terrains tertiaires supérieurs, il faut se transporter dans les environs d'Issoire, où ces terrains contiennent de nombreux fragments de trachyte. Nous nous bornerons à rappeler ce fait intéressant, que nous avons indiqué avec quelque détail dans notre quinzième chapitre.

GROUPE DU MONT-DORE.

Le groupe du Mont-Dore présente dans sa composition, et même dans ses formes, de nombreux traits de ressemblance avec celui du Cantal. Il est cependant plus compliqué, quoique moins étendu. Il occupe un espace à peu près circulaire d'environ quatre lieues de diamètre; il se compose, comme le Cantal, d'une série d'assises de trachytes et de conglomérats trachytiques reposant sur le granite et autres roches cristallines, qui forment le grand plateau de l'Auvergne et du Limousin. Le système trachytique y est, comme au Cantal, traversé par des filons ou des colonnes de basalte, et recouvert en quelques points par de larges nappes basaltiques; mais ces nappes ne s'observent guère, dans l'état actuel des choses, qu'au pourtour du groupe qu'elles embrassent sous forme de ceinture presque continue.

Formes générales.

Les assises trachytiques et basaltiques, qui originairement étaient sensiblement horizontales, se relèvent aujourd'hui sous une inclinaison presque toujours assez prononcée, quelquefois même très-voisine de la verticale, non plus vers un point unique, comme au Cantal, mais vers plusieurs centres différents, dont chacun paraît avoir été le lieu d'application d'une force soulevante. Ce relèvement, d'abord très-faible, augmente à mesure qu'on approche des centres de soulèvement, comme l'inclinaison de la chaînette aux abords des points d'attache. Les roches, n'étant pas susceptibles de s'étendre, se sont rompues, lorsque l'angle de soulèvement a été trop considérable.

On reconnaît au Mont-Dore trois centres principaux de soulèvement. Le Puy-de-Sancy, point le plus élevé du groupe, situé au S. des Bains, appartient à l'un de ces centres. La Roche-Sanadoire, la Roche-Tuilière et la Roche-Malviale, placée au S. O. des deux premières, forment par leur ensemble un deuxième centre. Le troisième est placé à la réunion des ruisseaux qui coulent au S. O. du Puy-de-la-Tache. Ce troisième soulèvement n'est guère indiqué que par le relèvement des assises trachytiques vers un même

Trois centres de soulèvement.

point; celles-ci ne sont point rompues comme les bancs qui entourent la Roche-Sanadoire ou le Puy-de-Sancy, et il ne s'est point formé, comme dans les deux premiers exemples, une dépression centrale, où les roches qui ont produit ou transmis l'action soulevante se soient trouvées mises à découvert.

Causes du soulèvement. La dépression qui enveloppe la Sanadoire, la Tuilière et la Malviale nous montre à nu, dans son centre, le phonolite, auquel nous rapportons, au moins en partie, les révolutions du sol trachytique. Chacune des trois roches présente un segment de cône nu ou gazonné vers l'extérieur, coupé par une face verticale du côté du point central. Toutes trois sont en partie composées de roches prismatiques. Les prismes de la Roche-Tuilière manifestent une remarquable régularité; ils sont verticaux et à quatre faces. Vers la partie Nord, ils dégénèrent en tables verticales peu épaisses, qui ont la structure schisteuse, circonstance dont on profite pour les débiter en tuiles grossières. La Roche-Malviale, placée au S. de la Roche-Tuilière, affecte une disposition semblable, mais moins régulière. Quant à la Roche-Sanadoire, elle est composée de paquets de prismes, quelquefois courbes et diversement disposés. Le phonolite, en tout semblable à celui du Puy-de-Griou dans le Cantal, présente une cassure esquilleuse, céroïde, et contient de petits cristaux de labrador. Son aspect diffère essentiellement de celui des porphyres trachytiques dont les escarpements enveloppent de toutes parts les trois dents phonolitiques.

Au Puy-de-Sancy, on peut apprécier l'action soulevante par l'inclinaison de la nappe trachytique plongeant de tous côtés sous des angles de 10, 20 et même 30 degrés. Mais on n'aperçoit point immédiatement la roche qui a produit le relèvement, à moins qu'il ne faille la voir dans le groupe de filons trachytiques qui occupe le point central.

Le Puy-de-Sancy, élevé de 1,887 mètres au-dessus de la mer, forme le point culminant de tout le groupe du Mont-Dore. Autour de sa cime aiguë se groupent d'autres cimes un peu moins hautes, mais d'une forme analogue, et dont l'ensemble produit une ligne dentelée qui termine au Midi la vallée des Bains. Ce groupe de cimes, différentes par la forme de celles qui les entourent, provient de la réunion de filons et de colonnes irrégulières de trachyte qui s'élèvent à travers une masse puissante de conglomérats trachytiques, dont elles ont été dégagées, dans leur partie supérieure, par l'action du temps. Il est assez naturel de penser que ce groupe de filons a été le point d'application, peut-être même l'effet direct du principal effort soulevant.

Placé sur la cime du Puy-de-Sancy, l'observateur voit se déployer autour de lui une série d'escarpements disposés à peu près suivant une circonférence dont il occupe le centre. Trois grandes assises de conglomérats trachytiques, surmontées chacune par une assise de trachyte solide, se dessinent sur les escarpements circulaires par des lignes horizontales, qui ne s'interrompent qu'aux échancrures plus ou moins profondes du cirque, ou sous les gazons et les éboulements de sa paroi intérieure. De nombreux ravins, où les eaux coulent constamment, présentent çà et là des coupes toujours découvertes, où l'on peut étudier les moindres détails de la structure et de la superposition.

Alternance des nappes de trachyte et de tuf au Puy-de-Sancy.

A partir des escarpements qui font face au Puy-de-Sancy, les assises trachytiques plongent de toutes parts vers l'extérieur.

L'assise supérieure est la plus épaisse; elle forme le sol des pâturages du Mont-Dore, sauf ceux du fond de la vallée et des alentours du Capucin. C'est la seule qui se retrouve dans les coupures un peu éloignées du centre du groupe. Elle constitue le plateau de l'Angle, les escarpements de la cascade du Mont-Dore, et se continue jusqu'au Roc-Cuzeau, où elle se relève sous un angle très-rapide.

Les trachytes du Mont-Dore sont, en général, à grands cristaux de rhyacolite. Leur pâte, légèrement colorée en gris, est cristalline et souvent peu cohérente. Dans les escarpements du Puy-de-Sancy, elle est quelquefois composée de points cristallins qui lui donnent l'apparence de la domite. Les trachytes peuvent former des prismes aussi beaux que le basalte; cette disposition est souvent fréquente dans le trachyte en filons, et l'établissement même des Bains en offre un exemple remarquable. Cette structure pseudorégulière a surtout fait confondre les trachytes du Mont-Dore avec les basaltes; mais le basalte, quoique existant sur quelques sommités de ce groupe, y est, en réalité, peu abondant.

Trachytes et conglomérats.

Les conglomérats du Mont-Dore, analogues à ceux du Cantal, sont composés de masses plus ou moins agrégées, rejetées à l'état solide et contenant exactement les mêmes éléments que les assises trachytiques. On doit ranger dans les conglomérats l'alunite de la vallée de la Craie. Cette roche, susceptible d'exploitation, présente plusieurs variétés; nous citerons celle qui a l'apparence d'une brèche et dont les cavités sont tapissées par des amandes de soufre.

La Banne-d'Ordanche fournit un exemple de basalte placé sur un des sommets intérieurs du groupe du Mont-Dore; cette roche y forme des filons considérables, qui coupent toutes les assises de trachytes et de conglomérats, et se répandent en nappe à la surface du terrain. Cette disposition, analogue à celle que nous a offerte le Cantal, prouve une nouvelle fois que le basalte est postérieur au trachyte.

PUY-DE-DÔME.

La cause qui a produit les trachytes du Mont-Dore a étendu son action jusqu'au plateau granitique qui s'élève près de Clermont-Ferrand. Elle a donné naissance à plusieurs montagnes à peu près sphériques qui ont reçu le nom de Dômes. La plus importante de ces protubérances est le Puy-de-Dôme, qui domine toute la chaîne des Puys, et dont la hauteur est de 1,468 mètres au-dessus de la mer. Le Petit-Suchet, le Clierzou, le Sarcouy et le Puy-Chopine, d'origine trachytique, forment, à l'exception du dernier, qui atteint une hauteur assez considérable, des collines plutôt que des montagnes.

La différence des formes extérieures du Puy-de-Dôme et du Mont-Dore montre que ces deux montagnes, formées des mêmes éléments, doivent cependant leur relief à des causes diverses. Cette diversité dans leur mode d'origine devient surtout saillante quand on étudie leur constitution intime. Ainsi, le Puy-de-Dôme ne présente point ces assises successives qui donnent au Mont-Dore une apparence de stratification; nulle part on ne voit ses éléments se relever vers un centre commun, comme le font les nappes de trachyte vers la masse de filons du Puy-de-Sancy, ou celles qui enveloppent la Tuilière et la Sanadoire. Le Puy-de-Dôme a été formé, pour ainsi dire, d'un seul jet, et rien ne fait présumer qu'il ait été soumis à de grands troubles depuis l'époque de son apparition; il tient le milieu entre les cratères d'éruption et les cratères de soulèvement, en ce sens qu'il est le produit d'une masse pâteuse, soulevée sous la forme d'une vaste ampoule qui s'est consolidée sans subir d'affaissement.

Ce mode de formation par tuméfaction devient surtout évident, quand on étudie le Puy-Chopine, composé des mêmes éléments et offrant les mêmes conditions que le Puy-de-Dôme. En effet, on voit au sommet de ce Puy des fragments considérables de roches primitives arrachés au sol sur lequel il s'est élevé, et portés, pour ainsi dire, sur le dos de la masse pâteuse soulevée. L'altération des quartiers de granite fissurés dans tous les sens, en partie calcinés, et pénétrés de veinules de fer oligiste, si fréquentes dans les roches du Puy-de-Dôme, est le résultat de l'action prolongée du trachyte pâteux.

Par une circonstance qui lui est particulière, le Puy-de-Dôme dégage encore des vapeurs acides, comme une solfatare; et l'on doit supposer qu'il est crevassé intérieurement, à la manière d'une masse bulleuse qui n'a pu s'affaisser.

Les trachytes du Puy-de-Dôme sont à grains très-fins, cristallins, peu adhérents; quelquefois même ils sont réduits complétement en sables. Ce genre de texture les a fait considérer comme des roches spéciales, et ils ont reçu le nom de *domite;* mais ce sont, en réalité, de véritables trachytes ayant cristallisé dans des circonstances particulières. Peut-être les dégagements de gaz qui accompagnent toujours les éruptions volcaniques se sont-ils prolongés ici pendant un temps considérable, et la cristallisation constamment troublée par l'agitation de la masse pâteuse n'a-t-elle donné que des cristaux granulaires, comme dans la fabrication du nitre. Les vapeurs muriatiques qui s'échappent encore des flancs du Puy-de-Dôme donnent quelque probabilité à cette supposition.

L'un des Dômes de la chaîne, le Puy-de-Clierzou, présente des blocs assez considérables de ponces.

Les domites ne sont pas exclusives au Puy-de-Dôme : on en trouve sur le revers du Puy-de-Sancy qui regarde le Val-d'Enfer. Il en existe également au Cantal, où elles forment des filons. On voit dans ces deux groupes la domite passer au porphyre trachytique par des dégradations insensibles.

TERRAIN BASALTIQUE DES ENVIRONS DE CLERMONT-FERRAND.

Le basalte forme dans les environs de Clermont deux massifs distincts, mais parallèles l'un à l'autre, et dirigés à peu près N.-S., comme la ligne qui joint les soulèvements du Cantal et du Mont-Dore. Le massif oriental comprend tous les plateaux basaltiques qui recouvrent les collines tertiaires de la Limagne. Le second, limite générale des terrains volcaniques à l'O. de Clermont, constitue la chaîne basaltique qui s'étend de Rochefort à Pranal. Les caractères des roches sont les mêmes dans les deux massifs. Ils présentent l'un et l'autre des basaltes anciens en belles colonnades prismatiques, et des basaltes modernes avec scories et même avec laves.

Plusieurs des plateaux basaltiques de la Limagne, ceux de Châteaugay, de Var, etc. atteignent à peu près la même hauteur, et paraissent appartenir à une seule et même nappe, découpée après coup par la même cause qui a donné aux côtes des environs de Clermont leur relief accidenté.

Les Puys de Charade et de Gravenoire, contigus l'un à l'autre et situés à une lieue S. O. de Clermont, offrent un exemple intéressant de la réunion des basaltes anciens et modernes. Le Puy-de-Charade, dont la base est grani-tique, est recouvert par une nappe basaltique qui s'étend horizontalement à sa surface. Ce basalte compacte, à structure prismatique grossière, est remarquable par sa richesse en péridot; il se décompose avec facilité, et le sommet de la colline est couvert de blocs, empâtés souvent dans une terre d'un gris violacé, résultat de la décomposition du basalte. Vers l'extrémité de la colline regardant la ville de Clermont, le volcan basaltique de Grave-noire a déversé une lave qui s'est séparée en deux coulées à la rencontre du monticule calcaire de Montaudon. L'une de ces coulées est venue s'épancher sur la vallée de Royat, où, en quelques points, elle a grossièrement pris la forme prismatique. L'autre s'est beaucoup plus étendue et, passant jusqu'au bas du Mont-Rognon, ne s'est arrêtée que dans la Limagne. Ces deux cou-lées fournissent des preuves irrécusables de la différence de texture que prennent les roches volcaniques suivant l'inclinaison du sol sur lequel elles s'épanchent et se solidifient. La coulée qui s'est dirigée sur Royat est, au point de départ, cellulaire, éminemment scoraciée, et fournissant tantôt des scories noires, remarquables par l'émail brillant, semi-vitreux, qui recouvre la surface intérieure des cavités et des boursouflures, tantôt des scories rouges, compactes et *cordées,* à la manière d'une pâte visqueuse étirée en divers sens. Mais à Royat même elle possède les caractères des vrais ba-saltes. Dans toutes les phases de leur parcours, les coulées basaltiques de Gravenoire contiennent des cristaux fort nets de pyroxène noir et luisant, qui établissent une identité complète entre la partie scoriacée et la partie prismatique. Cette identité est, du reste, encore bien mieux démontrée par le passage graduel de la coulée à ses différents états de texture.

Le basalte et la lave basaltique de Gravenoire ne renferment que quelques grains de péridot. L'abondance de ce minéral dans le basalte de Charade,

Puy-
de-Charade.

Basalte
moderne
.le Gravenoire.

fort pauvre, au contraire, en cristaux de pyroxène, établit une différence prononcée entre ces deux roches de même nature, et l'on peut facilement les distinguer à ce seul caractère.

Le basalte de Gravenoire s'est fait jour sur le plateau de Charade, et cette position atteste qu'il s'est épanché à une époque fort récente. On arrive à la même conclusion en considérant les couches de galets qu'il recouvre dans les grottes de Royat (fig. 17). Ces couches, qui correspondent au terrain

Basalte moderne sur le terrain tertiaire supérieur.

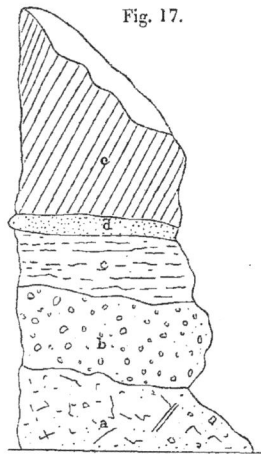

Fig. 17.

Coupe prise dans une grotte de Royat (Puy-de-Dôme).

a. Granite.
b. Galets primitifs et volcaniques d'un assez gros volume, mélangés de sables.
c. Sable micacé avec porphyre volcanique.
d. Sable noir.
e. Basalte de la coulée de Gravenoire.

tertiaire moderne formant le sol de Clermont, contiennent de nombreux fragments de trachytes et de basalte ancien, analogue à celui de Charade. Il s'est donc écoulé entre l'époque d'émission de ces deux basaltes un laps de temps considérable, marqué par le dépôt des terrains tertiaires supérieurs.

Les basaltes de Clermont sont associés à un tuf particulier, qui a reçu le nom de *wacke*, appliqué spécialement, en Allemagne, aux matières argileuses accompagnant les éruptions basaltiques. Les wackes de l'Auvergne sont également des matières terreuses rejetées à la manière des basaltes. Elles correspondent aux tufs trachytiques; ce sont des parties refroidies avant leur

Wacke associée au basalte.

arrivée au jour et broyées dans les cheminées basaltiques ou dans les canaux d'émission. Ces wackes contiennent non-seulement des boules et des fragments de basalte, mais encore des débris des roches que les basaltes ont traversées, granites ou calcaires d'eau douce; ces derniers débris abondent dans les wackes de la Limagne, dont la pâte même est souvent assez imprégnée de calcaire pour faire effervescence avec les acides.

Wacke
de Pont-du-
Château.

A Pont-du-Château, la wacke forme des masses puissantes, d'apparence stratifiée; elle contient du fer sulfuré, du bitume, de la calcédoine en masses concrétionnées, du quartz opalin cristallisé en rosaces; elle devient tout à fait bitumineuse au Puy-de-la-Poix, monticule d'où s'écoule une source asphaltique.

Basalte et wacke
de Gergovia.

A Gergovia, il existe également des masses considérables de wacke. Elle y est associée à un puissant filon de basalte, qui s'est répandu entre les couches du calcaire d'eau douce par lits alternants, mais qu'on voit nettement couper toutes les couches calcaires, et se rattacher au basalte intercalé. Le filon de basalte a deux salbandes de wacke jaunâtre, mêlée de scories. Malgré l'interposition de la wacke entre la masse basaltique et le calcaire, ce dernier présente des traces d'altération sur une assez grande épaisseur; nous en avons recueilli un grand nombre d'échantillons coupés par de petits filons de spath rhomboédrique et contenant une forte proportion de magnésie. Des silex pris près du contact de la masse ignée étaient également traversés par de petits filons dolomitiques.

Quelques géologues ont admis que le calcaire supérieur au basalte n'appartient pas au calcaire d'eau douce dont se compose le massif de Gergovia. Ils l'ont considéré comme un *peperino* produit par des sources incrustantes. La masse énorme et la régularité du calcaire qui recouvre le basalte suffiraient pour écarter cette supposition; de plus, nous y avons trouvé quelques fossiles, particulièrement des bulimes, assez petits, mais bien conservés. Pourquoi, du reste, avoir recours à deux phénomènes distincts pour expliquer la position du basalte de Gergovia, qui s'offre à la fois sous la forme de filon et de couche? Toutes les roches ignées présentent les mêmes circonstances, et l'on voit fréquemment des porphyres en filon s'introduire entre les couches des terrains qu'ils traversent. La montagne de Gergovia n'offre donc qu'un exemple d'un phénomène fréquent, et les basaltes des environs de Lodève nous en fourniront beaucoup d'autres, tout à fait semblables.

Les différentes substances minérales observées dans les terrains volcaniques d'Auvergne, telles que mésotype, stilbite, apophyllite, arragonite, se trouvent principalement dans les wackes qui accompagnent le basalte ; il en existe également dans les géodes de cette dernière roche ; quelquefois aussi on les voit disséminées dans les cellules du calcaire d'eau douce, presque toujours au contact des masses de basalte ou de wacke, et, par suite, produites sous l'influence des roches ignées.

Mésotype.

La seconde bande basaltique, qui s'étend de Rochefort à Pranal, se présente dans les mêmes circonstances que celle de Clermont ; le basalte y forme à la fois des filons, des plateaux et des buttes isolées ; on y trouve également des basaltes anciens et des basaltes modernes. Les grands plateaux de Saint-Pierre-Roche, de Saint-Pierre-le-Chastel, de Laudines, appartiennent aux grands épanchements basaltiques de la première époque. Le basalte de Pranal, qui s'étend sur des couches de sables et de galets, et qui se rattache aux scories du volcan de Chalusset, est très-probablement de la seconde époque. Là, les coulées basaltiques descendues dans le lit de la Sioule, qu'elles ont suivi et comblé sur une assez grande longueur, ont été partiellement détruites depuis leur épanchement ; la Sioule s'y est creusé un nouveau lit, plus bas que le premier. Ce fait intéressant a été invoqué par MM. Lyell et Murchison comme preuve à l'appui de l'influence des causes actuelles et de la possibilité d'expliquer les vallées par les phénomènes encore actifs. Nous en concluons seulement que les causes actuelles ont fréquemment altéré la forme des vallées, ouvertes la plupart par les grandes commotions de l'écorce terrestre ; nul doute, en effet, que, si les coulées basaltiques de Pranal ont été fortement corrodées par les eaux de la Sioule, la vallée de la Sioule elle-même n'ait été ouverte par un phénomène beaucoup plus général et par une cause beaucoup plus puissante.

Chaîne basaltique. à l'Ouest du Puy-de-Dôme.

GROUPE TRACHYTIQUE DU VELAY.

Les terrains volcaniques forment un massif considérable, qui occupe une partie des départements de la Haute-Loire et de l'Ardèche, et dont la ville du Puy est le centre. Composé, comme le Cantal et le Mont-Dore, de trachyte et de basalte, il diffère essentiellement de ces deux groupes par la disposition relative des deux roches. Le trachyte ne s'y présente point,

26.

comme dans le Cantal, sous la forme d'un vaste cône surbaissé dont les flancs sont recouverts de basalte. Les terrains volcaniques du Velay, quoique constamment associés, forment plutôt deux zones parallèles, se pénétrant sur un grand nombre de points, que deux terrains adossés régulièrement l'un à l'autre. La Loire établit entre eux deux une séparation approximative ; toutes les montagnes de la rive gauche, depuis les environs de Pradelles jusqu'auprès de Vieille-Brioude, sont recouvertes par des nappes basaltiques, tandis que le trachyte se montre exclusivement sur la rive droite. Le basalte existe, sans doute, aussi sur le versant droit de la Loire ; mais, si l'on exclut les chaînes basaltiques du Vivarais et des Coirons, qui appartiennent à un autre système, on peut dire que cette roche est peu abondante dans l'espace occupé par les trachytes.

Le terrain trachytique forme une bande allongée du S. E. au N. O., qui peut avoir environ 12 lieues de longueur; elle commence un peu au S. du Gerbier-de-Joncs, où la Loire prend sa source, et se prolonge jusqu'aux montagnes phonolitiques de Miaune et de la Madeleine, un peu au delà du défilé de Chamalières, où la Loire cesse d'être un torrent. La largeur de la bande trachytique varie d'une demi-lieue à une et même deux lieues, dans la partie comprise entre Saint-Pierre-Eynac et Araules. Les variations dans la largeur n'offrent aucune symétrie; elles ne sont pas en rapport avec la distance au centre de la chaîne trachytique, comme les ordonnées d'une ellipse. La plus grande largeur se représente à plusieurs fois, de telle sorte que les trachytes du Velay forment une suite de renflements analogues aux grains d'un chapelet. On doit considérer ces derniers comme dus à plusieurs centres d'action placés sur une même ligne, et rattachés les uns aux autres par des masses isolées qui suivent la même direction. La discontinuité du terrain trachytique, composé de masses indépendantes séparées par des vallées granitiques, confirme cette supposition. La chaîne du Velay est donc beaucoup moins simple que celles des groupes du Cantal et du Mont-Dore ; néanmoins, elle s'est aussi formée par soulèvements, mais par soulèvements partiels, qui se sont manifestés simultanément et en ligne droite.

Forme de la chaîne trachytique.

Vue des environs de Monistrol et de Sainte-Sigolène, la chaîne trachytique se développe du S. à l'O. dans toute son étendue, comme un boulevard immense élevé autour de la vallée du Puy; ses cimes pittoresques se dessinent sur l'azur du ciel avec ces coupes hardies, ces profils bizarres, auxquels on distingue, du premier coup d'œil, les montagnes de trachyte de celles de basalte et de granite.

De la montagne de Miaune, située à l'extrémité inférieure de la chaîne, on voit toutes ces cimes se projeter en arrière les unes des autres, et, à mesure qu'elles s'éloignent, s'élever par degrés jusqu'à l'Ambre, et au Mezenc, qui en forment le couronnement et le groupe principal.

Le pic du Mezenc atteint la hauteur de 1,774 mètres au-dessus du niveau de la mer. De ce belvédère, le plus beau de l'intérieur de la France, par son isolement, on découvre : à l'O., les cimes jadis embrasées du Cantal, du Mont-Dore et du Puy-de-Dôme; au N., les plaines de la Bresse; vers le S., le Mont-Ventoux et les montagnes de la Provence. A l'E., les Alpes du Dauphiné et de la Savoie, ces *montagnes du matin*, suivant l'expression pittoresque des bergers du Mezenc, forment un immense et vaporeux horizon. Enfin, au-dessus des Alpes, aux rayons d'un beau jour d'été, on aperçoit dans la région des nuages le gigantesque Mont-Blanc.

Le Mezenc.

Le Mezenc, semblable en petit au groupe du Cantal, est entouré de tous côtés par le basalte; il a donc été soulevé postérieurement à l'émission de cette roche, qui elle-même est d'un âge très-récent, ainsi que l'attestent des faits aussi nombreux qu'irrécusables, et notamment les fragments de trachyte qu'on y trouve fréquemment. Nous croyons devoir attribuer en partie son relief, comme celui du Cantal, au phonolite, qui joue, on va le voir tout à l'heure, un rôle si important dans le Velay.

Le Mezenc appartient au cratère de soulèvement des Boutières, dont les autres points saillants sont la Roche-de-Graillouse, les saillies qui avoisinent la Croix-des-Boutières, le Pic-des-Clusels et le Pic-de-Fonteysse. Sur sa plus grande partie l'arête du cirque est composée de roches phonolitiques. Intérieurement cette arête est escarpée; mais les pentes extérieures sont très-douces. Le Mezenc, par exemple, très-accessible au N., à l'O. du côté de l'Ambre, et au S. O. du côté des Estables, présente au S. un tout autre caractère. Il est terminé dans cette direction, qui regarde l'intérieur du cirque, par des escarpements rapides de 300 à 500 mètres de haut, composés de plans verticaux et de pics aigus.

Cratère de soulèvement des Boutières.

Les formes du cratère de soulèvement, qui peut avoir 2,000 mètres de diamètre, sont bien caractérisées; le contraste des pentes intérieures et extérieures, la forme circulaire de la crête, tout se rapporte parfaitement aux lois

qui régissent ce genre de phénomène. Quant à la cause même du soulèvement, elle n'est pas bien connue; on ne peut guère l'attribuer exclusivement
aux phonolites, qui forment plusieurs des points saillants du cirque. M. Amé-
dée Burat estime qu'il est dû aux basaltes. « La manière dont les basaltes
« ont soulevé les phonolites ne permet guère de douter, dit-il, que le cra-
« tère des Boutières ne résulte de leur émission; on en sera tout à fait con-
« vaincu, si l'on étudie les relations qui existent entre leurs divers affleure-
« ments. Les scories libres avec chabasie, qui se montrent dans le cirque des
« Boutières et qui se retrouvent jusque vers la base N. du Mezenc, ainsi que
« les pouzzolanes argileuses qui les accompagnent, annoncent qu'il doit avoir ·
« existé dans le cirque un point d'éruption, lié sans doute avec sa forme
« actuelle. »

Composition de la chaîne trachytique.   Les diverses parties de la chaîne du Velay ont une composition identique;
on n'y trouve que des trachytes et des phonolites; il n'y existe ni tuf, ni
roches de transport. Les trachytes et les phonolites offrent un grand nombre
de variétés, mais chacune d'elles se retrouve dans chaque massif isolé avec
les mêmes caractères de forme et de structure. La roche dominante est de
beaucoup le phonolite; quant aux véritables trachytes, ils sont peu répandus
et forment au plus la sixième partie de la chaîne. A une exception près, on
n'y observe aucune trace d'alternances ou de superpositions, comme dans les
groupes du Cantal et du Mont-Dore. De la base au sommet, chaque massif
n'offre généralement qu'une seule variété de roche. Le Mezenc est le seul
point où les roches phonolitiques présentent des indices de plusieurs coulées
successives; encore n'y sont-ils pas très-évidents.

Filons de trachyte et de phonolite.   Les trachytes et les phonolites du groupe du Mezenc forment des filons
dont la puissance, variable d'ailleurs, dépasse rarement deux mètres. A Fay-
le-Froid, des filons de trachyte homogène, rouge et jaune clair, se montrent,
à l'O., au haut de l'escarpement du Lignon et sur le plateau même. Les trachytes jaunes et gris ont souvent leurs fissures tapissées de fer oligiste. Le
trachyte rouge renferme quelques nodules de quartz opalin, et ses cellules
sont, dans un filon de l'O., tapissées d'une matière verte, pareille à celle
qu'on trouve, au Mont-Dore, dans le filon situé à la base orientale du Capucin.

Les Boutières montrent aussi des filons de trachyte, et surtout de phonolite noir, homogène, analogue au basalte par sa disposition prismatique.

Les trachytes du Velay, comme ceux du Cantal et du Mont-Dore, sont postérieurs aux terrains tertiaires moyens. Près de Saint-Pierre d'Eynac, on voit distinctement une coulée de trachyte se prolonger sur le calcaire d'eau douce qui formé le fond de la vallée.

BASALTES DU VELAY.

Les basaltes se trouvent, comme on l'a vu, sur la rive gauche de la Loire, où ils forment une couverture générale sur le terrain primitif, limitée, à l'E., par la vallée de la Loire, à l'O., à peu près par celle de l'Allier. On voit toutefois, de distance en distance, quelques plateaux volcaniques franchir le fleuve. Ce massif basaltique n'est pas, néanmoins, aussi continu que cet aperçu général pourrait le faire supposer : il se compose d'un assemblage de plateaux et de monticules séparés par des bandes de terrains anciens, qui se montrent à découvert sur le sommet des montagnes, et plus souvent encore dans le fond des vallées. D'après M. Bertrand-Roux, auquel nous avons emprunté une grande partie de ce qui se rapporte aux volcans du Velay, « toutes « choses égales d'ailleurs, les bandes ou intervalles qui s'étendent ainsi entre « les massifs volcaniques sont d'autant plus considérables que ceux-ci appar- « tiennent à des coulées d'un âge plus reculé. Cette circonstance, ajoute-t-il, « est en rapport avec les dégradations que ces coulées ont éprouvées et con- « court à faire juger de leur ancienneté relative [1]. »

Cette disposition, jointe à la nature des basaltes et au recouvrement de leurs coulées, a conduit M. Bertrand-Roux à distinguer les volcans du Velay en trois groupes ou âges différents, savoir :

1° Les volcans du Mezenc ou du N. E. ;

2° Les volcans intermédiaires, dont les plus considérables sont ceux de Saint-Geneix et des environs de Saint-Paulien;

3° Les volcans du Midi, compris entre Pradelles et Fix.

Division des basaltes du Velay en trois époques.

Les basaltes du Puy qui appartiennent à la troisième époque sont associés à des laves basaltiques, à des scories et à des tufs. Nous avons déjà rencontré cette association dans les basaltes des environs de Clermont; mais ce qui était une exception dans cette dernière localité est, au contraire, la règle générale dans le département de la Haute-Loire. Les laves et les scories basaltiques

---

[1] *Description géognostique des environs du Puy-en-Velay, et particulièrement du bassin au milieu duquel cette ville est située*, par J. M. Bertrand-Roux.

sont peut-être même plus abondantes que le véritable basalte. On y voit aussi des coulées très-distinctes et des cratères en parfaite conservation, ce qui fait assez généralement supposer que les basaltes de cette partie de la France sont plus modernes que ceux du Cantal et du Mont-Dore. Toutefois, la découverte d'ossements fossiles, faite par des géologues du Puy, à Cussac et surtout à Saint-Privat-d'Allier (*Annales du Puy*, 1829), nous fait supposer qu'il existe là, comme dans la Limagne, des basaltes antérieurs aux terrains tertiaires supérieurs, c'est-à-dire épanchés avant la formation du tuf à ossements de Perrier et de Boulade. A Saint-Privat, les ossements sont dans une brèche scoriacée, au-dessous d'une puissante masse basaltique. La présence de l'*album vetus*, le mélange de débris de carnassiers, de ruminants et de pachydermes (*hyène rayée, cerf, rhinocéros leptorhinus*), la position des os en partie rongés, tout prouve que les ossements sont en place ; les hyènes avaient très-probablement des repaires dans les brèches faciles à creuser, et y transportaient leur proie. La présence de ces dépouilles d'animaux au milieu des coulées basaltiques recule donc l'émission de ces dernières à l'époque qui a séparé les terrains tertiaires moyens des terrains tertiaires supérieurs.

Ossements fossiles dans les basaltes.

Les basaltes anciens ne forment qu'une partie de la chaîne qui nous occupe ; ils sont, par leurs caractères, pareils à ceux des environs de Clermont, et nous nous bornerons, en conséquence, à signaler leur existence.

Cônes de scories.

Les basaltes associés aux scories sont de beaucoup dominants. Partout leur surface est couverte de cônes de scories, dont la plupart ont produit des coulées basaltiques, qui se déversèrent dans les vallées de la Loire et de l'Allier. Ces cônes et ces déjections, répandus sans interruption sur 50 kilomètres, se confondent en plusieurs points de manière à former des crêtes de scories qui s'étendent en longs rideaux dans la direction de la chaîne. Telles sont les montagnes de Seneujols et de Vergezac.

Roche-Rouge.

La Roche-Rouge, près du Puy, est regardée par M. Bertrand comme une ancienne bouche volcanique ; la célébrité que lui a donnée Faujas nous engage à la décrire brièvement. Cette masse, qui doit vraisemblablement son nom à la couleur des lichens dont elle est tapissée, est située à une lieue à l'E. du Puy, sur la pente d'un coteau peu élevé qui borde le ruisseau de Gagne. Tout autour, le sol granitique se montre à découvert sur un espace assez étendu, limité par les montagnes de Peÿnastre, de Doue et de Saint-Maurice. La Roche-Rouge, fortement dominée par ces montagnes, n'a que

25 ou 30 mètres de haut, sur 15 à 20 d'épaisseur; elle s'élève verticalement au milieu des granites qui enveloppent sa base, et du sein desquels on la voit pour ainsi dire émerger. Sa forme est irrégulière, grossièrement cylindrique. Elle est composée de laves compactes presque homogènes, de laves cellulaires à cavités vides ou remplies de spath calcaire, et enfin de quelques brèches volcaniques à ciment de lave et à fragments de granite; on y trouve des cristaux de pyroxène et de l'olivine, qui montrent l'identité de la roche avec les basaltes bien caractérisés. Ces diverses matières forment ensemble un tout dont les parties, solidement agglutinées, offrent plus de résistance que le sol environnant à l'action destructive de l'atmosphère.

Deux filons partent de la base de la Roche-Rouge. Le plus important, situé vers l'O., court à mi-coteau dans cette direction, jusqu'à 600 mètres de distance, en faisant plusieurs inflexions et poussant çà et là quelques rameaux. Il s'enfonce verticalement dans le granite et ne dépasse pas la surface du sol. Son épaisseur varie de quelques décimètres à 1 mètre; il acquiert, toutefois, vers son extrémité, environ 2 mètres de puissance. Malgré sa faible épaisseur, la roche est partout basaltoïde; elle figure même des prismes dirigés perpendiculairement aux salbandes du filon, dans la partie où sa puissance est de 2 mètres. Partout ailleurs, elle est fragmentaire. Le second filon se détache du côté opposé et se dirige vers l'E., parallèlement au cours du Gagne, jusqu'à 200 mètres de distance.

La Roche-Rouge n'est point un véritable cratère; elle se rattache à une longue fissure, dont elle forme le point central d'émission. Mais la longue suite des volcans basaltiques modernes qui hérissent la chaîne occidentale, depuis le Suc-de-Bauzon jusqu'aux environs de Vazeilles, offre un grand nombre de cratères distincts; nous citerons particulièrement ceux de Bar et du Bouchet, dont la conservation est parfaite.

« Le cratère de Bar, près d'Allègre, est, d'après M. Bertrand-Roux, une « montagne en forme de cône tronqué, isolée au milieu des granites sur les- « quels elle repose et dominant au loin tout ce qui l'environne. Elle est « presque entièrement composée de lapilli et de laves scorifiées. Autour d'elle « sont quelques débris de coulées basaltiques sorties de ses flancs. Sa base a « près de 6,000 mètres de circuit; sa hauteur, au-dessus de Courbière, est « d'environ 250 mètres. Au sommet est le magnifique cratère dont les bords, « parfaitement conservés, offrent, vers le Midi, une seule échancrure. Il est

Cratère de Bar.

« de forme circulaire; son diamètre, mesuré d'un bord à l'autre, est de 500
« et quelques mètres; il en a environ 4o de profondeur. Son fond est plan
« et horizontal; le sol en est un peu marécageux et couvert de plantes aqua-
« tiques, tandis que l'amphithéâtre formé par les pentes intérieures autour
« de cette espèce d'arène est ombragé par une belle forêt de hêtres, qui
« s'étend aussi autour de la montagne. »

Dykes.   Les basaltes forment fréquemment des dykes, dont nous ferons connaître
les principaux caractères en décrivant celui de Villeneuve-de-Berg, dans le
Vivarais.

Basaltes des environs de Montbrison.   Outre les différentes chaînes ou massifs volcaniques que nous venons de
signaler dans le Velay, on rencontre de distance en distance quelques lam-
beaux isolés de basalte. Nous croyons devoir rattacher à ce groupe les différents cônes de basalte et de lave situés sur la rive gauche de la Loire, aux
environs de Montbrison, et dont le plus considérable se voit à Saint-Priest.
Ils sont exactement dans le prolongement de la chaîne d'Allègre. Le basalte
y est associé à des laves et même à des scories contenant du péridot. Chaque
colline basaltique est un évent volcanique particulier, disposition fréquente
dans les basaltes des environs du Puy.

BASALTES DU VIVARAIS.

Les volcans du Vivarais se lient d'une manière intime à ceux du Velay, et
quelques lambeaux disséminés dans les communes de Saint-Andéol et de
Mézilhac établissent, de plus, entre eux une continuité presque complète.
Néanmoins la chaîne des Coirons, qui s'étend des sommités de l'Escrinet jusqu'à Rochemaure, vis-à-vis de Montélimar, sur une longueur de 25 kilomètres, forme un massif particulier qu'il nous a semblé nécessaire de considérer à part. De plus, la direction générale de cette chaîne fait avec celles
du Mezenc et de Pradelles un angle d'au moins 3o degrés, de sorte que, tout
en étant de même origine et probablement de même époque que ces chaînes,
les Coirons semblent le produit d'une action volcanique particulière. Nous
croyons qu'ils appartiennent au basalte le plus ancien. Les basaltes modernes n'en sont pas moins aussi représentés dans le bas Vivarais; les volcans
Volcan de Thueyts.   des environs d'Aubenas, et surtout celui de Thueyts, sont de cette dernière période. La coulée sortie du cratère de la Gravenne, qui est en grande

partie détruit, montre des scories rouges et noires sur les pentes de la montagne; mais elle se transforme, à sa partie inférieure, en une masse basaltique, laquelle donne bientôt naissance à une immense colonnade se prolongeant jusqu'aux bords de l'Ardèche.

Le massif des Coirons est composé d'un ensemble de plateaux basaltiques qui forment continuité, et l'on peut parcourir la chaîne dans toute sa longueur depuis Chenavari jusqu'à l'Escrinet, en se maintenant constamment sur la crête culminante. Les roches basaltiques dont le sol est formé sur toute cette étendue couvrent le terrain primitif à l'O., où les montagnes sont les plus hautes, et le calcaire secondaire à l'E., dans toute la partie basse. La largeur de la chaîne atteint jusqu'à 15 kilomètres dans son renflement, à la hauteur de Saint-Jean-le-Centenier et de Mirabel. Vue de la plaine, elle présente une suite d'escarpements abrupts qui se correspondent. De temps en temps, il s'en détache des promontoires qui semblent en être isolés, comme celui des Mailhas, au-dessus de Saint-Jean; mais ils se relient à la chaîne principale par des traînées plus ou moins allongées.

Chaîne des Coirons.

La régularité du plateau des Coirons, très-remarquable lorsqu'on l'observe d'une assez grande distance, diminue beaucoup lorsqu'on pénètre dans son intérieur. Les versants du S. et du N. sont fortement entamés par de nombreux torrents qui vont se jeter dans l'Ardèche et dans le Rhône, et sa partie inférieure, du côté de Rochemaure, est si profondément sillonnée qu'elle semble composée de massifs indépendants. La plupart de ces accidents du sol doivent être attribués à des causes qui ont, après coup, raviné sa surface; mais il ne faut point non plus se représenter les Coirons comme ayant eu primitivement une forme très-régulière. En effet, ils résultent à la fois et de vastes coulées descendues des parties les plus élevées, et de nombreuses éruptions partielles dont on trouve encore les traces. Telle est la montagne de Chenavari, célèbre par la régularité de ses prismes.

Disposition du basalte.

Le recouvrement basaltique des Coirons se compose d'assises puissantes, soit superposées immédiatement l'une sur l'autre, soit divisées par des couches alluviales ou des bancs de pouzzolane. La nature des roches est en tout pareille à celle des basaltes anciens du Velay; mais en vertu de leur plus grande épaisseur, et peut-être même de leur plus grande fluidité, elles sont généralement plus saines. Les basaltes porphyroïdes pyroxéniques, les basaltes compactes et granulaires rappellent ceux du Velay. On y retrouve les mêmes

27.

pouzzolanes, les mêmes tufs, les mêmes scories qu'aux environs du Puy. Ils offrent généralement la même abondance de pyroxène, la même rareté de péridot, bien que l'on puisse citer dans quelques localités des laves scorifiées très-riches en noyaux d'olivine.

La masse basaltique sur laquelle est bâti le château de Rochemaure dépend du groupe volcanique des Coirons, et se rattache à ce système d'éruptions partielles qu'on retrouve sur le plateau même. Elle s'aligne avec deux autres massifs et constitue avec eux un dyke considérable. Le basalte de Rochemaure contient beaucoup de pyroxène et de petites géodes de mésotype. Il est accompagné de scories et même de brèches volcaniques contenant des fragments de basalte et de calcaire, terrains que le dyke a dû traverser pour se faire jour.

On voit aussi près de Villeneuve-de-Berg, bourg très-voisin de Rochemaure, un filon basaltique remarquable par sa régularité. Il surgit en trois ou quatre points différents, distants l'un de l'autre de plus de 200 mètres. On assure même qu'il se prolonge jusqu'au pic de basalte sur lequel Aps est bâti. Nous n'osons affirmer que cette dernière masse appartient au filon de Villeneuve-de-Berg, mais elle se trouve, du moins, dans le prolongement de sa direction. Le filon coupe à angle droit les couches d'un calcaire marneux, crétacé, mais sans altérer la parfaite régularité de leur stratification. Le basalte adhère fortement au calcaire, qui a pris, sur une épaisseur de 15 à 20 centimètres, l'aspect de la porcelaine, et dont l'argile est devenue attaquable aux acides dans toute la partie altérée. Le calcaire a donc subi, par l'action du basalte, un changement moléculaire analogue à celui qu'il éprouve quand on le calcine pour en faire de la chaux hydraulique.

Le basalte pénètre quelquefois le calcaire sous la forme de petits filons, et figure alors une espèce de réseau dont les mailles sont remplies par du calcaire altéré. La soudure de ces différentes parties est très-solide ; seulement, le basalte, s'altérant moins que le calcaire, forme toujours à la surface des saillies prononcées.

Le basalte qui constitue le filon de Villeneuve-de-Berg est noir et pyroxénique. Nulle part il n'affecte la texture prismatique, mais il se divise, comme le phonolite, en lames minces et sonores, dont les surfaces sont généralement parallèles aux parois du filon, quoique légèrement courbes en certaines parties.

Dyke basaltique de Rochemaure.

Filon de basalte à Villeneuve-de-Berg.

VOLCANS DES ENVIRONS DE MONTPELLIER ET DE LODÈVE.

Il existe dans le département de l'Hérault plusieurs lambeaux volcaniques, irrégulièrement distribués aux environs de Montpellier, de Pézenas, de Lodève et de Bédarieux. Le plus léger examen montre qu'ils sont indépendants les uns des autres et appartiennent à des émissions distinctes de roches ignées. On trouve rarement les traces du point où elles ont été rejetées à la surface de la terre; cependant, dans quelques localités, près de Montpellier par exemple, leur lieu d'origine est marqué par un amas ou même par un cône de scories, et le petit monticule de Montferrier présente un cratère évident; ce dernier a même quelque célébrité parmi les minéralogistes, pour avoir fourni d'assez nombreux échantillons de zircon.

Volcan de Montferrier.

Malgré leur isolement, les volcans de cette partie de la France ont tous un air de famille qui nous les fait regarder comme contemporains. Leurs déjections sont presque partout identiques; elles se composent de basalte compacte avec cristaux de pyroxène et grains de péridot, de scories noires et rouges et de tuf basaltique. Lorsqu'on rencontre à part ces divers produits, on est porté à croire qu'ils appartiennent à des volcans d'ordres différents (à des basaltes ou à des volcans laviques); mais, comme on les trouve très-fréquemment passant de l'un à l'autre, et réunis dans un même filon, il devient réellement impossible de les séparer. De plus, la présence du pyroxène et du péridot établit entre eux une liaison certaine, et nous enseigne qu'ils sont tous d'origine basaltique. Lorsqu'une des trois roches apparaît seule, il faut attribuer cet isolement à des circonstances particulières d'émission, et surtout à la destruction postérieure du terrain volcanique. C'est à cette dernière cause que nous rattachons les différences assez notables observées entre les divers volcans des Pyrénées, qui présentent tantôt des amas de scories incohérentes, tantôt, au contraire, des massifs de basalte solide disposés çà et là, comme par hasard.

Les terrains volcaniques des environs de Lodève sont de beaucoup les plus intéressants, par l'étendue de la surface qu'ils recouvrent et par les phénomènes d'altération qui paraissent dus à leur épanchement. Ils occupent des espaces considérables entre Lodève, Bédarieux et Clermont-de-Lodève. Le plateau d'Antignaguet, qui s'étend depuis la tour de Pertus jusqu'à la forêt

Environs de Lodève.

de Guilhaumard, a au moins deux lieues de long, et sa superficie est presque partout revêtue d'une nappe de prismes basaltiques. Ce vaste plateau n'est pas le produit d'une seule et même émission volcanique; on voit, de distance en distance, les filons de basalte s'élever en gerbes à travers le calcaire jurassique et se répandre à sa surface.

Près de la chapelle de N.-D. d'Antignaguet, il existe un faisceau de trois filons, remarquable par la réunion des différentes roches volcaniques propres au terrain de basalte. Ces filons embrassent ensemble un angle de 70 degrés environ et se réunissent au plateau supérieur, ainsi que l'indique la figure 18.

Fig. 18.

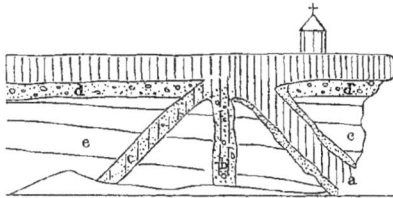

Filons de Notre-Dame d'Antignaguet, près Lodève.

a. b. c. Filons basaltiques.   d. Couche mince de scories.   e. Calcaire du lias.

Le filon [a], plus large que les autres, montre en son milieu un basalte compacte, avec cristaux de pyroxène, et présente deux salbandes de scories. Le deuxième filon [b], moins large, contient aussi du basalte cristallisé, mais est principalement formé de scories rougeâtres, riches en cristaux de pyroxène et renfermant un peu d'olivine. Enfin le troisième filon [c] est composé d'une masse de tuf d'un gris noir, dans lequel on trouve également beaucoup de cristaux de pyroxène; cette masse terreuse, analogue aux assises produites par la décomposition des basaltes, se délite en boules. Le tuf sorti avec le basalte, sous forme d'éruption boueuse, contient de nombreux fragments de calcaire compacte, de grès et même de schiste arrachés au sol des environs de Lodève. La nappe de basalte est, en outre, séparée du calcaire, sur lequel elle s'étend, par une couche [d], mince et irrégulière, composée principalement de scories analogues à celles du filon [b].

Dolomie.   Le calcaire du plateau d'Antignaguet est à l'état de dolomie sur toute sa surface et jusqu'à une certaine épaisseur. Cette manière d'être du lias, constamment en rapport avec la présence du basalte, est le résultat d'une altération par la roche ignée.

Les montagnes qui séparent Bédarieux de Clermont-de-Lodève nous offrent de nombreux exemples de dolomie à la proximité du basalte. L'une des plus remarquables est celle de Carlencas. Le basalte y forme des filons puissants, qui, après avoir traversé le terrain de grès bigarré et le lias, sé répandent en une nappe épaisse à la surface de ce dernier. Le calcaire est presque partout dolomitique; il présente la disposition *columnaire*, et a une si faible cohérence, que le sol y est aussi sablonneux que dans la forêt de Fontainebleau. Les grains de sable, tous cristallins, sont solubles dans l'acide nitrique et donnent une forte proportion de magnésie.

Basalte de Carlencas, près Bédarieux.

L'état dolomitique du calcaire n'étant pas limité au seul contact du basalte, on a tout d'abord une certaine peine à expliquer un changement aussi considérable par une cause en apparence assez faible. Mais comme on voit des couches régulières bien stratifiées et fossilifères passer à des masses de dolomie cristalline où la stratification est effacée, on est bientôt forcé d'admettre que ces couches d'un dépôt régulier et continu ont été altérées postérieurement à ce dépôt. Il est probable que le terrain sillonné en tous sens par de nombreuses fissures a été modifié plutôt par l'action de vapeurs ou de gaz que par le contact même des roches volcaniques.

Les basaltes de Carlencas sont, comme celui de Notre-Dame d'Antignaguet, associés avec des scories et même avec des tufs.

VOLCANS MODERNES DE LA CHAÎNE DES PUYS, PRÈS DE CLERMONT-FERRAND.

Les basaltes ont marqué dans presque toute la France méridionale la fin des phénomènes volcaniques. Les environs de Clermont seuls ont été, longtemps encore après l'émission de ces roches, en proie aux feux souterrains. Aux basaltes modernes avec scories ont succédé, dans cette contrée, les volcans à cratère, désignés également sous les noms de *volcans éteints* ou de *volcans laviques*. Les cônes avec scories du Vivarais établissent un passage entre les terrains basaltiques et les terrains laviques. Néanmoins, considérée dans son ensemble, cette troisième période volcanique présente des différences essentielles avec les deux autres.

La nature et la manière d'être de ses roches les distinguent de celles des

terrains de trachyte et de basalte. Les laves, constamment bulleuses, plus
ordinairement même scoriacées, n'affectent que rarement la structure cristalline propre au basalte et au trachyte. Les coulées de lave les plus compactes,
celles des environs de Besse et du lac Pavin par exemple, qui se sont étendues sur un sol presque horizontal, présentent encore la structure bulleuse
qui distingue cette époque volcanique et qu'on peut expliquer par les circonstances propres à leur émission. En effet, les coulées de lave ont été, en
général, moins abondantes et moins fluides que les coulées de basalte, et,
comme elles, ont été constamment accompagnées de jets considérables de
gaz et de vapeur d'eau. Les substances aériformes, en s'échappant à travers
la masse pâteuse de la lave, y ont laissé un nombre immense de vacuoles
(quelquefois à peine perceptibles à l'œil), qui ont communiqué à la roche
sa porosité caractéristique. La texture des laves, toujours lâche, âpre et
inégale, contraste d'une manière frappante avec le tissu serré et compacte
des basaltes, comme avec le facies porphyrique des trachytes.

Chacun de ces produits volcaniques a aussi une composition distincte.
Les laves d'Auvergne, solubles presque toutes, en partie du moins, dans les
acides, paraissent contenir une assez grande proportion de labrador; le
rhyacolite forme la base des trachytes, et le pyroxène domine dans le
basalte.

Les laves possèdent, en outre, un mode particulier d'émission; leurs
coulées sortent de cônes de déjections, de véritables cratères, en sorte qu'on
peut toujours reconnaître leur point de départ et suivre tous les accidents
de leurs cours. Les basaltes ont, vers la fin de leur période, usurpé ce
mode d'émission du terrain lavique, mais les cratères qui les ont produits
sont rarement assez bien conservés pour qu'on puisse établir la continuité
parfaite de leurs nappes.

Le parfait état de conservation des volcans dans la chaîne des Puys fait
présumer qu'ils forment la dernière des phases volcaniques. La superposition
des coulées de lave sur les nappes de basalte s'observe en différents points
de l'Auvergne et notamment aux environs de Pontgibaud. Nous ajouterons
qu'on n'a trouvé aucun fragment de lave dans les tufs à ossements des environs d'Issoire. Toutefois l'âge de ces laves paraît remonter au delà des temps
historiques, à en juger du moins par les érosions puissantes dont elles ont
été le théâtre. Ainsi, la lave de Côme ayant barré l'ancien lit de la Sioule, les

eaux s'y accumulèrent et creusèrent le terrain tertiaire sur une profondeur de près de 100 mètres ; la lave de Vichâtel ayant de même barré le lit de la Mône en s'appuyant contre une colline tertiaire, celle-ci fut entourée par les eaux et creusée verticalement sur une hauteur considérable.

Disposition
générale
de la chaîne
des Puys.

Les cônes volcaniques qui constituent la chaîne des Puys, dans une longueur de 40 kilomètres au moins, sont placés sur le même plateau que les monts domitiques et sur la même fissure ; ils sont tous orientés suivant une ligne N.-S., inclinant très-légèrement à l'E., et exactement parallèle à l'axe qui joint les soulèvements du Cantal, du Mont-Dore et du Puy-de-Dôme ; la largeur occupée par ces Puys, au nombre de près de cent, atteint à peine une lieue, de sorte que leur ensemble paraît correspondre à une vaste faille, sur laquelle se sont ouverts, de distance en distance, des soupiraux volcaniques. Les cônes sont de dimension variable, composés de déjections et de laves scorifiées. Tout autour, le sol est couvert de pouzzolanes. La plupart ont donné naissance à des coulées dont on peut encore suivre tous les détails ; pour quelques-uns, l'effet de l'éruption volcanique paraît s'être borné à leur érection. Du sommet du Puy-de-Dôme, qui partage la chaîne en deux parties à peu près égales, on voit cette dernière formant vers le N. une bande de 3 à 4 kilomètres de largeur. De ce côté, les volcans du petit Puy-de-Dôme, de Côme, du grand Suchet, de Pariou, des Goules, de Louchadière, du groupe des Jumes, sont les plus remarquables. Vers le S., la chaîne, d'abord très-étroite, s'élargit à la hauteur des Puys de Laschamp et de Mercœur.

La position relative de tous ces volcans, alignés sur la même fissure longitudinale, leurs formes et leurs produits presque identiques, doivent les faire regarder comme appartenant à une même époque et dus à une série d'effets volcaniques de même nature.

Influence
des montagnes
domitiques
sur la position
des volcans
modernes.

La présence des montagnes domitiques a influé sur la position des bouches volcaniques environnantes. Elles sont toutes accompagnées de volcans modernes, ce qui résulte probablement de la moindre résistance du sol à proximité de ces anciens canaux intérieurs ; le Puy-de-Dôme est escorté du petit Puy-de-Dôme ; le grand Suchet est contigu au petit Suchet ; Sarcouy montre au S. le Puy-des-Goutes et au N. le petit Sarcouy. Les masses préexistantes ont aussi modifié quelquefois la forme des cratères ; au petit Sarcouy, par exemple, le cône domitique a fait fonction d'une paroi de cratère, et le cône volcanique n'a pu se développer que d'un seul côté. Ce phénomène est surtout propre au Puy-des-Goutes.

L'analogie, on peut même dire l'identité, que présentent les volcans de la chaîne des Puys, sous le rapport de la forme des cônes, de la marche des laves, des accidents causés dans la direction des cours d'eau, est telle, qu'il suffit de décrire un ou deux de ces Puys pour les faire tous connaître; nous renverrons du reste, sur ce sujet, à l'ouvrage très-détaillé de M. Poulett Scrope.

Puy-de-Pariou. Le Puy-de-Pariou, placé à l'O. de la route de Pontgibaud, est le meilleur exemple qu'on puisse choisir; la conservation de ses arêtes ne laisse rien à désirer, et la régularité de sa forme en fait le plus beau cratère de la France, sinon par les dimensions, du moins par la pureté des contours. Ce cratère, qui a 930 mètres de circuit et 93 mètres de profondeur, présente, comme celui de Stromboli, un petit rebord saillant vers la moitié de sa profondeur. Le cône est renfermé dans un autre cratère plus large que le précédent, échancré du côté de l'E. par la coulée qui s'est épanchée vers ce point de l'horizon, et dont l'éruption a eu lieu avant que le cratère principal se fût formé. Cette coulée, fort allongée, a une largeur considérable dès l'origine. La grande route de Clermont à Bordeaux est, en partie, tracée sur la lave, dont les inégalités sont comblées par une pouzzolane noire. La coulée s'est étendue sur la plaine; elle passe près d'Orcines, où le sol est primitif, et forme une assez grande nappe, sur laquelle est bâtie la Baraque, au bord de la route. Un peu avant d'arriver à ce point, la lave, arrêtée par quelques éminences granitiques, s'est partagée en deux branches inégales. L'une, descendant rapidement par une gorge étroite, a passé là où est aujourd'hui bâti le village de Durtol et s'est arrêtée au point occupé par le village de Noha-nent. C'est sur l'autre branche, bien plus considérable, qu'est située la Baraque. Non loin de là, la coulée se resserre pour s'étendre encore et former la cheire de Villars, espace couvert de blocs aigus, saillants dans toutes les directions, résultant des fendillements et des petites explosions qui ont eu lieu pendant le refroidissement de la lave. La coulée descend alors du plateau primitif, par la gorge qui se trouve au bas de l'escarpement basaltique de Prudelle, pour venir terminer son cours à Fontmore, à une demi-lieue de Clermont. Sur ce point, la lave du Pariou prend accidentel-lement la texture fibreuse; elle est âpre au toucher et présente quelque analogie avec une ponce grise.

Les Puys des Jumes, de la Nugère, de Montjughat, des Goutes, ont un cratère; le Puy-Côme en a deux, Montchié en a quatre. Ils présentent plus ou moins d'analogie avec le Pariou. Nous donnerons, d'après MM. Lecoq et Bouillet[1], quelques détails sur le Puy-de-la-Nugère, qui a produit la célèbre lave de Volvic. Cette lave fournit des matériaux de construction à Clermont, à Riom, à Volvic; elle a été longtemps employée pour les trottoirs de Paris.

La Nugère est un des volcans les plus considérables de la chaîne des Puys. On y voit un large cratère assez mal conservé, où se sont ouvertes plusieurs bouches latérales, et dont les coulées ont formé, par leur réunion, la lave de Volvic. Le Puy-de-la-Nugère est couvert de scories légères, rejetées sans doute au commencement de l'éruption, puisqu'elles n'accompagnent point la coulée. Celle-ci s'est étendue sous forme d'une large nappe, qui, deux fois divisée par des monticules de granite qu'elle entoure comme des îles, s'est d'abord arrêtée contre une autre coulée de nature différente, sur laquelle est bâti le bourg de Volvic, et qui, continuant bien au delà sa marche, est venue mourir à Saint-Genest-l'Enfant.

Puy-de-la-Nugère.

La lave de Volvic a une homogénéité qui la rend d'un emploi précieux pour les constructions; elle est à la fois légère et très-résistante. Sa couleur d'un gris bleuâtre tire quelquefois sur le violet. Elle est massive en grand et cellulaire en petit; les vacuoles, de dimensions très-diverses, sont en général allongées dans le sens de la coulée. Sa cassure est raboteuse et très-âpre au toucher. La roche est pauvre en minéraux; on n'y voit guère que des cristaux de labrador et du fer oligiste; elle enferme assez fréquemment de petits fragments de granite, qui sont comme étonnés et parfaitement soudés avec la pâte de la lave.

Lave de Volvic.

[1] *Vues et coupes des principales formations géologiques du département du Puy-de-Dôme*, par H. Lecoq et J. B. Bouillet, p. 142.

CORRECTIONS.

Page 32, dernière ligne, *au lieu de* Pholadomia, *lisez* Pholadomya.

Page 33, ligne 11, *au lieu de* Lucin, *lisez* Lucina.

Page 34, ligne 31, *au lieu de* Hipponix, *lisez* Hipponyx.

Page 37, avant-dernière ligne, *au lieu de* trois, *lisez* six.

Page 78, ligne 19, *au lieu de* Saint-Médard-en-Salles, *lisez* Saint-Médard-en-Jalle.

Page 119, ligne 22, *au lieu de* Saint-Sauveur, *lisez* Saint-Sébastien.

TABLE DES MATIÈRES

DU TROISIÈME VOLUME (PREMIÈRE PARTIE).

CHAPITRE XIII. — Terrains tertiaires inférieurs dans le bassin du Sud-Ouest de la France.

CHAPITRE XIV. — Terrains tertiaires moyens dans le Sud-Ouest et le Sud de la France.

CHAPITRE XVI. — CHAÎNE DES PYRÉNÉES.

FIN DE LA TABLE DES MATIÈRES.

www.ingramcontent.com/pod-product-compliance
Lightning Source LLC
Chambersburg PA
CBHW071646200326
41519CB00012BA/2421